高等职业教育
低空经济领域特色教材

# 通用航空概论

TONGYONG
HANGKONG
GAILUN

### 第二版

胥 郁　李向新　主编

化学工业出版社
·北京·

## 内容简介

本书是高等职业教育低空经济领域特色教材，全书以党的二十大"推进教育数字化、建设交通强国"精神为指引，紧扣低空经济发展对人才的需求，突出航空职业教育的类型特点，围绕"飞行活动"主线，以"航空精神"为基本内核，系统构建通用航空知识体系。教材采用"项目引领、模块递进"架构，全面对接通用航空领域的新技术、新业态和新政策要求，设计编写涵盖通用航空概述、通用航空器、空域管理与飞行服务、通用机场、通用航空产业及企业、通用航空飞行活动、通用航空文化活动、通用航空适航管理、飞行员培训及资质获取等九大项目。教材同步配套丰富的数字化资源，学习者也可以登录智慧职教平台搜索"通用航空概论"课程进行在线学习。

本书既可以作为高等职业院校通用航空相关专业的教学用书，也可作为成人教育、各类培训学校及通航企业员工培训的教学用书，还可供通用航空爱好者学习使用。

**图书在版编目（CIP）数据**

通用航空概论／胥郁，李向新主编. -- 2版.
北京：化学工业出版社，2025. 1. --（高等职业教育低空经济领域特色教材）. -- ISBN 978-7-122-47432-2
Ⅰ. V2
中国国家版本馆CIP数据核字第2025EE2472号

责任编辑：王　可　旷英姿　　　　　文字编辑：徐　秀　师明远
责任校对：李雨晴　　　　　　　　　装帧设计：孙　沁

出版发行：化学工业出版社（北京市东城区青年湖南街13号　邮政编码100011）
印　　装：三河市双峰印刷装订有限公司
787mm×1092mm　1/16　印张20¼　字数470千字
2025年8月北京第2版第1次印刷

购书咨询：010-64518888　　　　　　售后服务：010-64518899
网　　址：http://www.cip.com.cn
凡购买本书，如有缺损质量问题，本社销售中心负责调换。

定　　价：48.00元

党的二十届三中全会提出，要深化综合交通运输体系改革，发展通用航空和低空经济，为促进我国低空经济发展指明了方向。当前，低空经济产业正迎来前所未有的发展机遇，据中国民用航空局预计，2025年我国低空经济市场规模将达到1.5万亿元，到2035年有望达到3.5万亿元。事实上，低空经济是以低空空域为依托，以通用航空为核心的关联经济形态的综合体。而通用航空又包括传统通航和新兴通航，二者各有优势，互为补充。发展低空经济，要从新兴通航和传统通航两大赛道同时发力，齐头并进。

随着我国低空经济和通用航空的快速发展，高素质技能人才的需求日益增长。无论是通用航空企业的运营管理、飞行技术、机务维修，还是低空经济产业链上的相关领域，都亟须大量既具备扎实专业知识，又具有创新精神和实践能力的高素质人才。而教材作为人才培养的重要载体，其质量和适用性直接影响着人才培养的效果。

微课：《通用航空概论》教材介绍

《通用航空概论》教材自出版以来，在通用航空人才培养方面发挥了积极作用，为众多院校相关专业的教学以及从业人员的学习提供了重要参考。然而，随着通用航空产业的快速发展和低空经济的兴起，行业的技术、运营模式、政策法规等方面都发生了巨大变化。原教材中的部分内容已无法满足当前教学与行业发展的需求，教材的修订工作迫在眉睫。此次修订，就是在第一版基础上，特别结合低空经济发展的新要求，及时更新知识，调整教材总体结构，将学习内容进一步丰富为包括通用航空器、通用机场、通用航空企业、通用航空飞行活动在内的九个项目，力图为初学者提供一个通用航空鸟瞰图景。通读全书，学习者可以建立通用航空发展的整体概念，了解通用航空各要素之间的联动关系，为后续专业课程的学习奠定基础。本教材在编写过程中，凸显了以下特色。

### 1. 坚持立德树人，巧融思政元素

本教材积极践行立德树人根本任务，充分挖掘课程所蕴含的思政教育元素，以推动通航事业的高质量发展为主线，将二十大报告提出的制造强国、交通强国精神与新时代民航精神、创新精神、工匠精神和航空报国的伟大理想等思政元素巧妙地融入教材。同时在教材每一项目后均设置"思政园地"板块，诸如"中国航空之父"冯如、中国商飞国产大飞机 C919 的研发"青年军"、高原电力巡线员、获央企先进集体荣誉称号的中国通航飞行部等，一个个先进人物和集体，一桩桩英雄事迹，依次生动呈现，以此激励学生树立远大理想，培养他们报效祖国航空事业的责任感和使命感。

### 2. 紧跟行业发展，体现前瞻创新

本教材在编写过程中，紧密结合低空经济发展的最新动态，全面更新了通用航空领域的新技术、新业态、新政策等内容，详细介绍了电动垂直起降飞行器（eVTOL）等前沿技术的原理、应用及发展趋势，以及空中游览、航空医疗救护等新兴运营模式的特点与发展现状。同时，对国家最新出台的通用航空政策法规进行了深入解读。例如，项目 2"通用航空器"中介绍了我国获全球首张无人驾驶载人 eVTOL 适航证的 EH216-S，展现了我国在新兴通航领域的技术创新；项目 3"空域管理与飞行服务"介绍了我国低空空域管理改革的重要成果之一——《国家空域基础分类方法》，为低空经济发展提供了有力的政策保障；项目 5"通用航空产业及企业"介绍了通用航空经营许可与运行许可联合审定新的工作程序，教材内容选取具有先进性与前瞻性。

### 3. 基于学生中心，内容组织新颖

本书编写充分体现以学习者为中心的思想，从初学者视角设计组织内容。全书分为九个学习项目，每一项目都由学习目标—案例导入—项目导读—知识讲授—思政园地—巩固提高—学习评价七个板块组成。

（1）"学习目标"板块可以让学习者明晰每一项目的知识目标、能力目标和素质目标，同时根据通航岗位工作要求添加了学习应参考的"民航规章、标准"，便于学生查阅。

（2）"案例导入"板块根据每一项目的内容特点设计案例，提出疑问，激发学习者的探索兴趣。

（3）"项目导读"板块通过思维导图的方式，引导学习者快速了解所学项目知识结构、重难点等信息，建构项目知识图谱。

（4）"知识讲授"板块作为全书主要部分，详细介绍每一项目的基础知识和重难点，并通过"特别提示""知识拓展""同步案例"等环节，对新知识、新技术、新政策等相关内容进行补充，同时还设置"课堂讨论"环节，培养学生的创新思维和团队合作意识。

（5）"思政园地"板块的真实案例不仅增强了教材的生动性和感染力，也帮助记录学生的成长感悟。

（6）"巩固提高"板块通过练习题、实践任务等形式，既帮助学生查漏补缺，巩固所学的基础知识，也通过开放性任务设置，培养他们的独立思考精神和团队协作沟通能力。

（7）"学习评价"板块旨在帮助学生全面回顾学习过程，明确自身的学习成效与不足，为后续学习提供指导。

### 4. 配套资源丰富，利于自主学习

教材配套有数字化教学资源，读者可以采用移动终端设备扫描教材中的二维码，随时观看和学习。同时，与教材配套的"通用航空概论"在线开放课程已上线智慧职教平台，方便教师开展"线上＋线下"的混合式教学，也有助于学习者的自主学习。

本教材既可以作为高等职业技术院校通用航空相关专业的教学用书，也可作为成人教育、各类培训学校及通航企业职工培训的教学用书，还可供通用航空爱好者学习使用。

本教材的编写团队由高职院校具备丰富教学经验的双师型教师以及通用航空企业一线技术管理人员组成。团队中既有全国职业院校国赛一等奖指导老师、湖南省职业院校教学能力竞赛一等奖获得者，也有具备编写"十四五"国规教材、省级优秀教材成功经验的成员，这些共同保证了本教材在学生知识技能培养和课程资源建设层面都能有高水准呈现。本教材由长沙航空职业技术学院胥郁、李向新主编，长沙航空职业技术学院周谧、曾娅妮、易晓英及湖南湘江通航公司易成友担任副主编，何裕龙、易夫参与编写。本教材由北京航空航天大学高远洋教授担任主审，在审稿过程中，他为教材的编写提出了许多宝贵的修改意见。在教材

编写过程中，得到了众多单位和个人的大力支持与帮助。在此，我们衷心感谢湖南省芙蓉教学名师、长沙航空职业技术学院雷世平教授给予的课程思政指导，长沙航空职业技术学院管理学院院长吴巧洋对教材给予的大力支持。感谢浙江星空会、湖南湘江通航等知名通航企业为我们提供了丰富的实践案例和宝贵的行业经验。感谢通航航务技术教研室同事以及为本教材编写提供帮助的学生。

限于编者的知识水平和实践经验，本教材难免存在疏漏和不妥之处，恳请读者、同行批评指正，以便教材在今后修订过程中改进。

编 者

2024年12月

目录 CONTENTS

## 项目8　通用航空适航管理　249

## 项目9　飞行员培训及资质获取　272

## 参考文献　310

# 二维码资源目录

| 序号 | 名称 | 格式 |
|:---:|:---:|:---:|
| 1 | 《通用航空概论》教材介绍 | 微课 |
| 项目 1 通用航空概述 | | |
| 2 | 通用航空介绍 | 课件 |
| 3 | 从《紧急救援》话通用航空活动 | 微课 |
| 4 | 人类早期的飞行探索 | 微课 |
| 5 | 世界通用航空发展史 | 课件 |
| 6 | 为什么莱特兄弟是飞行第一人 | 微课 |
| 7 | 带你了解美国通用航空的发展 | 微课 |
| 8 | 我国通用航空发展历程 | 课件 |
| 9 | 中国航空之父——冯如 | 微课 |
| 10 | 崛起的中国通用航空 | 微课 |
| 11 | 我国通用航空发展基本现状 | 课件 |
| 12 | 我国通用航空管理体制及法规 | 课件 |
| 13 | 河南"最牛"农民违法了吗? | 微课 |
| 14 | 民航规章查找 | 微课 |
| 15 | 参考答案 | 文件 |
| 项目 2 通用航空器 | | |
| 16 | 航空器及其分类 | 微课 |
| 17 | 通用航空器及其分类 | 课件 |
| 18 | 何谓小型航空器 | 微课 |
| 19 | 小型航空器介绍 | 课件 |
| 20 | 赛斯纳 C172 | 视频 |
| 21 | 西锐 SR20 | 视频 |
| 22 | 轻型运动类飞机 | 微课 |
| 23 | 阿若拉 SA60L | 视频 |
| 24 | "运动之星" SportStar | 视频 |
| 25 | 时间机器——公务机 | 微课 |
| 26 | 公务机介绍 | 课件 |
| 27 | 庞巴迪环球 7000 | 视频 |
| 28 | 莱格赛 600 | 视频 |
| 29 | "奖状" CJ3 | 视频 |
| 30 | "愿景" SF50 | 视频 |
| 31 | 全能型选手——多用途飞机 | 微课 |

| 序号 | 名称 | 格式 |
|---|---|---|
| 32 | 赛斯纳208 | 视频 |
| 33 | 机界老黄牛——农林飞机 | 微课 |
| 34 | 空中蜻蜓——直升机 | 微课 |
| 35 | 直升机介绍 | 课件 |
| 36 | 直升机是如何飞行的 | 动画 |
| 37 | 罗宾逊R44 | 视频 |
| 38 | AW139 | 视频 |
| 39 | AC313 | 视频 |
| 40 | 形形色色的无人机 | 微课 |
| 41 | 无人机介绍 | 课件 |
| 42 | 空中的士——eVTOL飞行器 | 微课 |
| 43 | 参考答案 | 文件 |
| 项目3 空域管理与飞行服务 | | |
| 44 | 大家的天空——空域及其划设 | 微课 |
| 45 | 我国空域基础分类示意图 | 图片 |
| 46 | 空域的管理模式 | 课件 |
| 47 | 空域的划设与使用 | 课件 |
| 48 | 飞行计划 | 课件 |
| 49 | 空域申请与飞行计划申报 | 微课 |
| 50 | 空中交通服务 | 微课 |
| 51 | 空中交通服务 | 课件 |
| 52 | 空中交警——空中交通管制员 | 视频 |
| 53 | 通用飞行规则 | 微课 |
| 54 | 低空空域怎么飞 | 微课 |
| 55 | 湖南省低空空域管理改革成效 | 视频 |
| 56 | 《湖南省低空空域目视飞行方法》 | 文件 |
| 57 | 通航飞行"幸福站点"——飞行服务站 | 微课 |
| 58 | 飞行服务站（FSS） | 课件 |
| 59 | 参考答案 | 文件 |
| 项目4 通用机场 | | |
| 60 | 走近通用机场 | 微课 |
| 61 | 通用机场介绍 | 课件 |
| 62 | 通用机场选址准备 | 微课 |
| 63 | 通用机场选址要求 | 课件 |

| 序号 | 名称 | 格式 |
|---|---|---|
| 64 | 通用机场场址报告内容 | 文件 |
| 65 | 直升机场设计要素 | 微课 |
| 66 | 直升机场还要跑道吗 | 微课 |
| 67 | 国内最小的机场 | 案例 |
| 68 | 通用机场的建设管理模式 | 微课 |
| 69 | 固定运营基地FBO | 微课 |
| 70 | FBO介绍 | 课件 |
| 71 | 参考答案 | 文件 |
| 项目5 通用航空产业及企业 | | |
| 72 | 通用航空企业经营许可阶段准备 | 微课 |
| 73 | 通用航空企业经营许可申请与持续管理 | 课件 |
| 74 | 需要运行合格审定的通用航空许可项目 | 文件 |
| 75 | 通用航空企业运行合格审定程序 | 微课 |
| 76 | 联合审定申请书 | 文件 |
| 77 | 通航公司的组织架构 | 微课 |
| 78 | 通用航空企业文件手册管理 | 课件 |
| 79 | 通航企业运行手册 | 微课 |
| 80 | 参考答案 | 文件 |
| 项目6 通用航空飞行活动 | | |
| 81 | 工业航空 | 课件 |
| 82 | 航空摄影 | 视频 |
| 83 | 航空物探 | 视频 |
| 84 | 海上石油服务 | 微课 |
| 85 | 农林航空 | 课件 |
| 86 | 农林航空作业实施 | 微课 |
| 87 | 换个角度看世界——空中游览 | 微课 |
| 88 | 空中游览 | 课件 |
| 89 | 体验飞行是空中游览吗 | 微课 |
| 90 | 北京八达岭长城空中游览 | 视频 |
| 91 | 空中120——航空医疗救护 | 微课 |
| 92 | 航空医疗救护 | 课件 |
| 93 | 参考答案 | 文件 |
| 项目7 通用航空文化活动 | | |
| 94 | 中国古代航空思想与实践 | 微课 |

| 序号 | 名称 | 格式 |
|---|---|---|
| 95 | 通用航空文化的基本内涵 | 课件 |
| 96 | 飞行表演 | 微课 |
| 97 | 跳伞运动 | 微课 |
| 98 | 滑翔运动 | 微课 |
| 99 | 航模运动 | 微课 |
| 100 | 航空运动有技术含量吗 | 微课 |
| 101 | 航空影视 | 微课 |
| 102 | 航空展会 | 微课 |
| 103 | 湖南国际通用航空博览会（株洲动态展） | 视频 |
| 104 | 航空博物馆 | 微课 |
| 105 | 参考答案 | 文件 |
| 项目8 通用航空适航管理 | | |
| 106 | 航空器适航与持续适航 | 课件 |
| 107 | 适航认证——C919等待的理由 | 微课 |
| 108 | 检爱——通用航空器维修 | 微课 |
| 109 | 通用航空器维修的类别 | 课件 |
| 110 | 飞机飞行前维护检查 | 微课 |
| 111 | 飞机100小时定检 | 微课 |
| 112 | 参考答案 | 文件 |
| 项目9 飞行员培训及资质获取 | | |
| 113 | 飞行驾照概述 | 课件 |
| 114 | 飞行驾驶执照种类 | 微课 |
| 115 | 运动驾驶员执照长什么样 | 视频 |
| 116 | 飞行执照获取 | 微课 |
| 117 | 报名运动驾照难不难 | 微课 |
| 118 | 运动类驾照升级私人驾照 | 视频 |
| 119 | 取得运动类执照后可以开哪些飞机 | 视频 |
| 120 | 美国是如何学飞的 | 微课 |
| 121 | 飞行驾照培训 | 课件 |
| 122 | 飞行驾照培训模式 | 微课 |
| 123 | 国内优质141部航校飞行培训 | 视频 |
| 124 | 参考答案 | 文件 |

# 项目1

# 通用航空概述

## 学习目标

[知识目标]
① 熟悉通用航空的定义；
② 掌握通用航空活动及其分类、作用；
③ 了解世界通用航空的发展历程；
④ 了解我国通用航空的发展崛起及运营现状；
⑤ 掌握低空经济的内涵；
⑥ 了解我国通用航空管理体制；
⑦ 熟悉影响我国通用航空发展的基本法律法规；
⑧ 掌握通用航空从业人员职业道德规范。

[能力目标]
① 能区分通用航空与运输航空等其他航空的异同；
② 能描述低空经济与通用航空的联系与区别；
③ 能根据我国通用航空相关法律法规分析具体案例。

[素质目标]
① 熟知我国通用航空的发展历程，树立"航空报国"的伟大理想，培养艰苦奋斗的职业精神。
② 具备忠诚航空事业、尊重生命至上、严保飞行安全、坚守职责规范的职业道德和责任意识。

[参考民航规章、标准]
①《中华人民共和国民用航空法》；
②《中华人民共和国飞行基本规则》；
③《通用航空飞行管制条例》；
④《一般运行和飞行规则》(CCAR-91- R4)。

## 案例导入

一谈起民用航空，大家首先想到的是起降繁忙的大型机场、宽敞明亮的候机楼、在蓝天白云翱翔的大客机以及一群青春靓丽、训练有素的空乘人员。其实，这些只是作为民用航空两翼之一的运输航空呈现的面貌，作为民用航空两翼中另一"翼"的通用航空，大家对它的了解还是相对较少的。事实上，随着我国经济社会的快速发展和国民收入的大幅提升，通用航空在我们社会生产生活的很多领域发挥了无可替代的重要作用。

下面仅以5个案例为引入，请根据案例思考并描述通用航空的具体应用领域。

① 自古以来，我国农业生产都面临蝗灾的威胁。治理蝗灾可以根据观测蝗蝻出土时间提前进行预防，一般沿海蝗区最佳灭蝗期是在每年的5月10日到20日。那么，如何在这么短的时期内进行大面积的灭蝗作业呢？

② 云南省是我国的水电输出大省，我国"西电东送"战略的实施正是通过一条条横亘在大山深处的高压输电线路完成的。那么，如何对这些矗立在大山深处的电线塔和输电线缆进行检测来保障其安全运行呢？

③ 2019年7月，南方某县发生特大洪灾，多人被洪水围困，有人爬上屋顶求救，形势特别危险，在救援冲锋舟无法靠近的情况下，还有什么及时又可靠的救援方式呢？

④ 俗话说，不到长城非好汉，但对很多人来说，真正爬一趟长城不仅很累，还只能看到辽阔长城的一小段。那么，有没有一种别样的方式能让我们更直观地感受伟大长城的辽阔呢？

⑤ 小张同学从小就有个航空梦，在高中阶段就尝试通过校招学飞，无奈身体体检不合格，那么，他还能否通过其他渠道学飞去实现他的飞天梦呢？

## 项目导读

当今世界强国，无一不是航空工业强国。建设航空强国，是航空工业履行国家战略性产业使命、更加有效地支撑国家战略安全的必然要求。而通用航空事业，是航空事业的基础，发展通用航空，培育国民航空意识，打造航空事业的群众性基础，是建设航空强国和实现中华民族伟大复兴的需要。因此，如何理解通用航空的概念和作用，成为发展我国通用航空的首要问题。一是需要学生熟悉通用航空的定义，并掌握通用航空活动及其分类，把握通用航空的性质及特点，能区分通用航空与运输航空等其他航空类型的异同；二是需要学生了解世界通用航空的发展历程及我国通用航空发展趋势，特别是通过对我国通用航空艰苦奋斗历程的学习，培养学生树立"航空报国"的伟大理想，培养艰苦奋斗的职业精神；三是需要学生掌握我国蓬勃发展的低空经济的内涵，能辨析低空经济与通用航空的内在联系；四是需要学生了解我国通用航空管理体制，熟悉影响我国通用航空发展的基本法律法规，能结合相关法律法规分析具体案例；五是需要学生了解通用航空行业基本特性，进而明确作为通用航空从业人员应具备的职业道德规范。

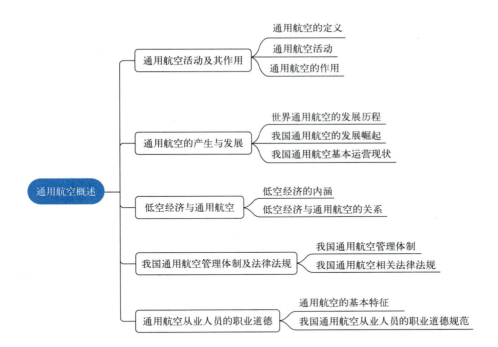

# 1.1 通用航空活动及其作用

## 一、通用航空的定义

通用航空作为民用航空的重要组成部分，其出现和发展离不开民用航空。1903年莱特兄弟发明了飞机"飞行者1号"，人类航空史正式拉开了帷幕。伴随着航空时代的到来，通用航空应运而生。

### （一）通用航空的范畴

通用航空是航空业大家族中的一个分支。航空业的形成，是以航空器的生产和使用来划分的。在航空业发展的初期，航空业只是一个单一的行业，随着科学技术特别是航空制造技术的不断发展，航空技术应用到各个领域。到了20世纪20年代，航空业形成了三个相对独立而又有密切联系的行业：航空器制造业、军事航空业和民用航空业。

其中，民用航空业是指使用航空器从事民用性质飞行活动的行业。所谓民用航空，就是指使用各类航空器从事除了军事、国家安全等性质（国防、警察和海关）之外的航空活动。第二次世界大战之后，民用航空业得到迅猛发展，逐渐成为一个庞大的行业，是交通运输业一个重要的组成部分。民用航空又分为两个大的组成部分：一

课件：通用航空介绍

个是公共航空（主要包括旅客运输和货物运输两大方面）；另一个是通用航空，在民用航空运输生产中，除了公共航空运输，其余都属于通用航空的范围。通用航空包括的内容繁多，范围十分广阔。

应当说，通用航空的产生与发展离不开飞机等通用航空器的研制和技术进步，正是由于航空技术的进步带来的航空器研发和制造技术的迭代更新，才换来通航发展的今天。因此，通用航空从概念上理解和表述，必须从航空器这一前提出发。另外，世界通用航空业历经几十年的深入发展，通用航空活动无论从内涵还是外延上都发生了深刻的变化，不仅是通用航空形式日益多样，通用航空对国民经济和社会等各领域的影响也日渐深远。

### （二）各国对于通用航空的定义

鉴于通用航空的多样性，定义通用航空基本采用排除法。

在国际上，如国际民航组织（International Civil Aviation Organization，ICAO）将通用航空定义为除商业航空运输之外的飞行活动或航空作业。其中，航空作业是指为农业、建筑、摄影、勘测、巡查、搜寻与救援、航空科研等领域提供特定服务的航空活动。

美国联邦航空局（Federal Aviation Administration，FAA）认为，通用航空是指"FAA颁发适航证的航空器制造与应用（operation），但公共运输航空公司和军方所使用的航空器除外"。

加拿大运输部将通用航空定义为：除定期航空服务以及为了取得报酬和租金的非定期航空运营之外的所有民用航空运营。

澳大利亚基础设施与运输部将通用航空定义为：从事除了定期商业航线活动之外的航空活动，既包括包机运营人、航空医疗运营人、农业航空作业、航空消防服务、培训以及诸如航空摄影、航空调查等航空作业，也包括私人、商务、娱乐和体育航空活动以及维修维护供应商等支撑保障业务。

《中华人民共和国民用航空法》将通用航空定义为：使用民用航空器从事公用航空运输以外的民用航空活动，包括从事工业、农业、林业、渔业、建筑业的作业飞行以及医疗卫生、抢险救灾、气象探测、海洋监测、科学实验、教育训练、文化体育等方面的飞行活动。

由此可见，目前国际上尚无统一的通用航空概念。鉴于航空作业活动与其他通用航空活动在本质上有较大差异，不具有国际性，国际民航组织航行委员会建议由各国自行制定法规来规范通用航空作业。

## 二、通用航空活动

2016年5月13日，国务院办公厅印发了《关于促进通用航空业发展的指导意见》（简称《意见》），对进一步促进通用航空发展做出战略部署。《意见》客观地认识到在中国通用航空产业各环节都很薄弱的现状下，通用航空运营是经济转型期的最好抓手，飞行活动是牵动市场发展的主导。通用航空只有让航空器飞起来，且飞得安全，才能使整个产业活跃起来，从而给具有更高附加值的通航制造业等产业部门带来更大

微课：从《紧急救援》话通用航空活动

的市场需求和发展后劲。

### （一）常见的现代通用航空活动

现代通用航空活动多达数十种，下面列举常见的20种。

（1）航空摄影　使用航空器作运载工具，通过搭载航空摄影仪、多光谱扫描仪、成像光谱仪和微波仪器（微波辐射计、散射计、合成孔径侧视雷达）等传感器对地观测，获取地球地表反射、辐射以及散射电磁波特性信息的方法。根据使用目的、技术要求以及应用领域的不同，可以用于测制各种比例尺的地形图、资源调查等方面。

（2）空中拍照　在航空器（飞机、直升机、飞艇等）上使用摄影机、摄像机、照相机等，为影视制作、新闻报道、比赛转播拍摄空中影像资料的飞行活动，如图1-1所示。

（3）航空物探　航空地球物理勘探的简称，是使用装有专用探测仪器的飞机或直升机，通过从空中测量地球各种物理场（磁场、电磁场、重力场、放射性场等）的变化，了解地下地质情况和矿藏分布状况的飞行作业，如图1-2所示。

图1-1　航拍摄影

图1-2　航空物探

（4）空中巡查　按预先设计的区域和时间范围，使用装有专用仪器的飞机、直升机对被监测目标进行空中巡逻观察的作业飞行。具体作业项目有道路、铁路、输电线路、运输管道等的空中巡查与监测，如图1-3所示。

（5）陆上石油服务　在高原、高寒、山地、沙漠等人烟稀少、交通不便的地区从事勘探开发石油工作时，借助于直升机（或必要的小型固定翼飞机）的独特功能，担负空中吊装与运输服务的飞行。

（6）海上石油服务　使用直升机担负海上石油钻井平台、采油平台、后勤供应船平台与陆地之间的运输飞行。其主要任务是运送上下班的职工、急救伤病员，运输急需的器材、设备及地质资料，在台风前运送人员紧急撤离、发生海难事故后进行搜索与援救，空中消防灭火等。

（7）海洋监测　国家海洋管理机构使用装有专用仪器的飞机、直升机对领海和专属经济区内海洋污染、使用情况进行空中巡逻监测和执法取证的作业飞行。

（8）直升机外载荷飞行　以直升机为起吊平台进行的吊装、吊运等飞行作业。包括直升机输电线路基础施工、直升机组装铁塔和施放导引绳、直升机输电线路带电维修等项目，如图1-4所示。

图1-3　空中巡查　　　　　　图1-4　直升机外载荷飞行

（9）人工降水　在云中降水条件不足的情况下，用飞机向云层中喷洒催化剂，促进降水的一种飞行活动。

（10）航空护林　使用飞机/直升机和专用仪器设备并配备专业人员，在林区实施林火消防以保护森林资源的作业飞行。具有机动灵活、快速高效等优点，是保护森林资源的强有力措施。主要作业项目有巡护飞行、索降灭火、机降灭火、喷液灭火、吊桶灭火等。

（11）航空喷洒（撒）　用航空器及其安装的喷洒（撒）设备或装置，将液体或固体干物料，按特定技术要求从空中向地面或地面上的植物喷雾和撒播的飞行作业过程。主要用于农林牧业生产过程中，具体作业项目有飞机播种、空中施肥、空中喷洒植物生长调节剂、空中除草、防治农林业病虫害、草原灭鼠、病虫害防治等，如图1-5所示。

（12）城市消防　使用直升机开展城市高大建筑物的空中喷液灭火和人员救援等的飞行作业。

（13）出租飞行　由通用航空企业（提供者）提供飞机、机组、燃油和航空旅行所需的其他服务，由使用者支付费用（通常是以公里数或时间计费，再加上等候时间和机组等额外费用）的飞行活动。

（14）医疗救护　使用装有专用医疗救护设备的飞机或直升机，为抢救患者生命和紧急施救进行的飞行服务，如图1-6所示。

图1-5　航空喷洒　　　　　　图1-6　医疗救护

（15）空中广告　以航空器为载体在空中开展广告宣传的飞行活动。具体作业项目包括机（艇）身广告、飞机拖曳广告、空中喷烟广告等。

（16）空中游览　游客搭乘航空器（飞机、直升机、气球等）在特定地域上空进行观赏、游乐的飞行活动。

（17）包机飞行　单一用户（企业、事业单位、政府机构、社会团体或个人）与通用航空企业签订包机合同，包租通用航空飞机和直升机为其出行提供的飞行服务。

（18）私用/商用飞行驾驶执照培训　使用航空器，以掌握飞行驾驶技术、获得飞行驾驶执照为目的而开展的飞行活动。包括以正常教学为目的的任何飞行，教官带飞和学员在教官的指导下单飞，但不包括熟练飞行。

（19）个人娱乐飞行　拥有飞行驾驶执照的个人，为保持和提高飞行技术、体验飞行乐趣、展示飞机性能与飞行技艺，以普及航空知识和满足观众观赏为目的而开展的飞行活动。

（20）公务飞行　使用民用航空器按单一用户（企业、事业单位、政府机构、社会团体或个人）确定时间和始发地、目的地，为其商业、事务、行政等活动提供的无客票飞行服务。

### （二）通用航空活动的类型

通用航空涉及的方面多、应用的范围广，使用的飞机机型多，对其活动分类也有不同的标准，如ICAO组织的分类标准（将其分为GA-通用航空和AW-作业航空）、英国标准、美中航空合作项目（ACP）标准等。结合我国通用航空实际，我们一般是按下述标准分类的。

#### 1. 按航空活动性质分类

按照航空活动性质划分，通用航空可分为社会公益服务类、经济建设服务类、航空消费类和飞行培训类。

（1）社会公益服务类　该类通用航空活动不以营利为目的，主要发生在一些改进人类社会福祉的领域，除了抢险救灾、森林灭火等突发公共事件的通用航空飞行外，还包括航空气象服务、医疗救护、公益勘探、航空摄影、航空科研、政府飞行等以公益性为目的的通用航空活动。通用航空活动是否属于社会公益类，不以航空器常用状态和拥有者属性为标准，而应视单次飞行活动的目的而定。如果不以营利为目的，则属于该类。社会公益类航空活动的资金来源主要靠政府财政拨款以及社会公益组织及其他社会团体或企业与个人的捐赠。

（2）经济建设服务类　此类通用航空活动能够为通用航空器拥有者或使用者带来商业收益。例如一些企业使用通用航空器从事公务旅行、运送客户或文件、邮件等。此外，海上石油服务、农林航空、航空广告、空中游览、管线巡逻、直升机外载荷（吊挂、吊装）飞行等，都属于该类。

（3）航空消费类　该类通用航空活动中，航空器一般为私人所有，功能如同家用汽车，是休闲娱乐或观光旅游的交通工具。

（4）飞行培训类　该类通用航空活动在世界各国状况都一致，即飞行培训学校使用通用航空器对学员进行航空飞行培训。在我国，飞行驾照培训的飞行小时数占所有通用航空飞行小时数的最大比例。

### 2. 按服务对象和飞行目的划分

按照服务对象和飞行目的，通用航空可分为作业航空、消费娱乐航空、公务航空和其他航空四大类。

（1）作业航空　作业航空是指使用航空器为工业、农业以及其他行业提供专业性操作的航空服务活动，在我国一度被称为专业航空。

（2）消费娱乐航空　消费娱乐航空是指利用航空器从事休闲娱乐、文化体育、观光游览等的航空活动。

（3）公务航空　公务航空是指企事业单位及政府利用自备或租赁的航空器为自身业务服务的航空活动。与公共航空运输不同，公务航空常常是根据业务需要而定，是非定期的航空活动。

（4）其他航空　包括机场校验飞行、飞行培训等。

## 三、通用航空的作用

通用航空广泛应用于社会管理和生产服务领域，是综合交通运输体系的重要补充，从观光旅游到航空摄影，从农林作业到紧急救援，其应用领域广泛，对社会经济发展、科技创新、国防安全等诸多方面都有着不可忽视的重要意义。

### 1. 推动经济增长，优化产业结构

通用航空产业是经济增长的强劲助推器。在制造端，通用飞机及其零部件制造涉及航空材料、机械加工、电子设备等众多高科技产业，带动上下游产业链协同发展。以美国为例，通用航空制造业每年创造的经济价值高达数百亿美元，为航空铝材、高性能发动机等产业带来了广阔的市场。同时，通用航空运营领域，如飞行培训、航空旅游、航空物流等服务业，也创造了大量的就业机会和经济效益。据统计，每生产一架通用飞机，就能带动上下游产业产生数倍于飞机本身价值的经济产出。

通用航空产业的发展还能促进区域经济结构优化。一些地区通过建设通用航空产业园区，吸引相关企业集聚，形成产业集群效应。这不仅推动了当地传统制造业向高端制造转型，还带动了金融、会展、教育等现代服务业的发展，提升了区域经济的整体竞争力，实现产业结构的多元化和高级化。

### 2. 提升公共服务水平，保障民生福祉

通用航空在应急救援领域具有不可替代的优势。在自然灾害发生时，如地震、洪水、森林火灾等，道路往往受阻，地面救援力量难以迅速抵达受灾区域。通用航空凭借其快速机动性，能够快速投送救援人员、物资，为受灾群众提供及时的援助。直升机可以在复杂地形中悬停，进行人员搜救和转运；无人机则可利用其灵活小巧的特点，对受灾区域进行实时监测，为救援决策提供精准信息。在医疗急救方面，空中医疗救援能够大大缩短危重伤病员的转运时间，提高救治成功率。特别是对于一些偏远地区或交通不便的区域，通用航空搭建起了一条空中生命线，为民众的生命健康提供了有力保障。

在公共服务的其他领域，通用航空同样发挥着重要作用。例如，在航空护林工作

中，通用飞机可以携带大量灭火剂，对大面积森林火灾进行快速扑救，有效控制火势蔓延，保护森林资源。在气象监测方面，搭载专业气象探测设备的通用飞机，能够获取更准确的气象数据，为气象预报和灾害预警提供重要支持。

### 同步案例1-1

#### "5.12"汶川地震中的通用航空救援

2008年5月12日，四川省汶川县发生了里氏8.0级大地震。地震发生后，灾区房屋倒塌、道路断绝，四川8个重灾县100余个乡镇通信、电力、供水完全中断，在山区、丘陵地带重灾区，受灾民众很多都被困山坡或狭窄的山谷。截至7月6日12时，地震造成69196人遇难、18379人失踪。地震造成山体滑坡，导致道路堵塞或毁损，救灾工作开展非常困难。除了直升机，基本没有其他交通工具可以抵达灾区，直升机成为此次抗震救灾的"攻坚部队"。在民航直升机抗震救灾指挥部四川广汉机场，震后的第三天便集结了中国民航6家通用航空公司11种机型的30架直升机，成为我国航空史上最快最大规模的调机。据指挥部统计数据，截至5月29日晚，30架民航直升机共执行飞行救援任务523架次，运入各类救援物资139.5吨，运送各类专家347人进入灾区，接出伤员和灾民1296人，为抗震救灾提供了有力支撑，充分体现了民航直升机在这次救灾中的战斗力。

### 3.促进科技创新，带动技术进步

通用航空产业是科技创新的前沿阵地，对诸多领域的技术发展具有强大的牵引作用。为了满足通用航空对飞行器性能、安全性和可靠性的严苛要求，需要在材料科学、航空发动机、航电系统等关键技术领域不断创新突破。新型复合材料的研发，使通用飞机更加轻量化、高强度；先进航电系统的应用，实现了飞行的自动化和智能化，提升了飞行安全性和效率。这些技术创新成果不仅应用于通用航空领域，还能广泛辐射到其他产业，如汽车制造、电子信息等，推动整个国家的科技进步和产业升级。

此外，通用航空领域的科技创新还为创新创业提供了广阔空间。随着无人机技术的飞速发展，众多创新型企业在无人机研发、应用等领域崭露头角，开发出了一系列具有创新性的产品和服务，涵盖农业植保、电力巡检、地理测绘等多个行业，激发了全社会的创新活力。

### 4.助力国防建设，巩固国家安全

通用航空在国防建设中扮演着重要角色，是国防力量的重要补充。通用航空飞机在经过必要的改装后，可以迅速投入军事用途，执行侦察、通信、运输等多样化军事任务。在战时，通用航空力量能够为前线部队提供快速的物资补给和人员运输，增强军队的作战灵活性和持续作战能力。同时，通用航空的发展有助于培养大量具备航空知识和飞行技能的专业人才，这些人才在国防动员中可以迅速转化为军事航空力量，为国防建设提供坚实的人力支持。

通用航空的发展还有助于完善国家低空防御体系。随着通用航空活动的日益频繁，低空领域的安全管理变得至关重要。通过发展先进的低空监视、通信和指挥控制系统，提高对低空目标的探测、识别和管控能力，不仅能够保障通用航空飞行安全，还能有效防范低空入侵等安全威胁，巩固国家的低空安全防线。

# 1.2 通用航空的产生与发展

微课：人类早期的飞行探索

海阔凭鱼跃，天高任鸟飞。天空中自由飞翔的鸟儿激发了人类对翱翔其中的向往，人类最早对航空的尝试，就是从仿制鸟类飞翔开始的。从达·芬奇绘制第一张扑翼机草图，到1783年法国人孟格菲兄弟研制出热气球，从英国人乔治凯利爵士对滑翔机的探索，到德国人李林塔尔成功完成飞行，及至1903年美国人莱特兄弟实现人类第一次持续性、有动力可操控的飞行。自此以后，世界通用航空蓬勃发展，自由飞行得以实现。新中国成立以来，我国的通用航空产业发展主要集中在农林作业、地质勘探、应急救援等生产和公共领域，规模不大。进入新世纪，随着中国社会经济的快速发展，通用航空得到各级政府和社会各界的高度重视和关注，通用航空进入飞速发展阶段。

## 一、世界通用航空的发展历程

### （一）通用航空起步与发展

课件：世界通用航空发展史

通用航空是民用航空的重要组成部分之一，它是伴随着民用航空的产生与发展而诞生和成长起来的。1903年12月17日，美国人莱特兄弟发明的飞机飞行成功，开创了现代航空的新纪元，同时也揭开了世界通用航空发展的序幕。在莱特兄弟的飞机试飞成功之前，世界上许多人都曾进行过飞机的研制工作，但由于他们所采用的是笨重的蒸汽机，没有采用科学、合理的机翼翼型，在研制、试飞过程中，由于飞机的重量过大、产生的升力不足而导致失败。莱特兄弟是在总结前人经验和教训的基础上，采用较轻的内燃机作为动力，并且采用升力大的双翼翼型，才使飞机"飞行者一号"（见图1-7）的首次飞行取得成功。

微课：为什么莱特兄弟是飞行第一人

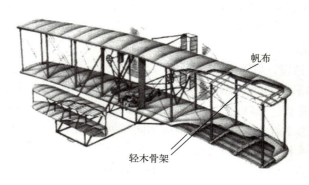

帆布

轻木骨架

图1-7 飞行者一号

## 知识拓展1-1

### 飞行者1号

1903年12月17日，来自美国俄亥俄州代顿的自行车制造商莱特兄弟在北卡罗来纳州的基蒂霍克岛试飞成功一架结构单薄、样子奇特的双翼飞机——"飞行者1号"。这是人类历史上第一架能够自由飞行，并且完全可以操纵的动力飞机。这一天就成了飞机诞生之日。

从1899年开始，莱特兄弟先后研制了三架滑翔机，其中第3号滑翔机性能优越，莱特兄弟用它共进行了700次滑翔飞行。"飞行者1号"就是在第3号滑翔机基础上研制的。

"飞行者1号"是一架双翼机，前面有两个升降舵，后面有两个方向舵，操纵索集中连在操纵手柄上。翼展达12.3m，机翼面积47.4m²，机长6.43m，连同飞行员在内总重约360kg。没有专门的驾驶舱，飞行员必须趴在机翼上面操纵。发动机由莱特自行车公司技师查理·泰勒设计制造，输出功率9.7kW，重量77kg。

20世纪上半叶，世界发生了重大的变化，特别是两次世界大战的爆发，对世界航空技术的发展产生了深远、积极的影响。第一次世界大战期间，由于飞机在战争中的应用，一些国家政府开始注意到了飞机的军事意义，相继成立了航空科学技术研究机构，航空工业体系初见端倪。从20世纪20年代开始，飞机的性能和构造发生了巨大的变化：由双机翼飞机发展到张臂式单机翼飞机；由木质结构飞机发展到全金属结构飞机；由敞开式座舱飞机发展到密闭式座舱飞机；由固定式起落架飞机发展到收放式起落架飞机。飞机发动机的功率也提高了5倍。这些科学技术的成果，使飞机的飞行速度提高了2～4倍。航空工业逐渐成为独立的产业部门。

### （二）经历两次世界大战洗礼的通用航空

第一次世界大战成为了航空技术发展的催化剂，各国都不遗余力地加大在航空科技领域的研发力度，第一次世界大战结束后的十几年间，飞机在技术上已经逐渐趋于成熟，基本上达到了安全、可靠、舒适和经济的要求。最早具有现代运输机雏形的运输飞机是于1933年由美国波音公司和道格拉斯飞机制造公司先后推出的波音247飞机和DC-1飞机。这两种飞机已经具备了后来运输机的最基本特征——采用全金属结构、流畅的气动外形、承力金属蒙皮、悬臂式下单翼、可收放式起落架。虽然波音247只是昙花一现，没有在航空史上留下显赫的记录，但DC-1飞机经过不断改进，相继推出了在该机基础上改进的DC-2和DC-3飞机，特别是DC-3（见图1-8）成为了历史上最著名运输机之一，曾经广泛应用于军用及民用领域，其改进型甚至在半个世纪之后还服役于通用航空领域。

第二次世界大战的爆发，又一次推动了航空工业的发展。在战争期间，各国参战飞机的数量剧增，飞机的性能迅速提高，使军事航空对战争的影响越来越大，并起着

微课：带你了解美国通用航空的发展

举足轻重的作用。第二次世界大战结束后，世界航空科学技术得到进一步提升，特别是飞机气动外形的改进，涡轮喷气发动机及机载雷达的使用，进一步提高了飞机的各种性能，使飞机很快突破了声障和热障的限制，飞机的飞行速度达到声速的2～3倍，进入了超声速飞行时代。

图1-8　DC-3

科学技术的进步和航空器的发展改变了交通运输结构，为人们提供了一种快捷、方便、安全的运输方式。特别是第二次世界大战末期出现的直升机，后来快速兴起，推动了民用航空运输事业的发展，也推动了通用航空事业的发展。

1911年2月8日，英国飞行员亨利·佩开驾驶一架法国制造的"索默"式飞机，携带6500封信函，从印度的阿拉哈巴德起飞，飞往8000m外的奈尼，从而完成了人类历史上最早的空中邮政飞行，也是最早的通用航空飞行。

1914年，美国在佛罗里达州建立了世界第一条定期飞行的客运航线，但由于当时航空技术不发达，飞机的速度、载客量和航程都十分有限，很难与地面交通工具相竞争。

1919年1月，德国建立了第一条国内的商业航线——从汉堡到阿莫瑞卡。同年2月5日，又开通了从柏林到魏玛的航线，航程192km，飞行2h。

1919年，法国政府设立了主持航空运输的专门机构——法国航空局，负责法国航空技术的研究、飞机的生产、空中的导航等方面的工作，同年进行了2400次左右的商业飞行，建立了8条航线。

1921年，英国政府向经营英国伦敦至法国巴黎航线的英国汉德利佩季公司提供了25000英镑的资助。1924年，其他一些英国航空公司合并，成立了帝国航空公司，成为第一家得到政府支持、在英国占据垄断地位的航空公司。

除此之外，其他一些欧洲国家也纷纷发展自己的航空事业，特别是意大利，它的航空事业发展较快，在20世纪30年代其客运量仅次于德国和法国，位于欧洲的第三位。

世界各国在发展航空运输的同时，十分重视通用航空事业。最早的通用航空始于为农业服务。例如，为澳大利亚广大农牧业地区提供帮助，为阿拉斯加、太平洋上的岛屿提供医药、邮递、救援等服务。与此同时，开始出现了飞行训练学校和特技飞行队。1920年之后，在美国和欧洲出现了大量的私人飞机，有的大公司和企业开始用自己的飞机为高级员工提供交通服务，出现了公务航空。为了向私人和企业提供飞机维修和燃油、买卖二手飞机、飞机租赁等服务，在美国出现了以机场为基地的通航飞行服务站，形成了完整的通用航空供需市场。

### （三）二战后的通用航空发展

第二次世界大战结束后，由于航空技术的高速发展和大量军用飞机转为民用，通用航空得到迅猛发展，通用航空应用的领域更加广泛。除了在农业方面从事更多的工作之外，还发展了空中游览等业务。1950年，直升机进入了通用航空市场，大大拓宽了通用航空服务的范围，开始有了海上石油平台的服务，山区或无机场地区的救援、联络、空中吊挂等服务的内容。由于跨国公司的出现，公务航空也得到了巨大的发展。这一现象一直延续到20世纪70年代并步入顶峰。进入80年代，由于全球性的经济衰退、通用航空飞机数量的相对饱和、技术创新减少，通用航空开始下滑并陷入低谷。90年代以来，随着世界经济的持续增长、各国政府出台鼓励政策、航空产品推陈出新，通用航空又呈现复苏和重新崛起的态势，且有强劲后势。

全球范围来看，发达国家通用航空发展已经非常成熟。过去十年间通用航空飞机的年均销货量为2800架，年均产出值215亿美元。全球通用飞机市场主要集中在美国、加拿大、法国、德国等国家，其通用航空器存量合计约为31.4万架，占全球比例高达86%；此外加拿大、巴西和澳大利亚的通用航空发展也较为领先。

## 二、我国通用航空的发展崛起

我国通用航空是在世界通用航空发展的大背景下产生的，其中我国航空业的先驱冯如先生做出了开创性的贡献。但是其后，外敌入侵和连年战乱，严重阻碍了当时通用航空在我国的进一步发展，直到新中国成立后，为了国民经济恢复和生产发展需要，通用航空又重新回到大众视野，迅速发展成为整个民航事业的重要一翼。

课件：我国通用航空发展历程

### 1. 起步与停滞期（1912~1949年）

中国通用航空发展历程可以追溯到1912年。当时航空界的先驱冯如先生驾驶自制的飞机在广州燕塘进行的飞行表演，揭开了中国航空事业发展的序幕。

1931年6月2日，浙江省水利局租用的德国汉莎航空公司的米赛什米特M18-D型飞机，在钱塘江支流浦阳江36公里河段进行了航空摄影，这是大陆首次进行的通用航空商业活动。新中国成立前夕，几乎所有的航空摄影飞机、设备、航空摄影资料和技术人员被劫往台湾，使本来就十分脆弱的中国通用航空事业遭到严重的损失。

微课：中国航空之父——冯如

### 2. 初创与新建期（1951~1960年）

新中国成立后，1951年中国民用航空局商务处开始承办专业航空业务（通用航空业务）。1952年中国民航局在天津组建中国第一农林航空队，配备从捷克斯洛伐克进口的爱罗45双发活塞式轻型飞机10架，数十位职工担任航空护林和治蝗任务。此后，

微课：崛起的中国通用航空

陆续在全国重点地区成立专业航空飞行队。到1959年，全国有78架运5型飞机和安2型飞机从事专业航空任务。中国通用航空业的最初快速发展期延续了9年，至1960年，通用航空飞行总量由1952年的959h快速增长到34668h，增长了35倍，年复合增长率达到56.6%。

### 3. 挫折与徘徊期（1961~1977年）

经历了新中国成立初期的快速增长之后，中国通用航空进入了一个下滑及徘徊时期，从1961年到1977年的17年里，通用航空每年飞行小时数都没有超过1960年，1977年通用航空飞行总量为24451h，较1960年下降29.5%。

原因在于新中国的初期，国民经济异常困难，而且还要备战、增加军队力量，而当时通用航空的部分飞机原为军队调拨来，因此这一段时间通用航空进入了低谷期。

### 4. 转折与恢复期（1978~1999年）

改革开放以后，中国通用航空事业逐步恢复，1978年中国民航总局成立专业航空组，1980年中国民航总局成立专业航空局，下设农业、工业和石油航空等3个处，由民航北京、广州管理局分别在天津和湛江组建了直升机中队。

从1978年到1999年的这20余年时间，中国通用航空作业量虽然比1961~1977年有了显著的提升，但发展速度仍然非常缓慢，1999年通用航空飞行小时数为40068h，仅比1978年的28995h增长38.2%，年复合增长率仅为1.5%，而同期中国民用航空业高速发展，民航运输总周转量从1978年的740万吨公里增长到1999年的394489万吨公里，增长了52倍，年复合增长率为19.8%。同期中国GDP以年复合增长率15.7%的高速增长，通用航空业的发展严重滞后于国民经济增长速度。

### 5. 调整与发展期（2000年后至今）

2000年以来，通用航空业的发展受到政府和社会各界的极大关注，鼓励行业发展的政策密集出台，逐步形成了良好的政策氛围。2003年《通用航空飞行管制条例》的颁布，在一定程度上规范了通用航空飞行活动，为其有序发展提供了基本依据。此后，低空领域逐步开放，空域管理改革不断推进，一系列关于简化通用航空飞行审批流程、促进通用机场建设等的政策相继落地，为通用航空发展打开了广阔空间。

近年来，随着政策鼓励与市场需求的双重驱动，一方面，传统通航市场稳步增长。从产业规模看，全国传统通用飞机机队数量已达数千架，涵盖了旅游观光、医疗救援、航空培训、私人飞行等众多新兴领域。随着政策引导，各地积极推进通用机场建设，目前全国通用机场数量已大幅增加，初步形成了布局较为合理的通用机场网络。在人才培养方面，2000年后，随着通用航空发展前景逐渐明朗，相关院校和培训机构加大了通用航空专业人才的培养力度。另一方面，新兴通航形势喜人。以电动垂直起降飞行器（eVTOL）、城市空中交通（UAM）、先进空中交通（AAM）为代表的新通航，如今已成为了航空先进国家竞逐的航空创新发展新赛道。我国在新兴通航领域可以说勇立世界潮头，包括广州亿航智能、上海峰飞、沃飞长空在内的eVTOL制造商已在适航取证方面取得重大突破。

> **知识拓展1-2**
>
> ## 城市空中交通
>
> 城市空中交通（urban air mobility，UAM）是一种在城市地区，利用有人驾驶飞行器或者无人驾驶飞行器实现安全、便捷、高效和绿色运行的空中交通运输模式，是未来城市及周边地区有效交通的一种新的发展趋势。
>
> UAM飞行器配备先进的自动驾驶和导航系统，可实现自主飞行、路径规划和避障等功能，提高飞行的安全性和可靠性；通常具备垂直起降能力，可以在城市中的高楼楼顶、停车场、专用起降平台等空间实现快速起降，大大节省土地资源，提高城市空间利用率；能够避开地面交通拥堵，飞行器以较快的速度在城市空中飞行，缩短出行时间；许多UAM飞行器采用电动或混合动力飞行器，相比传统燃油交通工具，产生的噪声和污染物更少，对城市环境更加友好。同时，UAM也容易受到飞行器能耗、地形环境和障碍物等因素影响。

## 三、我国通用航空基本运营现状

进入"十四五"以来，我国通用航空继续保持了快速发展的势头。湖南、江西、安徽等省低空空域管理改革持续深入，全国各地对发展通用航空产业热情高涨，通航"十四五"规划和促进通航发展的政策举措陆续出台，通用机场等基础设施建设稳步推进，通航运营环境持续改善，通航主要发展指标保持快速增长，通航产业正逐步成为国家新的经济增长点。

### 1.通用航空企业数量：稳步增长，区域分布不均

截至2023年底，我国获得通用航空经营许可证的传统通用航空企业数量已达到690家。比上年底净增29家。其中，华北地区133家，东北地区49家，华东地区187家，中南地区157家，西南地区107家，西北地区32家，新疆地区25家。这一数字相较于往年有了显著的增长，反映出通用航空市场的活力和潜力。这些企业涵盖了从飞行培训、空中游览到农林喷洒等多个领域，为我国的航空产业注入了新的活力。然而，从区域分布来看，通用航空企业的发展并不均衡。华东地区以187家的数量位居首位，而西北地区仅有32家，新疆地区更是只有25家。这种不均衡的分布状况，既反映了各地区经济发展水平和产业结构的差异，也提示我们在未来的发展中，需要更加注重区域协调发展，推动通用航空行业在全国范围内的均衡发展。

课件：我国通用航空发展基本现状

### 2.通用机场数量稳步增长，布局日趋完善

据统计，截至2023年底，全国在册管理的通用机场数量已达到449个，其中A类通用机场163个。这一数据的增长，不仅彰显了我国通用航空基础设施建设的加速推进，也体现了通用航空在经济社会发展中的重要地位日益凸显。通用机场的增多，不仅为通用航空的飞行活动提供了更多便利，也为地方经济发展注入了新的活力。

### 3.机队规模持续扩大，教学训练用飞机占比较大

2023年底，我国通用航空在册航空器总数达到了3303架，其中教学训练用飞机占据了相当大的比重，达到了1398架。这一数据表明，随着通用航空行业的快速发展，机队规模也在不断扩大，教学训练用飞机的需求尤为旺盛。这也反映出我国通用航空行业在人才培养方面的重视和投入。

### 4.飞行小时数大幅增长，通用航空活跃度提升

2023年全国通用航空共完成飞行137.1万小时，比上年增长12.4%。这一数字的增长，反映了通用航空行业的活跃度和市场需求都在不断提升。其中，载客类和载人类飞行小时数的增长尤为显著，分别比上年增长55.1%和34.7%。这表明，通用航空在旅游观光、短途运输等领域的应用正在不断拓展，为人民群众提供了更加便捷、多样的出行选择。

### 5.非经营性作业飞行增长稳定，行业服务领域拓宽

值得注意的是，非经营性作业飞行小时数也实现了11.2%的增长，达到50.1万小时。这一数据的增长，反映了通用航空在农业、林业、环保等领域的应用正在逐步深化，为相关行业的发展提供了有力支撑。通用航空在这些领域的应用，不仅能够提高作业效率和质量，还能够降低人力成本和环境影响，具有重要的经济和社会价值。

### 6.民用无人驾驶航空蓬勃发展

截至2023年底，获得通用航空经营许可证并使用民用无人机的通用航空企业数量已高达19825家，相较于往年有了显著的提升。这充分说明了无人机技术在商业应用中的广泛认可与快速普及，越来越多的企业看到了无人机在航拍、物流、农业、救援等领域的巨大潜力，并积极投身于这一新兴行业的发展之中。

无人机拥有者注册用户及注册无人机架数的增长也同样引人注目。92.9万个注册用户和126.7万架注册无人机，这一庞大的数字不仅体现了无人机市场的繁荣，也反映了监管部门对于无人机飞行安全的高度重视。

# 1.3 低空经济与通用航空

在这浩瀚的蓝天下，"低空经济"悄然崛起。2023年中央经济工作会议明确提出"打造生物制造、商业航天、低空经济等若干战略性新兴产业"。2024年政府工作报告提出"积极打造生物制造、商业航天、低空经济等新增长引擎"。低空经济不仅从科幻照进了现实，更是成为国家战略层面新的经济增长点。

## 一、低空经济的内涵

低空经济是我国率先提出的新兴概念。所谓低空经济，是在低空空域内（通常为1000米以下，根据实际需要可延伸至不超过3000米），以民用有人驾驶和无人驾驶航空器为主体，以载人、载货及其他作业等多场景低空飞行活动为牵引，辐射带动商业活动或公共服务领域融合发展的一种综合性新经济形态，具有辐射面广、产业链条

长、成长性和带动性强等特点。低空经济广泛体现于第一、第二、第三产业之中，在促进经济发展、加强社会保障、服务国防事业等方面发挥着日益重要的作用。

### （一）低空经济的基本构成

低空经济主要由低空制造产业、低空飞行产业、低空保障产业和综合服务产业构成。其中，低空制造是低空经济的基础，低空飞行是低空经济的核心。

#### 1. 低空制造产业

低空制造产业是面向通用、警用、海关和部分军用航空器的研发制造类产业，主要包括各种有人驾驶和无人驾驶航空器及其零部件和机载设备的研发、制造、销售、进出口等产业。从消费级无人机到工业级无人机，从载货运输到载人飞行，无人机技术的创新与突破为低空经济创造了良好的发展机遇，带来了巨大的商业机会和发展空间。

#### 2. 低空飞行产业

低空飞行产业是低空经济的核心产业，是低空经济发展的核心驱动力，不仅引领着整个低空经济领域的蓬勃发展，还通过其广泛的辐射效应，促进了相关产业链的深化与拓展。该产业可细致划分为生产作业类、公共服务类及航空消费类等多个类别维度。见表1-1。

表1-1　低空飞行产业分类

| 类别 | 领域 | 场景 |
|---|---|---|
| 公共服务 | 国土资源 | 国土规划、国土测绘、基建勘察、考古调查、矿产开采、气象探测、环保检测 |
| | 防灾救灾 | 灾害救援、物资运送、通信保障、灾区照明 |
| | 公共安全 | 消防灭火、防火巡逻、集会人流控制、反恐维稳、缉毒缉私 |
| | 交通治理 | 交通巡逻、拥堵疏导、超速监测 |
| | 医疗救护 | 医疗急救、医药运输、病人转运、药品冷链 |
| 生产作业 | 石油电力 | 电力巡线、海上石油服务、天然气管道巡线、线路清障 |
| | 农林牧渔 | 农药喷洒、辅助授粉、农作物播种、农情监测、畜牧跟踪 |
| | 物流行业 | 物流运输、快递配送、用餐配送 |
| | 其他行业 | 航空摄影、空中广告 |
| 航空消费 | 教育培训 | 有人机驾驶执照培训、无人机执照培训 |
| | 休闲娱乐 | 空中观光、飞行体验、私人飞行、娱乐飞行、航空体育运动 |

#### 3. 低空保障产业

低空保障产业是指为空域安全和低空飞行提供服务保障的各类产业，主要包括低空空域管控系统、通用机场、飞行营地、直升机起降点、飞行服务站、无人机飞行信息系统、无人机反制系统以及通信、导航、气象、油料、维修等相关产业。近年来，我国已建成32个省市级飞行服务站，并开辟应急、抢救、救援等特殊情形飞行计划审批"绿色通道",进一步完善了低空航行服务保障体系。

### 4. 综合服务产业

综合服务产业是指支持和辅助低空经济发展的各类地面服务性产业,涵盖了航空会展、广告咨询、金融服务等多个方面。这些服务不仅为低空经济的参与者提供了信息交流、市场推广等平台,还促进了低空经济与其他产业的深度融合。随着低空经济的不断发展,综合服务的内涵与外延也将不断拓展,为低空经济的多元化发展提供了更多可能性。

### (二)低空经济的特征

作为战略性新兴产业的低空经济具有空间立体性、区域依赖性、数字生态性、产业融合性、辐射带动性以及创新驱动性等特征。

### 1. 空间立体性

低空经济以低空空域为活动空间,不是仅仅局限于地面或空中某个单一维度,而是将经济活动由地面向空中延伸,由"平面经济"向"立体经济"转变,表现为一种三维空间的立体经济形态。低空经济的许多作业都是"飞行在空中,作用在地面",空地之间的衔接十分紧密。这种紧密性使得低空经济能够充分利用三维空间资源,实现更高效、更灵活的作业方式。

### 2. 区域依赖性

低空经济的发展高度依赖于区域内的低空资源条件,包括空域资源、地形地貌、气候条件等。不同地区的空域开放程度、空域管理能力以及空域使用效率会存在差异,这直接影响到低空经济在该区域的发展潜力和速度,具有明显的地域性和区域性特征。低空经济的发展还受到市场需求的驱动。不同地区的市场需求存在差异,这直接影响到低空经济在该区域的应用场景和发展方向。例如,在一些旅游资源丰富的地区,低空旅游市场需求旺盛,推动了低空经济在该领域的快速发展;而在一些工业基础雄厚、对物流运输需求大的地区,低空物流则成为低空经济的重要发展方向。

### 3. 数字生态性

低空经济是由低空飞行器制造、低空飞行运营和市场应用等核心企业、基础设施、配套服务等多主体构成的开放式数字生态系统。依托低空经济产业链,各主体通过数据、信息的交流与共享,建立相互依赖的合作机制,实现产业生态系统内数据、资源、技术的共享与协作。

### 4. 产业融合性

低空经济的产业融合性体现在低空经济与其他产业的相互渗透、相互促进和共同发展上,具有跨界性,主要体现为"运行模式上的融合性"。例如,低空经济可以与农业、林业、电力、公安、医疗、体育等多个产业进行深度融合,形成"低空+农林""低空+电力""低空+公安""低空+医疗""低空+体育"等融合模式。这些融合模式不仅拓展了低空经济的应用场景,也促进了相关产业的转型升级和高质量发展。此外,空域使用需要军民融合、飞行保障需要空地融合、有人机与无人机需要融合运行等,也从不同侧面反映出低空经济的融合性特征。低空经济的融合性还催生了一批新生业态,如低空旅游、低空物流、城市空中交通等。

**同步案例1-2**

### 我国三大通信运营商在低空经济领域均已有所布局

　　三大通信运营商通过不同的方式和技术手段，在低空经济领域进行了布局与谋划。中国移动联合合作伙伴共同发布了十大低空网联应用场景，这些场景涵盖了低空经济的多个方面，如无人机物流、低空旅游、环境监测等。这一举措展示了中国移动在低空通信领域的深厚积累和技术实力，也为低空经济的实际应用提供了丰富的案例和参考。2024年6月17日，中国电信发布了"低空领航者"行动计划，旨在推动低空经济的创新与发展，为行业树立新标杆。计划包括在业内率先发起低空智联实验室、强化技术联合攻关、推动制定低空经济接口标准等多项举措。这些举措将有助于提高低空经济的整体技术水平和标准化程度，为低空经济的长期发展奠定坚实基础。中国联通表示将不断探索通感一体、天地一体等创新技术方案，以支持低空经济的发展和实现空间立体无缝覆盖。这些创新技术方案将有助于提高低空通信的可靠性和覆盖范围，为低空经济的各类应用提供更加稳定和高效的网络支持。

#### 5. 辐射带动性

　　低空经济与临空经济、航空经济、枢纽经济相似，具有由局部的点向广域的"核"转变的辐射带动性。一方面，低空经济涉及基础设施、飞行器制造、应用场景、服务保障等领域，无人驾驶飞行、低空智联网等技术与空域、市场等要素相互作用，带动低空基础设施、低空飞行器制造、低空运营服务和低空飞行保障等领域发展，形成生态价值共同体。另一方面，低空经济对周边地区产业的扩散与带动作用。低空经济利用经济枢纽强大的资源吸附能力，可加速各生产要素资源的汇集，在技术的交互作用下促进枢纽、产业和区域同频共振，构建功能完善的产业生态圈，辐射带动农业、工业和服务业等产业高质量发展，实现多方价值共创，重构价值创造过程。

#### 6. 创新驱动性

　　随着信息通信、北斗导航、高精导航、人工智能等高新技术的广泛应用，低空经济在航空器制造、低空通信、导航、监视、识别、反制以及低空数据管理和使用等领域取得了显著的技术突破。例如，eVTOL 的研发和试飞成功，为城市低空载人飞行提供了重要的技术支撑；中国科学院大连化学物理研究所研发的高比能氢混动力电源，为无人机提供了更优动能；多家企业推出的无人机芯片，可提升飞行可靠性、复杂环境适应性；商用 5G 网络在带宽、时延、定位等方面促进了低空飞行所需基础设施的完善；AI（人工智能）等新兴技术为实现复杂的空中交通管制提供了核心技术支撑。

## 二、低空经济与通用航空的关系

　　通用航空与低空经济相互依存、相互促进又各有侧重。通用航空是低空经济发展的核心动力，低空经济为通用航空提供广阔舞台和发展环境。

### （一）两者联系

#### 1.通用航空是低空经济的核心支撑

通用航空在低空经济体系中占据核心地位，是其得以发展的关键基础。从产业构成看，通用航空制造，如轻型飞机、直升机、无人机等飞行器生产，是低空经济的重要组成部分（见图1-9）。这些产品不仅满足通用航空作业需求，还为低空旅游、物流配送、农林作业等低空经济活动提供工具支持。例如，农业领域广泛使用的农用无人机，源于通用航空制造技术，它通过低空飞行执行播种、施肥、植保等任务，推动了低空经济在农业方向的拓展。

图1-9 通用航空与低空经济产业构成关系图

通用航空运营服务直接构成低空经济重要内容。飞行培训，为各类低空飞行活动培养专业人才，保证低空经济运行的人力需求；航空摄影、观光旅游等业务，利用低空飞行资源，吸引消费者，创造经济价值。许多旅游胜地开展的直升机观光项目，让游客从低空视角领略美景，成为当地低空经济的亮点。通用航空维修保障服务，确保飞行器安全可靠运行，支撑低空经济持续稳定发展。

通用航空技术是低空经济发展的技术基石。先进的飞行控制技术、导航技术、通信技术等，保障低空飞行安全与效率。这些技术不仅应用于通用航空飞行器，还推动低空物流、低空监测等相关领域发展。例如，无人机自主飞行控制技术进步，使低空物流配送更精准高效，拓展了低空经济应用场景。

#### 2.低空经济为通用航空提供广阔空间

低空经济作为一种经济形态，为通用航空发展营造良好产业生态。低空经济发展促使政策不断完善，政府为推动低空经济，出台低空领域开放、通用航空产业扶持等政策，为通用航空发展破除空域限制、提供资金支持和税收优惠，降低通用航空运营成本，激发市场活力。

低空经济发展创造多元化市场需求，推动通用航空产业升级。随着低空旅游、物流等市场需求增长，对通用航空飞行器性能、功能提出更高要求。如低空物流需求促使企业研发更大载重、更远航程的无人机；低空旅游发展要求直升机更舒适、安全，刺激通用航空制造企业加大研发投入，提升产品质量和技术水平。

低空经济发展带动基础设施建设，为通用航空发展提供硬件支撑。建设更多通用机场、起降点及配套低空飞行服务设施，改善通用航空运行条件，降低运营成本，提高运营效率，促进通用航空业务拓展。

### （二）两者区别

通用航空本质是一种航空活动类型，侧重于民用航空领域中除公共航空运输外的各类飞行活动，聚焦航空专业领域。其范畴围绕飞行器的设计、制造、运营、维护及相关人员培训等核心业务展开，更强调航空专业性和技术标准。

低空经济则是一种综合性经济形态，以低空空域资源开发利用为基础，涵盖通用航空产业及相关上下游产业和衍生服务。它不仅包括通用航空制造与运营，还涉及与低空飞行相关的旅游、物流、农业服务等广泛领域，以及为这些活动提供支持的金融、保险、信息服务等产业。低空经济更注重产业融合与经济带动效应，通过整合资源，形成多产业协同发展的经济模式。

# 1.4　我国通用航空管理体制及法律法规

## 一、我国通用航空管理体制

通用航空业管理体制主要涉及空域管理、行业监管和国际规范。

课件：我国通用航空管理体制及法规

### （一）空域管理体制

根据《中华人民共和国民用航空法》（以下简称《民航法》）和《中华人民共和国飞行基本规则》，国家对空域实行统一管理。国务院、中央军事委员会空中交通管制委员会（简称国家空管委）领导全国的飞行管制工作，空军负责具体管理工作，包括审批飞行计划、指定航路和飞行高度、制定飞行规则、管制空中交通、管理飞行禁区等。根据《中国民用航空空中交通管理规则》，中国民用航空局空中交通管理局根据国家规定负责全国民用航空空中交通管理的组织实施。

### （二）行业监管体制

《民航法》对我国民用航空各个方面的监管进行了规定，交通运输部下属的中国民用航空局（以下简称民航局）是中国航空运输业的行政主管部门和行业监管机构。作为中国航空运输业的直接管理机构，中国民用航空局对航空运输业实施宏观管理，代表国家履行涉外民航事务职能。

根据《民航法》等法律法规，民航局具体监管内容包括：民用航空器国籍登记及适航管理，航空人员训练、考核、体格检查、颁发执照等管理，全国民用机场的布局和建设规划管理，民用机场使用许可证审批及颁发，民航无线电管理等。

根据《民航法》的相关规定，民航局负责对全国通用航空经营许可以及相应监督管理工作实施统一管理。中国民用航空地区管理局（以下简称民航地区管理局）负责辖区内的通用航空经营许可以及相应监督管理工作。

## 特别提示1-1

### "国家空管委"变为"中央空管委"

2021年4月1日，国家机构改革后的中央空中交通管理委员会在公开报道中首次亮相。此前，我国空管工作的最高领导机构为国务院、中央军事委员会空中交通管制委员会（简称国家空管委）。2016年6月，中国政府网发布制定于2008年的《国务院关于议事协调机构设置的通知》，通知明确：国务院、中央军委空中交通管制委员会系国务院议事协调机构，具体工作由总参谋部承担。与国家空管委的上述架构设置相比，最新亮相的中央空中交通管理委员会有三个鲜明变化。

其一，机构规格由隶属于国务院、中央军委的国务院议事协调机构，调整为中央机构。

其二，机构负责人调整为中央政治局常委兼任。

其三，"国务院、中央军事委员会空中交通管制委员会"中的"管制"二字，调整为"管理"，即"中央空中交通管理委员会"。

### （三）国际通用航空业的管理体制

由于通用航空器通常航程较短，较少进行国际飞行，除了公务航空之外，其他领域尚未有明确的适用于国际通用航空运输活动的公约、双边服务协定、管理制度。通常，公务机等固定翼飞机进行国际飞行，依据公共运输航空国际飞行公约、双边服务协定，以及途经国相关民航管理部门的具体规定展开飞行活动。直升机等航空器进行国际飞行，一般遵循途经国民航管理部门的具体规定展开飞行活动。

## 二、我国通用航空相关法律法规

近年来，中国制定并颁布了一系列有关通用航空市场准入、适航规定和飞行运行等方面的法规、规章等。中国现行通用航空法律以《中华人民共和国民用航空法》为核心，辅以《国务院关于通用航空管理的暂行规定》《通用航空飞行管制条例》等专门的行政法规以及一系列有关通用航空的民航规章。这些成为规范通用航空活动的法律依据，初步形成了通用航空法律法规体系。

### （一）国家法律

《民航法》是从事民用航空活动的单位和个人都必须遵守的根本大法，1995年10月30日经八届全国人大常委会第十六次会议通过，1996年3月1日正式施行，2018年12月29日第十三届全国人民代表大会常务委员会第七次会议进行第五次修订。这部法律第十章第145条至150条对在我国从事通用航空活动须具备的法定条件做出了规定，设定了通用航空的定义以及从事通用航空活动的条件，明确提出保障飞行安全，保护用户、地面第三人以及从事通用航空活动的单位和个人的合法权益。

微课：河南"最牛"农民违法了吗？

### （二）航空法令性文件

在实施《民航法》的基础上，基于民航行业的特殊性，国务院还会同民航局制定出一些专业性较强的航空法令性文件，要求从事民用航空活动的单位和个人必须遵守，以便从事民用航空活动的单位和个人在遵循《民航法》的基础上更好地实施这些准则，《中华人民共和国民用航空器适航管理条例》《中华人民共和国飞行基本规则》《通用航空飞行管制条例》等就是这类的航空法令性文件。

---

**特别提示1-2**

#### 《通用航空飞行管制条例》解读

2003年1月10日，国务院、中央军委联合颁布《通用航空飞行管制条例》。该条例是管理通用航空飞行活动的基本依据，在通用航空飞行的空域管理、服务保障、审批手续等方面做了进一步调整，规范了从事通用航空飞行活动的单位或个人向当地飞行管制部门提出飞行计划申请的程序、时限要求；明确了一些特殊飞行活动所需履行的报批手续和文件要求。它是我国颁布的第一部有关通用航空方面的飞行管理条例，为我国长期处于瓶颈状态的通用航空事业注入了活力，也是对通用航空活动依法管理的重要举措，对于合理开发和充分利用国家空域资源，保障飞行安全和通用航空事业的发展产生了积极的促进作用。

---

### （三）航空规章

为了便于单位和个人在从事民用航空活动过程中更好地遵照和执行国家和民航局的有关法律法规，也便于政府部门对民用航空活动进行监督和管理，民航局还相应制定了一些规章，以保证各项法令的实施，如《中国民用航空规章》（CCAR）等。《中国民用航空规章》是民航局制定、发布的涉及民用航空活动专业性的、具有法律效力的管理规章，凡从事民用航空活动的任何单位或个人都必须遵守其各项规定。经过民航局多年来的研究、实践、总结，逐步制定出一套较为完整的航空规章制度并逐步加以完善。以下列举的是一些与中国通用航空相关的航空规章。

微课：民航规章
查找

#### 1.航空器方面

① 《民用航空产品和零部件合格审定规定》（CCAR-21-R5）；

② 《正常类飞机适航规定》（CCAR-23-R4）；

③ 《正常类旋翼航空器适航规定》（CCAR-27-R2）；

④ 《载人自由气球适航规定》（CCAR-31-R1）；

⑤ 《航空发动机适航规定》（CCAR-33-R2）；

⑥ 《民用航空材料、零部件和机载设备技术标准规定》（CCAR-37AA）；

⑦ 《民用航空器国籍登记规定》（CCAR-45-R3）。

#### 2.航空人员方面

① 《民用航空器驾驶员合格审定规则》（CCAR-61-R5）；

②《民用航空飞行签派员执照和训练机构管理规则》（CCAR-65FS-R3）；

③《民用航空器维修人员执照管理规则》（CCAR-66-R3）；

④《民用航空空中交通管制员执照管理规则》（CCAR-66TM-I-R4）。

### 3. 空域、导航设施、空中交通规则和一般运行规则方面

①《一般运行和飞行规则》（CCAR-91-R4）；

②《民用无人驾驶航空器运行安全管理规则》（CCAR-92）；

③《民用航空空中交通管理规则》（CCAR-93TM-R6）。

### 4. 通用航空企业合格审定及运行方面

①《小型商业运输和空中游览运营人运行合格审定规则》（CCAR-135-R3）；

②《特殊商业和私用大型航空器运营人运行合格审定规则》（CCAR-136）。

### 5. 航空运输规则方面

《通用航空经营许可管理规定》（CCAR-290-R3）。

---

**特别提示1-3**

#### 《一般运行和飞行规则》解读

《一般运行和飞行规则》（CCAR-91部，民航总局第120号令），2004年6月1日开始施行。该规章适用于在中国境内的所有民用飞行以及使用在中国登记的民用航空器所执行的所有运行。这部规则整合了各种复杂的飞行、运作等规定，形成了通用航空的一个基础性规章，标志着通用航空立法走上规范化轨道。CCAR-91部的发布对我国广泛分布和日益普及的通用航空和航空作业飞行运行提供了管理依据，为我国通用航空和航空作业飞行的系统化、法制化管理奠定了基础。

#### （四）实施细则和具体管理文件

为了执行上述法律、法规，民航局适航司等部门还发布了一些法规性文件作为实施细则，如适航管理程序、咨询通告、适航管理文件等。

# 1.5 通用航空从业人员的职业道德

通用航空作为民用航空体系不可或缺的分支，不仅是连接空间距离、优化资源配置的关键工具，而且在拓展现代生活方式、促进社会经济发展方面扮演着举足轻重的角色。作为民航运输整体框架的一部分，通用航空不仅共享了民航运输的基本特质，还因其广泛的适用性和独特的功能性，在全球范围内得到了高度重视与发展，由此也对通用航空行业从业人员提出了特殊的职业道德规范和要求。

## 一、通用航空的基本特征

### 1. 高速性

尽管通用航空涵盖多种不同类型的服务，其中一些如短途通勤、紧急医疗服务、搜救任务等也可能强调快速响应与高效的空中运输能力。

### 2. 机动性

通用航空因其使用的航空器具有多样性和执行任务的灵活性而高度机动，能到达偏远地区、复杂地形及地面交通不便之处，服务于多样化的需求。

### 3. 安全性

遵循严格的安全标准和监管要求，无论是飞行操作、航空器适航性还是航空人员资质，均须符合国家法律法规及民航管理部门的规定，确保通用航空活动的安全进行。

### 4. 公共性

尽管不像公共航空运输那样面向大众提供定期航班服务，但在公共服务、应急救援、医疗救护等领域，通用航空同样服务于公众利益，具有显著的公共属性。

### 5. 舒适性

针对特定类型的通用航空活动，如商务包机、观光旅游等，也会关注乘客体验，提供相对舒适的飞行环境和服务。

### 6. 国际性

通用航空活动同样受到国际民航组织（ICAO）的规则指导，尤其在跨境飞行、国际培训、技术交流等方面遵循国际通行准则。

由于通用航空具有上述特点，因此，通用航空的企业管理、组织运输生产和各项改革都必须适应这些特点。只有这样，通用航空才能走上安全、有序和稳步发展的快车道。

## 二、我国通用航空从业人员的职业道德规范

职业道德，就是与人们的职业活动紧密联系的符合职业特点所要求的道德准则、道德情操与道德品质的总和，它既是对本职人员在职业活动中的行为标准和要求，同时又是职业对社会所负的道德责任与义务。

### 1. 安全第一，预防为主

通用航空从业人员应时刻将安全放在首位，认识到安全是航空事业的生命线。我们要严格遵守安全操作规程，定期进行安全检查，及时排除安全隐患。在飞行任务执行前，应细致检查航空器及相关设备，确保各项性能指标达标。同时，加强安全意识教育，提升自我保护能力和应急处置能力。

### 2. 遵守法规，规范操作

应自觉遵守国家法律法规和行业规范，严格按照规定进行航空活动。在飞行过程中，要严格遵守飞行规则，保持与其他航空器的安全间隔。在航空器维修、保养等工作中，应遵守相关技术标准，确保维修质量。

### 3.敬业守信，尽职尽责

应热爱本职工作，具有高度的责任心和敬业精神。要以高度的责任感对待每一次飞行任务，确保任务圆满完成。同时，要诚实守信，言行一致，树立良好的职业道德形象。

### 4.尊重生命，保障安全

应尊重生命，关爱生命，始终将保障人民生命安全放在首位。在执行飞行任务时，要充分考虑天气、地形等因素对飞行安全的影响，采取必要的保障措施，确保人民生命财产安全。

### 5.团结协作，密切配合

应具有良好的团队合作精神，与同事之间相互尊重、相互支持、密切配合。在飞行任务执行过程中，要加强与塔台、机组等部门的沟通协调，确保信息畅通，保障飞行安全。

### 6.勇于创新，精益求精

应具备创新精神，勇于探索新技术、新方法，提高航空事业的技术水平。同时，要精益求精，不断提升自身的业务素质和技能水平，为航空事业的发展贡献力量。

### 7.廉洁自律，诚信服务

应保持廉洁自律，严格遵守职业道德和行业规范。在提供航空服务时，要诚实守信，不谋取不正当利益，树立良好的行业形象。同时，要加强自我约束，做到清正廉洁，自觉抵制各种腐败现象。

### 8.保护环境，绿色发展

应增强环保意识，积极落实绿色发展理念。在飞行活动中，要尽量减少对环境的污染和破坏，采取环保措施降低噪声和废气排放。同时，要关注节能减排技术的发展和应用，推动航空事业绿色可持续发展。

总之，通用航空从业人员职业道德是保障通航事业健康发展的重要基石。我们要始终遵循"安全第一、预防为主"的原则，严格遵守法律法规和行业规范，敬业守信、尽职尽责、尊重生命、保障安全、团结协作、密切配合、勇于创新、精益求精、廉洁自律、诚信服务、保护环境、绿色发展。只有这样，我们才能为通用航空事业的繁荣发展做出更大的贡献。

## 课堂讨论1-1

### 紧急情况下的职业操守抉择

背景描述：在一次通用航空的短途运输任务中，机组成员（包括机长和副驾驶）负责将一批急需的医疗物资送往偏远山区的医院。飞行途中，天气突然恶化，遭遇了强风切变且能见度急剧下降的情况。根据飞行计划，此时应紧急下降高度并寻找备降机场，但距离最近的备降机场也需额外飞行30分钟，且当前燃油量仅能支持再飞行45分钟。同时，机长接到地面控制中心的通知，告知山区医院正面临一场突如其来的自然灾害，医疗物资越早到达，对救援行动的帮助就越大。

请根据上述背景，以小组形式展开讨论并回答：

在面对紧急情况时，机组成员是否应该优先考虑乘客（虽无实际乘客，但医疗物资对救援至关重要）和物资的安全送达，即使这意味着可能超出飞行安全界限？还是应严格遵循飞行安全规定，确保机组和飞机的安全为首要？

讨论要求：

① 小组内每位成员需积极参与，发表个人见解。

② 讨论中应注重逻辑性和论据支持，可引用相关法规、行业标准或历史案例作为参考。

③ 最后，小组需总结讨论结果，形成一致或多元化的观点，并准备向全班汇报。

## ◁ 思政园地

### 昨夜星辰，冯如是最亮丽的"中国星"

站在宇宙眺望，百年只是弹指一挥，但对人类的文明进步而言，20世纪却是先辈们燃烧激情、放飞金翼，由二维大地羽化飞升至三维空间，完成"平面人"向"立体人"转变的大跨越期。一飞冲天对人类不仅意味着自由翱翔，更重要的是它将我们生存发展进步的航标指向了无垠的天空。

冯如，这位"中国航空之父"，1909年9月21日驾驶着由他设计制造的"冯如1号"飞机，在美国加利福尼亚州的奥克兰市南郊完成了属于中国人的首次载人动力飞行。他的这次飞行，距莱特兄弟开创人类首次载人动力飞行仅仅过去了不到6年。1912年冯如因飞行事故牺牲，年仅29岁。短暂的生命，却给中国的天空留下了闪电般的光亮。他不仅是我国航空史上第一个飞机设计家、第一个飞机制造家、第一个飞行家、第一个飞机制造企业家、第一个革命军飞机长，还是第一个认识到飞机战略价值的人。

作为冯如先生的同族后人，中国工程院院士冯培德对冯如有着非同一般的情感。他认为，在冯如短暂的一生中，展示出了一种非凡的精神品质——他怀揣航空理想和报国之志，自主创新、自强不息、刻苦钻研、不避艰险，最终献身航空事业，这是冯如被后人推崇和景仰的重要原因。

中国工程院院士、著名航空动力学专家刘大响从技术的角度分析了冯如当时的创举。他说："冯如研制飞机比莱特兄弟晚了几年，但他并没有因为起步较晚就完全依赖于简单的仿制，也没有采用相对较成熟的双翼机结构，而是瞄准了当时比较先进的单翼机结构。事实证明，这个选择符合飞行器技术发展的趋势，也为冯如后来的成功奠定了坚实的基础。"刘院士说，创新精神是"冯如精神"中对当今社会最具现实意义，最应被传承、倡导和发扬的精神之一。

早在20世纪初，冯如就提出了一系列航空强国思想，认为"吾军用利器，莫飞机若"，"倘得千百只飞机分守中国港口，内地可保无虞"。空军专家董文先说："外国人称冯如为'东方莱特'，我认为他也是'东方杜黑'。冯如虽然比杜黑晚出生几年，但两人同时期对军事航空发展和飞机价值做出了近乎相同的判断，这样的远见卓识，十分难能可贵。"

如今，航空领域的发展突飞猛进，那些曾经光彩夺目的技术、学说已经在时光的打磨下黯然失色，我们为什么此时还要重提冯如？《中国空军》杂志主编张冀安说："冯如的事迹启示我们，只有将精神和意志根植于大梦想、大追求之中，才能收获大作为、大成就。我们在此时纪念冯如，就是要找回可以使我们的事业成长壮大的根脉，使我们的眼光和胸怀更加开阔的高地，同时也为航空航天领域和空中力量不断拓展的责任空间以及存在价值，寻找精神、意志、思路和行动的支点。"

斯人已去，但冯如"中国航空之父"的形象、思想和精神却穿透百年时空，留给今天的我们无尽的追忆和思考。

思政感悟：_____
_____
_____

## 巩固提高

### 一、填空题

1._____指使用装有专用医疗救护设备的飞机或直升机，为抢救患者生命和紧急施救进行的飞行服务。

2.通用航空活动中一般称为专业航空的是指_____。

3.1912年，被誉为"中国航空之父"的_____驾驶自制的飞机在广州燕塘进行的飞行表演，揭开了大陆航空事业发展的序幕。

4.低空经济主要由_____、_____、_____和_____构成。

5._____（规章）整合了各种复杂的飞行、运作等规定，形成了通用航空的一个基础性规章，标志着通用航空立法走上规范化轨道。

### 二、单选题

1.处理抢险救灾、森林灭火等突发公共事件属于（    ）通用航空活动。

　A. 航空消费类　　　　　　　　　B. 经济建设类

　C. 社会公益类　　　　　　　　　D. 飞行培训类

2.（    ）指游客搭乘航空器（飞机、直升机、飞艇、气球等）在特定地域上空进行观赏、游乐的飞行活动。

　A. 航空摄影　　　　　　　　　　B. 医疗救护

　C. 空中游览　　　　　　　　　　D. 空中巡查

3. 1903年12月17日，美国人（　　　）驾驶发明的"飞行者1号"飞行成功，开创了现代航空的新纪元。

A 杜蒙特　　　　　　　　　　　B.莱特兄弟

C.李林塔尔　　　　　　　　　　D.寇蒂斯

4. 标志着新中国通用航空事业开始了新的篇章的事件是（　　　）。

A. 1951年5月，C-46型飞机执行广州市防治蚊蝇危害的飞行任务。

B. 1952年，民航局在天津组建了国内第一支通用航空飞行队伍。

C. 1952年5月1日，为庆祝五一国际劳动节，民航局调机执飞牡丹江地区的航空护林任务。

D. 1912年，冯如驾驶自制的"冯如1号"在广州燕塘进行的飞行表演。

5. 2003年1月，国务院、中央军委联合颁布的（　　　）是管理通用航空飞行活动的基本依据。

A.《民用航空法》　　　　　　　B.《通用航空飞行管制条例》

C.《一般运行和飞行规则》　　　D.《通用航空经营许可管理规定》

### 三、简答题

1. 通用航空有哪些活动形式？具体可分为哪些类型？

2. 简述通用航空在国民经济生活中发挥的作用。

3. 简述低空经济与通用航空的关系。

4. 简述我国通用航空的管理体制。

5. 简述通用航空从业人员的职业道德规范。

### 四、实践任务

案例：河南安阳内黄县农民何某因为拥有3架私人飞机，被网民称为河南"最牛农民"。何某喜欢飞机，2007年1月，他花费60多万元，从北京一家飞机小厂购买2架小飞机，同年12月，又花了83万元购买了一架小飞机。同时他还到北京学习飞机驾驶技术，学了一个多月，已掌握飞行驾驶技术，但是没有取得飞行驾驶执照。2008年10月6日下午，何某带上一大摞传单，开着飞机到内黄县城、周边各乡的主要街道上空散发传单。传单内容是防盗门优惠活动。内黄县、安阳市一些企业找到他，也请他散发传单。

试分析该农民存在哪些违法行为。

## 学习评价

参考答案

### 1.自我评价

根据个人实际情况，在相应选项前打"√"，并在空白处填写具体评价或总结内容。此表旨在帮助学生全面回顾本项目学习过程，明确自身的学习成效与不足，为后续学习提供方向。

| 一级指标 | 二级指标 | 指标要素 | 具体评价 | |
|---|---|---|---|---|
| 知识获取 | 重点掌握 | 通用航空定义及其分类 | ☐ 完全理解　☐ 基本理解<br>☐ 部分理解　☐ 不太理解 | |
| | | 通用航空发展历程与现状 | ☐ 深入了解　☐ 较为熟悉<br>☐ 一般了解　☐ 不太了解 | |
| | | 我国通用航空基本法规与政策 | ☐ 清晰明了　☐ 基本掌握<br>☐ 略有了解　☐ 完全不了解 | |
| | | 通用航空从业人员职业道德规范 | ☐ 清晰明了　☐ 基本掌握<br>☐ 略有了解　☐ 完全不了解 | |
| | 难点突破 | 我国通用航空管理体制理解 | ☐ 完全克服　☐ 有所突破<br>☐ 仍需努力　☐ 难以掌握 | |
| | | 我国通用航空市场分析与趋势预测 | ☐ 深入分析　☐ 基本把握<br>☐ 初步了解　☐ 感到困惑 | |
| 能力提升 | 学习能力 | 自主学习与资料搜集能力 | ☐ 显著提升　☐ 有所提高<br>☐ 保持原状　☐ 有所下降 | |
| | | 问题解决与批判性思维 | ☐ 显著增强　☐ 有所增强<br>☐ 一般水平　☐ 较弱 | |
| | 实践应用能力 | 案例分析与应用能力 | ☐ 熟练应用　☐ 能够应用<br>☐ 尝试应用　☐ 难以应用 | |
| 素质达成 | 职业素养 | 航空安全意识与责任感 | ☐ 高度重视　☐ 较为重视<br>☐ 一般关注　☐ 忽视 | |
| | | 团队合作与沟通能力<br>（如小组讨论中的表现） | ☐ 优秀表现　☐ 良好表现<br>☐ 一般表现　☐ 需加强 | |
| | 创新思维 | 对通用航空新技术、新模式的探索兴趣 | ☐ 非常浓厚　☐ 较为浓厚<br>☐ 一般　☐ 不感兴趣 | |
| | | 提出创新见解或建议的能力 | ☐ 经常提出　☐ 偶尔提出<br>☐ 很少提出　☐ 从未提出 | |
| | 航空精神 | 对投身航空强国事业的认可 | ☐ 高度认可　☐ 较为认可<br>☐ 基本认可　☐ 不太认可 | |
| 总分 | | | 100分 | |

## 2.他人评价（可由同学、助教或教师填写）

同学/助教/教师评价（针对知识掌握、能力提升、素质达成三方面）

优点：_____

建议改进之处：_____

### 3.自我总结与反思

在本项目学习中，我认为自己最大的收获是：_____

遇到的最大挑战及解决方法是：_____

对于后续学习通用航空相关知识，我希望加强的方面是：_____

# 项目2

# 通用航空器

## 学习目标

[知识目标]

① 掌握通用航空器概念及其内涵；

② 熟悉小型飞机的含义及其技术特点；

③ 熟悉轻型运动类飞机的含义及其适航审定要求；

④ 熟悉公务机的特征、技术特点和分类；

⑤ 熟悉多用途飞机的含义及其技术特点；

⑥ 熟悉农林飞机的含义及其技术特点；

⑦ 熟悉直升机的含义、分类和结构特征；

⑧ 熟悉无人机、电动垂直起降飞行器的含义、分类和技术特点。

[能力目标]

① 能准确描述小型飞机几款典型机型的性能数据；

② 能准确描述轻型运动类飞机几款典型机型的性能数据；

③ 能准确描述各类型公务机的典型机型的性能数据；

④ 能准确描述多用途飞机几款典型机型的性能数据；

⑤ 能准确描述农林飞机几款典型机型的性能数据；

⑥ 能准确描述各类型直升机的典型机型的性能数据；

⑦ 能准确描述电动垂直起降飞行器的几款典型机型的性能数据。

[素质目标]

① 了解国产轻型运动类飞机研发制造的崛起，培养"坚持不懈，勇于挑战"的艰苦奋斗的精神和不达目标不罢休的意志品质。

② 了解我国直升机研制筚路蓝缕的发展道路，树立"心忧天下，航空报国"的家国情怀。

[参考民航规章、标准]

①《小型商业运输和空中游览运营人运行合格审定规则》( CCAR-135R3 )；

②《无人驾驶航空器飞行管理暂行条例》( 国令第761号 )。

## 案例导入

根据中国通用航空协会的有关统计数据，2021年底，全国通用航空器在册总数为4573架，比上年增长9.8%。在此之前的10年间，我国通用航空器的数量增长了近30%，年均增速达到14%左右。2021年通用航空器的数量首次超过了运输航空（2903架）。我国通用航空器在数量不断增加的同时，国产通用航空器的研发制造能力也在不断提高，特别是用于抢险救灾的大型通用航空器的研发取得积极进展。

请思考讨论：

① 这些在我国市场数量快速增长的通用航空器究竟有哪些类型？又有哪些耳熟能详的典型机型呢？

② 另外，相比拥有或驾驶飞机的高门槛，在日常生活中你是不是能经常见到一些无人机，甚至自己就已经买了一架在操控飞行呢？有没有能实现无人驾驶载人飞行的航空器呢？

## 项目导读

航空业的形成，是以航空器的生产和使用来划分的。在航空业发展的初期，航空业只是一个单一的行业，随着科学技术特别是航空制造技术的不断发展，航空技术应用到了各个领域。应当说，通用航空的产生与发展离不开飞机等通用航空器的研制和技术进步，正是由于航空技术的进步带来的航空器研发和制造技术的迭代更新，才换来通用航空的今天。因此，通用航空从概念上理解和表述，必须从航空器这一前提出发。一是需要学生掌握航空器与通用航空器的概念及分类；二是需要学生熟悉包括轻型运动类飞机在内的传统通用航空器的含义和技术特点，掌握各类型通用航空器的典型机型的性能数据；三是需要学生了解无人机、电动垂直起降飞行器等新兴航空器的含义及技术特点；四是通过学习了解国产通用航空器的研发制造崛起，培养学生"航空报国"的家国情怀和勇于挑战的艰苦奋斗精神。

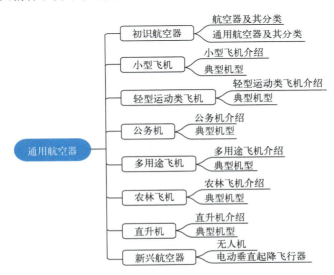

# 2.1 初识航空器

## 一、航空器及其分类

### （一）航空器的概念

微课：航空器及
其分类

很多人认为，航空器就是飞机，但是二者的概念并不一样。航空器是指在大气层中飞行的飞行器，包括飞机、飞艇、气球及其他任何借空气之反作用力，得以飞行于大气中之器物。

现代航空器的发展，得益于19世纪工业革命带来的科学技术的巨大飞跃。19世纪，不断有人试图突破空气的束缚，但都失败了。随着内燃机的发明和广泛应用，在空气中的飞行也逐渐成为可能。1903年，美国的莱特兄弟制造出能够飞行的飞机，实现了人类飞行的梦想。随后，飞机及其相关的科学和技术得到了飞速发展。

### （二）航空器的分类

根据产生向上力的基本原理的不同，航空器可划分为两大类：轻于空气的航空器和重于空气的航空器。根据航空器具体的结构特点，还可以进一步细分（图2-1）。其中，轻于空气的航空器靠空气静浮力升空，又称浮空器；重于空气的航空器靠空气动力克服自身重力升空。各种航空器在通用航空领域都有广泛应用。

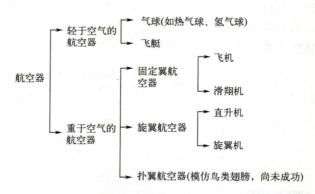

图2-1　航空器的类别

### 1.轻于空气的航空器

轻于空气的航空器主体是一个气囊，充以密度较空气小得多的气体（氢或氦），利用大气的浮力使航空器升空，热气球（图2-2）和飞艇（图2-3）都是轻于空气的航空器，二者的主要区别是前者没有动力装置，升空后只能随风飘动或者被系留在某一固定位置上，不能进行控制；后者装有发动机、安定面和操纵面，可以控制飞行方向和路线。

图2-2　热气球

图2-3　飞艇

### 2.重于空气的航空器

重于空气的航空器的升力是由其自身与空气相对运动产生的。根据构造特点还可进一步分为下列几种类型。

（1）固定翼航空器　主要由固定的机翼产生升力。飞机是最主要的、应用范围最广的固定翼航空器。飞机是由动力驱动、重于空气的一种航空器，其飞行升力主要由给定飞行条件下保持不变的翼面上的空气动力反作用力取得。按级别等级，飞机的类别可分为单发陆地、多发陆地、单发水上、多发水上飞机。

滑翔机与飞机的根本区别是，它升高以后不用动力而靠自身重力在飞行方向的分力向前滑翔。虽然有些滑翔机装有小型发动机（称为动力滑翔机），但主要是在滑翔飞行前用来获得初始高度。

（2）旋翼航空器　旋翼航空器由旋转的旋翼产生空气动力。按级别等级，旋翼机可分为直升机、自转旋翼机。其中直升机是指一种重于空气的航空器，其飞行升力主要由在垂直轴上一个或几个动力驱动的旋翼上的空气反作用取得；自转旋翼机的旋翼仅在启动时由动力驱动，在运动过程中旋翼不靠发动机驱动，而是靠空气的作用力推动旋转。这种旋翼机的推进方式通常是使用独立于旋翼系统的常规螺旋桨。

（3）扑翼机　扑翼机又名振翼机。它是人类早期试图模仿鸟类飞行而制造的一种航空器。它用像飞鸟翅膀那样扑动的翼面产生升力和拉力，但是，由于人们对鸟类飞行时翅膀的复杂运动还没有完全了解清楚，加之制造像鸟翅膀那样扑动的翼面还有许多技术上的困难，扑翼机至今还没有获得成功。

## 二、通用航空器及其分类

### （一）通用航空器的概念

通用航空器可通俗地理解为用于通用航空飞行的航空器。与通用航空的定义类

课件：通用航空
器及其分类

似，目前各国对通用航空器的定义也没有统一的标准。一般来说，通用航空器可以定义为除运输航空器之外的民用航空器，主要用于非定期的客货运输和航空作业。

通用航空器是航空器中数量和型号最多的机种，不仅包括小型飞机，还包括大型涡轮飞机、螺旋桨飞机和直升机。通用航空器不仅用途极为广泛，而且相互交叉：同一型号的通用航空器可用于不同类型的通用航空活动，而不同类型的通用航空器又可用于同一类型的通用航空活动。无论是研发设计还是发动机、航空电子设备或是可靠性、性能及功能，现代通用航空器都可以与任何民航客机相抗衡，甚至在某些方面超越民航客机。

### （二）通用航空器的分类

由于通用航空器的构型、特点各有不同，其用途又非常广泛，因此可以按航空器的类型和用途对通用航空器进行大致划分。

#### 1.按航空器类型划分

通用航空器按航空器类型可划分为固定翼飞机和旋翼机两类。固定翼飞机按采用的发动机类型又可分为活塞发动机飞机、涡轮螺旋桨发动机飞机和喷气飞机。旋翼机则包括直升机和倾转旋翼机，由于民用倾转旋翼机尚未投入使用，这里的旋翼机是指直升机。直升机按采用的发动机类型也可分为活塞发动机直升机和涡轴发动机直升机。

#### 2.按用途划分

通用航空器按用途不同可分为运动类航空器、公务航空器、农林航空器和多用途航空器等。

运动类航空器主要是指用于娱乐飞行和私人旅行的通用航空器，多为采用单发或双发活塞发动机的小型航空器，价格便宜、数量众多。

公务航空器是指专门用于行政与公务飞行的航空器，有可乘4～6人的小型机，也包括载客20人左右的大型公务机。随着公务航空的快速发展，公务机已成为通用航空器中发展较快的一部分。

农林航空器是指经制造或改装后专门用于农业和林业服务的通用航空器，典型用途为灭虫、施肥和播种。大部分的农林航空器是固定翼飞机，直升机也正在得到越来越多的应用。

多用途航空器是指用于各种工业航空服务、客货运输的通用航空器。此类航空器数量多、用途庞杂，包括固定翼飞机和直升机。

# 2.2 小型飞机

## 一、小型飞机介绍

### （一）概述

小型飞机（一般2～6座）是通用航空器市场中所占份额最大，也是最为活跃的

微课：何谓小型
航空器

一个部分，多数集中于经济发达的北美和西欧等地。制造商主要为小型独立公司，通常仅生产很少的几种飞机型别及衍生型别。这类飞机价格便宜，主要为私人拥有，少部分用于执行专门任务。常见的用途有私人飞行、教练、游览 / 观光 / 行政、航空运动、特技飞行、森林巡逻与执法等。此外，不少个人也自己制造这一级别的飞机。美国实验飞机协会（Experimental Aircraft Association，EAA）在威斯康星州奥什科什城举办的一年一度的"空中冒险"通用飞机展是这一级别通用航空器的盛会。

### （二）主要技术特点

#### 1.发动机类型

从发动机的选择看，小型飞机基本上都装有一台活塞发动机，双发较少。欧美主要活塞航空发动机厂商的产品全部为水平对置发动机，仅东欧国家有少量直列发动机及星形发动机型号。为满足不同级别飞机的需要，水平对置发动机主要有4缸、6缸两种形式。主要的活塞发动机公司有泰莱达因大陆（Teledyne Continental Motors）和德事隆·莱康明公司（Textron Lycoming）。为满足水平对置活塞发动机冷却需要，这一级别飞机的显著特征是在机头开有两个冷却气进口，螺旋桨为2叶或3叶可调螺距螺旋桨。

#### 2.机翼和起落架布局

小型飞机单发机型布局主要有上单翼和下单翼两种布局。其中，上单翼机型多数带有撑杆，起落架不可收放，部分机型起落架没有整流罩或起落装置为浮筒；下单翼机型根据飞行速度和机翼厚度，起落架分为可收放和不可收放两种，不可收放的起落架基本都配有整流罩。但整体上，下单翼机型性能优于上单翼机型。通常大多数小型飞机为前三点式起落架，也可采用后三点式起落架。尾翼为传统的十字形尾翼或T形尾翼。

由于赛斯纳占据竞争优势地位并采用了上单翼布局，除去少量简易型上单翼飞机外，很少有其他上单翼机型。主要竞争对手均采取下单翼布局，并通过良好的气动布局以获得更好的飞行性能，如西锐飞机公司生产的机型。而钻石公司的机型则介于超轻型飞机和小型飞机之间，也实现了差异化。也有部分机型采用其他布局，如部分小型水上飞机将发动机装于机背。此外还有少数型号将发动机置于T形尾翼的前端，如Seawind 300C飞机（图2-4）。

图2-4　Seawind 300C飞机（海洋之风）

### 3.座舱布局

小型飞机的座舱通常为并列座椅，这样可以方便安排2、4、6座，同样并列座椅也适合作为民航初级教练机的使用需要，但也有部分简易机型采用串列座椅。部分机型设计有行李舱，如DA42，由于其独特的双发布局空出了机头，故将这一空间设计为行李舱，此外该机还在座舱后设有另一个行李舱。西锐飞机公司的SR22则将行李舱设于座舱后部，值得注意的是其行李舱具有单独的舱门。

### 4.航电系统

由于小型飞机的一个主要用途是作为民航机的初级教练机使用，故航电系统界面逐渐接近民航客机面板风格。其中，赛斯纳飞行器公司早在1997年就开始在其CJ1新机型上使用大屏幕彩色液晶航电仪表系统（图2-5），这直接导致竞争对手的跟风行为。其后，钻石公司DA40/42及西锐飞机公司生产的SR20/22等主流机型驾驶舱均采用了先进的液晶一体化航电仪表系统。

图2-5　赛斯纳CJ1的驾驶舱彩色液晶一体化仪表面板

## 二、典型机型

小型飞机的代表型号有中航工业的"小鹰"500，塞斯纳飞行器公司的C172/182/206，西锐飞机公司的SR20/SR22，钻石飞机工业公司DA20/DA40，派铂飞机公司的PA-34/PA-44。

### 1."小鹰"500

中航工业石飞生产的"小鹰"500飞机，是中国自主研发的轻型多用途飞机（图2-6），该机是我国目前唯一按CCAR-23-R2进行设计、生产、试验试飞和适航取证并开始交付用户的4～5座轻型多用途飞机，具有完全自主知识产权。该机于2003年10月26日首飞成功，填补了我国通用航空在4～5座轻型多用途飞机生产制造领域的空白。

图2-6　"小鹰"500飞机

"小鹰"500飞机适应能力强，可以在20m宽、600m长的简易跑道，净空1000m的空域内安全起降，能抗12m/s侧风。飞机维护通道开畅，使用维护简单。

"小鹰"500飞机气动采用常规布局，下单翼，全动平尾，单台活塞发动机、螺旋桨驱动，前三点可收放式起落架。机身是全金属半硬壳式结构，发动机罩、尾锥和座舱部分侧蒙皮为玻璃纤维复合材料。封闭式非气密座舱，前机身左右设置有两扇向上开启的蝴蝶门，门后设有应急窗。动力装置采用美国莱康明公司生产的6缸水平对置气冷活塞发动机。螺旋桨选用美国哈策尔公司生产的全金属恒速变距不可顺桨的双叶螺旋桨。

"小鹰"500飞机装有达到国际先进水平的通信导航系统、发动机仪表系统、电气系统，具有良好的飞行操控性能。飞机装备的GPS具有彩色地图显示区域导航功能。先进的飞行仪表满足了飞机空中交通管制的要求，增强了飞机的无线电导航和惯性导航能力。2套GNS430综合无线电设备使该机拥有2套甚高频通信电台，提高了使用可靠性。完备的通信导航设备完全能够满足航线飞行的需要。

"小鹰"500飞机按照单驾驶、双操纵体制进行设计。采用双把式驾驶盘，硬式操纵，辅以钢索和电动操纵。在座舱前排左右位置均可方便地驾驶飞机。"小鹰"500飞机的主要性能数据见表2-1。

表2-1　"小鹰"500飞机的主要性能数据

| 乘员 | 驾驶员1名，乘客3～4名 |
| --- | --- |
| 尺寸 | 翼展9.879m，机长7.743m，机高3.044m，机翼面积12.379m$^2$ |
| 重量 | 有效载荷560kg，最大起飞重量1400kg |
| 性能 | 最大巡航速度300km/h，设计航程1640km，实用升限4200m |
| 动力装置 | 1台莱康明公司IO-540-V4A5活塞发动机，单台功率191kW（260马力） |

## 同步案例2-1

### "小鹰"500教练机获南非民航局颁发的型号认可证

经过近两年的申请认证工作，在中国民航局的大力支持下，航空工业通飞华北公司生产的"小鹰"500教练机近期获得南非民航局颁发的型号认可证（TAC）。

2015年4月，两国局方在南非签署双边适航合作意向书的基础上，南非民航局派组当年12月对"小鹰"500完成现场审查，并提出完善意见。2016年8月，补充噪声符合性试验完成后，向南非局方提交了符合性文件。2017年4月25日，南非民航局正式签发了"小鹰"500飞机TAC文件。

"小鹰"500教练机取得南非局方TAC，为"小鹰"500飞机交付南非艾维航校试用，并最终走向非洲市场，为实现向"一带一路"国家市场的产能出口奠定了重要基础。

视频：赛斯纳
C172

### 2. C172 "天鹰"

赛斯纳飞行器公司是全球知名的通用航空飞机制造商，从1927年起便开始生产私人飞机。目前，赛斯纳飞行器公司生产的小型飞机总量已经接近200000架，成为全球生产飞机数量最多的飞机生产商。赛斯纳公司生产的机型繁多，产品跨度大，从简易的轻型运动类飞机到装备两台涡扇发动机的豪华公务机都有涉及。但在众多机型中，有一款机型对美国，甚至全球通航领域，都产生了极为重要的影响，那就是赛斯纳C172 "天鹰"飞机（图2-7）。

图2-7 赛斯纳C172飞机

C172 "天鹰"系列飞机是赛斯纳飞机公司研制生产的4座单发活塞发动机轻型螺旋桨飞机，是美国塞斯纳公司的经典之作，在美国常被用作飞行教练机、私人飞机和公务机。20世纪80年代，由于美国法律的限制，赛斯纳飞机公司不得不全面停产C172，此时已生产了7万架。1996年，在新法规的推动下，塞斯纳重建单发活塞飞机的生产，按照FAR-23部标准对"天鹰"飞机进行改进设计后恢复生产，于1997年开始供应新一代"天鹰"飞机。4座的172R、172S、182T、T182T飞机主要面向飞行学校和私人航空爱好者，C172和C182两型飞机的主要区别在于选装不同的发动机和螺旋桨，C172为2叶，C182为3叶。

C172机翼为流线型单撑杆上单翼，常规悬臂式全金属结构，尾翼则为悬臂式全金属结构。机身为常规全金属半硬壳式结构。后掠垂直尾翼和方向舵。起落架为不可收放前三点式。动力装置采用莱康明公司水平对置发动机。座舱是两排并列两座的4座布局。机载设备装有联合信号公司成套设备，可选装包括仪表飞行规则GPS、自动定向器和双轴自动驾驶仪的成套导航设备。

C172飞机坚固耐用，性能优良，起降场地要求很低，几乎可在海拔3000m以下的任何一片稍平坦的地面起降，它的购买和使用成本较低，广受市场青睐。在中国市场，C172飞机获得了很大的成功，国内大多数的飞行培训学校都曾购买过C172飞机。C172飞机的主要性能数据见表2-2。

### 表2-2　C172飞机的主要性能数据

| 主要性能数据 | |
| --- | --- |
| 乘员 | 驾驶员1名，乘客3名 |
| 尺寸 | 机长8.28m，翼展11m，机高2.72m，机翼面积16.2m² |
| 重量 | 空重767kg，满载起飞重量1111kg |
| 性能 | 巡航速度226km/h，失速速度87km/h，极限速度302km/h，航程1289km，实用升限4100m，爬升率3.66m/s |
| 动力装置 | 1台莱康明公司IO-360-L2A活塞4缸水平对置发动机，功率120kW（160马力） |

### 3. SR20/SR22

SR20/SR22是西锐飞机公司设计生产的现代化高性能4座复合材料轻型飞机，该机是第一种装备了失速改出降落伞的生产型通用飞机（见图2-8、图2-9）。SR20原型机于1995年3月31日完成了首飞，1998年10月获得了美国联邦航空局FAR 23部认证。2000年6月，西锐公司获得SR20的生产许可证。SR22是SR20升级改装后的产品，2000年11月30日获得FAA型号合格证。首架生产型机2001年2月交付。西锐公司仍在不断改进升级SR22产品，2007年4月已推出SR22-G3型机。

视频：西锐
SR20

图2-8　SR20飞机

图2-9　SR22-G2飞机

SR20飞机是一种小型活塞式飞机，采用下单翼设计，机身采用复合材料制造，可载4人，配备佳明公司航电系统，导航设备先进，操纵装置为侧杆方式，通过钢索连接各操纵面，配平通过电动实现，是一种高度电子化的小型飞机。该机还具有独特的整机降落伞系统，可以在紧急情况下保障机组生命安全。

SR22是在SR20基础上的改进机型，它的翼展、实际载荷更大且巡航速度更快，这些改进填补了此类飞机的市场空白。自2000年以来，SR22已经成为行业中最畅销的机型，被用户誉为"空中宝马"。2007年4月，SR22的第三代机型（SR22-G3）通过接近700项革新和系统改进，一经面世再次震动了整个通用航空界。2022年1月，西锐飞机公司发布了第六代SR（G6）系列飞机，在成熟度、性能和客户便利性方面达到了前所未有的新水平。

动力装置方面，2006年西锐飞机公司推出了涡轮增压型SR22，使用带有"龙卷风走廊"涡轮增压器的大陆IO-550-N发动机。座舱配置方面，2003年后交付的SR22首次使用了艾维达因主飞行显示器（成为标准配置设备）。2008年5月，西锐飞机公司与佳明公司共同推出了一款新的"西锐视角"玻璃座舱系统。上述两种座舱系统客户可自主选择配置。

2011年，中航工业旗下的中航通用飞机有限责任公司宣布，以公司合并的形式，收购美国西锐飞机公司100%的股权。西锐飞机公司自此成为一家全资中资企业。SR20飞机也在中航通用飞机有限责任公司的珠海基地进行生产。SR22-G3飞机的主要性能数据见表2-3。

表2-3　SR22-G3飞机的主要性能数据

| 乘员 | 驾驶员1名，乘客3名 |
| --- | --- |
| 尺寸 | 机长7.92m，翼展11.68m，机高2.67m，机翼面积13.9m² |
| 重量 | 空重1009kg，满载起飞重量1542kg |
| 性能 | 巡航速度343km/h，航程1942km，最大爬升率7.12m/s |
| 动力装置 | 1台大陆公司IO-550-N发动机，功率230kW（310米制马力） |

注：1米制马力（PS）=735.499瓦（W）。

# 2.3　轻型运动类飞机

## 一、轻型运动类飞机介绍

### （一）概述

轻型运动类飞机是美国联邦航空局（FAA）根据民间航空提案要求于2004年新

微课：轻型运动类飞机

推出的一个飞机类别，是一类填补超轻型飞机和高档两座单发活塞飞机之间空白的新型通用飞机。2017年7月，中国民航局在新发布的CCAR-21-R4《民用航空产品和零部件合格审定规定》中，将轻型运动类航空器（LSA-Light Sport Aircraft，LSA）正式列为一种新类别的航空器予以管理。

### 知识拓展2-1

在美国，轻型运动类飞机一般可以分为三类。

第一类是普通轻型运动飞机：这类飞机最大的特点是，飞机玩家可以根据自己的喜好自行改装，就像改装自己的汽车一样。

第二类是特殊轻型运动飞机：这类飞机不允许飞机所有人自行改装，如果需要维护和升级，只能在有资质的维修基地和航电设备店里完成。

第三类是试验类轻型运动飞机（E-LSA）：这类飞机的维护和航电设备维修只能由制造商完成。

目前世界各地飞行爱好者驾驶最多的就是轻型运动类飞机，轻型运动类飞机在购机成本、航材航油、维修费用等方面，与正常类飞机相比，具有很大的成本优势。其普及的另一个重要原因是驾驶该机型的门槛较低，只需简单体检合格，获取运动类飞机驾照即可。当然，拥有私人飞行驾照、娱乐类飞行驾照或者更高级别的飞行员执照者均可驾驶轻型运动类飞机，即便他们的医疗证明已经过期，只要具有有效的驾驶执照来证明达到飞行健康水平即可。

轻型运动类飞机自在我国推出后，市场较为追捧，有较多的国内生产厂商开始专注于该领域飞机研发。其中，山河Aurora飞机是国内首款向中国民航局申请并获得轻型运动飞机认证的民族自主品牌飞机，其为山河科技（现更名为山河星航）自主研发的单发双座、下单翼轻型运动飞机。山河科技于2009年7月1日向中国民用航空局递交Aurora AS60L轻型运动航空器型号设计批准书申请。2010年4月，民航中南局适航审定处成立审查组，经过严格的审定基础确定、工程符合性验证、验证试飞、审定试飞、极限载荷试验、认证资料审定等工作，山河科技Aurora AS60L轻型运动飞机获得了专家组的一致认可，认定该款飞机"操纵灵敏，稳定性较好，优于或达到国外同类产品的操纵品质"。

#### （二）轻型运动类飞机具体要求

① 最大起飞重量不得超过600kg（陆地起降型）/650kg（水上起降型）；

② 最大平飞空速不超过222km/h；

③ 失速速度不超过83km/h；

④ 单双座均可；

⑤ 装不可收放式起落架；

⑥ 螺旋桨为固定桨距或地面可调桨距；

⑦ 单发，驱动装置为电动发动机或活塞发动机。

## 二、典型机型

轻型运动类飞机代表型号有：阿若拉SA60L、中航工业AG50、捷克SportStar、CTLS轻型运动飞机、佳宝J230等。

### 1. 阿若拉SA60L

山河阿若拉SA60L飞机是原山河科技公司自主研制的单发双座轻型运动飞机（图2-10），其飞行性能、安全性均达国际先进水平，是我国第一款通过中国民航适航认证的民族品牌轻型运动飞机，在中国轻型运动飞机市场占有率第一。

视频：阿若拉
SA60L

图2-10　山河阿若拉SA60L飞机

山河阿若拉SA60L飞机历经十多年的技术积淀，不断进行技术优化和创新，已成功开发出SA60L、SA60L-T、SA60L-iS三个型号，共十个型别。阿若拉SA60L标准系列飞机配置Rotax912 ULS航空发动机和机械仪表航电系统，其外形美观，使用维护方便，综合性价比非常高，适合私人飞行、飞行员培训、飞行体验、旅游观光、航测遥感和航拍摄影等。

该机型主体结构采用碳纤维材料制作，质量轻、强度高，具备特技飞行性能，起降距离短，可在土路、草地等环境安全起降；使用95#车用汽油，百公里油耗仅8L；可搭载双油门操纵、整机救生、夜航等系统；可搭载激光、爆闪灯等设备，应用于军民用机场驱鸟；还可作为遥感航测飞机，执行军事侦察、地形测绘、公安缉毒、海关监视等军事或准军事任务。阿若拉SA60L飞机的主要性能数据见表2-4。

表2-4　阿若拉SA60L飞机的主要性能数据

| 乘员 | 乘员2名 |
| --- | --- |
| 尺寸 | 机长6.89m，机高2.53m，翼展8.6m，机翼面积9.49m² |
| 重量 | 空重350kg，最大起飞重量600kg |
| 性能 | 不可超越速度270km/h，巡航速度220km/h，航程1200km，最大升限4500m |
| 动力装置 | 1台Rotax912ULS活塞发动机，功率73.4kW |

### 2. "运动之星" SportStar

在众多的轻型运动飞机中，捷克生产的"运动之星"（Evektor SportStar）轻型运动飞机十分耀眼（图 2-11）。作为全球首架获得 FAA 批准的轻型运动类飞机，"运动之星"凭借其优良的性能在全球建立了良好的口碑。一流的品质也体现出了其生产国捷克作为老牌航空工业强国的价值。

图 2-11　"运动之星" SportStar 飞机

视频："运动之星" SportStar

"运动之星"飞机是一种单发活塞发动机、并列双座、常规气动布局、下单翼、固定式前三点起落架、全金属结构飞机，100 马力（米制）的 Rotax912 发动机带动木制双叶固定螺旋桨（也可选装三叶可调螺旋桨），其驾驶舱盖由全透明式彩色有机玻璃制成，具有良好的视线。"运动之星" SL 飞机还装有整机的降落伞，如果出现紧急情况可以保证飞机和人一起平安着陆。正是因为发动机省油、机身坚固和自带整机降落伞的三个优点，目前已有 1000 多架"运动之星"飞机在世界 40 多个国家飞行，深受广大飞行爱好者喜爱。"运动之星" SportStar 飞机的主要性能数据见表 2-5。

表 2-5　"运动之星" SportStar 飞机的主要性能数据

| 乘员 | 乘员 2 名 |
| --- | --- |
| 尺寸 | 机长 5.98m，机高 2.48m |
| 重量 | 空重 308kg，满载起飞重量 600kg，可用负载 292kg |
| 性能 | 巡航速度 204km/h，最大速度 213km/h，航程 1300km，最大爬升率 5.2m/s，实用升限 4720m |
| 动力装置 | 1 台 Rotax912ULS2 活塞发动机，功率 73.4kW |

# 2.4 公务机

## 一、公务机介绍

微课：时间机器——公务机

公务机是在行政事务和商务活动中用作交通工具的飞机，亦称行政机或商务机。公务飞行的特点是可以根据商务、公务活动的需要，自主确定起飞时刻和降落地点，是一种节省时间、方便灵活、安全、可靠、舒适、高效的运输方式。此外，公务机还被用于执行海岸巡逻、货物运输、医疗救护以及雷达校准等任务。

大部分公务机都是从适于出差旅行出发进行飞机设计，性能上追求快速、安全、高效。早期的公务机是采用螺旋桨发动机的飞机，如雷神飞机公司的"空中国王"、意大利比亚乔公司的"前进"飞机等，这些飞机尺寸小、重量轻、载客少、用途广。现代先进的公务机均为喷气公务机，具有飞行速度快、航程远、乘坐舒适等特点。喷气公务机是目前公务机市场的主流。

课件：公务机介绍

### （一）公务机的分类

公务机按机型最大起飞重量与航程的远近可粗略地分为航线型、远程型、大型、大中型、中型、轻中型和轻型等，近几年还出现了超轻型喷气机（VLJ）。

#### 1. 航线型公务机

主要是由波音和空客两家公司提供，代表机型有基于波音737-300的BBJ和空客A319的ACJ，该机型能提供更远的航程，可进行洲际飞行，同时具备更高的巡航高度（12500m），可根据客户需求配置比传统公务机更多的座位，并设置余度，适合搭载企业员工、家庭成员和政府团队的出行。

#### 2. 远程型公务机

远程大型公务机最大载客量能达19人，航程能超过10000m。主要代表有庞巴迪宇航的"环球客车"系列、达索飞机公司的"猎鹰"7X和8X、巴西航空工业的"世袭"1000、湾流宇航的"湾流"G550、G650、G800等。

#### 3. 大型公务机

大型公务机一般载客量能超过10人，航程达6000～8000km。代表机型有庞巴迪的"挑战者"650、达索的"猎鹰"900、湾流宇航的"湾流"G450等。

#### 4. 中大型公务机

中大型公务机的载客量一般为8～10人，航程在6000km左右。代表机型有巴西航空工业的莱格赛600、庞巴迪宇航的"挑战者"350、湾流宇航公司的"湾流"G280等。其中，湾流G280航程为6667km，是同类大中型商务喷气机中巡航速度最快、航程最远的机型。

#### 5. 中型公务机

这类机型有赛斯纳飞机公司的"奖状纬度""奖状经度""奖状君主"，以及巴西航空工业Praetor 600、庞巴迪宇航的里尔75等。

### 6.轻中型公务机

轻中型公务机的载客量为10人左右，航程达3500～4500km。代表机型有皮拉图斯飞机公司的PC-24、赛斯纳飞机公司的"奖状优胜"和"奖状"XLS、豪客比奇的"空中国王"350、"豪客"800、庞巴迪宇航的"里尔"45等。

### 7.轻型公务机

这类机型一般载客量为4～7人，航程2500～3000km。代表机型有赛斯纳飞机公司的"奖状喷气"CJ系列、豪客比奇"首相"Ⅰ、庞巴迪宇航的"里尔"40及巴西航空工业的"飞鸿"300。

### 8.超轻型公务机

近几年，超轻型喷气机（VLJ）市场增长迅速，该机由一名飞行员驾驶，最大起飞重量低于4540kg，通常载客量为3～7人，其最大特点是综合性价比高。代表机型有西锐公司的"愿景"SF50、本田飞机的HA-420、塞斯纳飞机公司的"奖状"M2、巴西航空工业的"飞鸿"100等。

## （二）主要技术特点

### 1.外观布局

公务机大部分为常规布局，也有个别的采用带有前翼的鸭式布局，如意大利比亚乔的"前进"和豪客比奇的"星舟"，采用悬臂式下单翼，悬臂式"T"形尾翼。为确保安全性，多采用2台发动机，高级公务机多采用涡扇发动机，其噪声小，燃油经济性好，推重比大，而且为提高客舱乘坐舒适性，发动机常安装在机身尾部或飞机两侧机翼的短舱内。达索飞机公司的"猎鹰"系列公务机采用了3台发动机的构型。公务机配备自动驾驶仪、多功能系统显示屏、飞行管理系统等较先进的机载航电系统。客舱增压，内设办公舱、会议室和通信设施，供乘客使用。公务机一般有1～2名飞行员以及客舱乘务员，载客人数随飞机大小为3～20人。

### 2.主要性能

现代先进喷气公务机采用更多的先进技术，追求舒适、高效、经济等性能。其技术特征向民用客机靠近，速度、航程和载客量不断增大，如"奖状"X高速远程公务机的巡航马赫数达到0.91（比大型客机还要快）。在布局上，先进的喷气公务机外形已越来越像民用客机，如"奖状"X的机翼后掠37°以提高巡航速度，整体机加壁板式蒙皮，所有的控制面、扰流板、减速板和襟翼均由复合材料制成。因此，大中型喷气公务机的技术特征基本可参照民用客机的技术特征。新型VLJ产品也开始采用复合材料结构。

### 3.动力系统

目前使用和研制中的新一代公务机都采用涡扇发动机为动力，如普惠加拿大公司的PW300和PW500系列发动机、罗罗公司的BR710发动机、霍尼韦尔公司的AS900和威廉姆斯公司的FJ44等。以国内公务机市场为例，中等推力涡扇、中小推力涡扇和涡桨发动机合计占据总量的90%。PT6A涡桨发动机在役量最大，可配装赛斯纳208、"空中国王"90/200/350、PC-12等诸多公务机机型，几乎垄断了该领域国内涡桨动力市场。在役量靠前的涡扇发动机有BR700、Tay、PW300以及CF34等4个系列，其中前两者为中等推力涡扇发动机，主要配装双发 G450/550/650 等大型喷气式公务机；后两者为中小推力涡扇发动机，可为"里尔喷气"60、CRJ100/200、"猎鹰"7X 等提供动力。

## 二、典型机型

### （一）远程型公务机

#### 1."环球快车"

"环球快车"（Global Express）是一款由庞巴迪宇航集团生产的远程公务机（图2-12）。该机型于1993年12月20日启动研发，1996年10月13日进行首飞，1998年7月31日获得加拿大适航证，同年11月获得美国适航证。1999年第一季度完成首架交付。"环球快车"的航程很长，它能在全球任意两个点之间飞行，并且最多只需加油一次。它能不停歇地完成如悉尼—洛杉矶、纽约—东京、台北—芝加哥的远程国际航线。"环球快车"的主要竞争目标是"湾流"系列、波音BBJ和空客ACJ。

视频：庞巴迪环球7000

图2-12 "环球快车"系列公务机

"环球快车"与庞巴迪生产的支线客机具有相同的机身截面，机身长度也近似，但除了外形上的相似之外，两个系列却因承担的任务不同而有着很大的差异。"环球快车"采用先进的全新超临界机翼以及 T 形尾翼。装2台带有全权数字式发动机控制系统（FADEC）的罗·罗 BR-710A-220 涡扇发动机。采用了霍尼韦尔公司 Primus 2000XP 电子飞行仪表系统，并可选装平视显示器和头部追踪显示器。机舱内可配备厨房、机组休息室、工作间，会议休闲餐厅区域以及一个大包房（配有折叠床、卫生间、浴室和衣橱）。如果采用高密度公务舱布局能容纳30名乘客。"环球快车"BD-700公务机的主要性能数据见表2-6。

表2-6　"环球快车"BD-700公务机的主要性能数据

| 乘员 | 机组成员3～4名，典型布局能容纳18名乘客 |
| --- | --- |
| 尺寸 | 翼展（含翼梢小翼）28.5m，机长30.3m，机高7.57m，机翼面积94.9m² |
| 重量 | 运营空重22135kg，最大起飞重量43091kg，装配情况下最大起飞重量43544kg |
| 性能 | 巡航速度935km/h，正常巡航速度904km/h，远程巡航速度850km/h，航程12400km（远程巡航速度，有余油）/12040km（正常巡航速度）/9860km（正常巡航速度，满载）/10160km（远程巡航速度，满载） |
| 动力装置 | 2台罗·罗公司BR-710A-220涡扇发动机，单台推力66.1kN |

### 2."湾流"G650

"湾流"G650（Gulfstream G650）公务机是湾流宇航公司在G500/550基础上研制生产的新型超远型公务机（图2-13）。该机于2009年下半年完成首飞，2011年取得美国和欧洲合格证，2012年进入服役。它采用的是罗·罗公司BR725发动机，在颤振试验中的时速达到0.995mach（1mach=340.3m/s），成为继协和式飞机之后民用航空中最快的飞机。G650飞机最大巡航速度为0.925mach，在速度0.85mach时航程可达13000km，拥有本级别飞机中最大的座舱。现有400多架投入运营，并创下110多项世界速度纪录，已跻身全球备受信赖公务机之列。

图2-13　"湾流"G650公务机

该机动力选用罗·罗公司BR725发动机，推力为71.6kN，比BR710（G550的动力）功率大4.6%。G650飞机是天空中技术最先进的商用飞机之一。G650飞机诞生的同时也创立了很多领先标准：拥有先进的、更大面积的高速机翼和较大的后掠角，流线型低阻机翼有助于提升速度、航程和效率。电传飞控技术让飞行舒适惬意。PlaneView™ II驾驶舱可将增强数据显示在简洁的显示屏上，在提升安全性的同时减少了飞行员工作强度。新的安全和性能升级包括大角度进近认证和湾流增强飞行视景系统（EFVS）。使用该系统时，取得资质的飞行员无需自然视景即可在低能见度条件下安全着陆。"湾流"G650飞机的主要性能数据见表2-7。

表2-7 "湾流"G650公务机的主要性能数据

| 主要性能数据——"湾流"G650 | |
|---|---|
| 乘员 | 机组人员3～4名，乘客13～19名（客舱不同布局） |
| 尺寸 | 机长30.4m，翼展30.35m，机高7.82m |
| 重量 | 基本飞行重量24494kg，最大起飞重量45178kg |
| 性能 | 最大飞行速度0.925马赫（mach），高度巡航速度0.9马赫（mach），远程巡航速度0.85马赫（mach），最大航程12964km，实用升限15545m |
| 动力装置 | 2台罗·罗公司BR725涡扇发动机，单台推力75.2kN |

注：1马赫（mach）=340.3米/秒（m/s）。

### （二）大型公务机

#### 1."猎鹰"900

"猎鹰"900（Falcon 900）公务机是法国达索飞机制造公司研制的三发喷气式公务机（图2-14），最多可载客19人，原型机于1984年9月21日首飞，1986年3月获得法国和美国的适航认证，1986年12月开始交付使用。改进型"猎鹰"900EX型于1994年10月开始研制，采用了推力更大的TFE731-60发动机，增加了载油量和航程，使用Primus 2000仪表飞行系统，原型机在1995年6月1日首飞，1996年11月开始交付使用。

图2-14 "猎鹰"900公务机

"猎鹰"900采用后掠式下单翼，尾部装3台霍尼韦尔TFE731-60发动机，2台在机身后部两侧，1台安在垂尾根部，机身两侧每侧12个客舱窗，十字形尾翼，垂尾、平尾都为后掠式。与"猎鹰"900型相比，1991年生产的"猎鹰"900B型航程更远，装有推力更大的发动机以及能在Ⅱ类能见度条件下自动着陆的设备。延程型"猎鹰"900EX项目始于1994年10月，它装有TFE731-60发动机以及霍尼韦尔公司Primus 2000电子飞行仪表系统，能装载更多的燃油，具有更大的航程。从2003年开始，"猎鹰"900EX开始使用EASy航电设备，并配有4台彩色显示器及综合控制器和多功能面板。"猎鹰"900B公务机的主要性能数据见表2-8。

表2-8　"猎鹰"900B公务机的主要性能数据

| 乘员 | 机组人员2名，乘客19名（最多） |
| --- | --- |
| 尺寸 | 翼展19.33m，机长20.21m，机高7.55m |
| 重量 | 空重10255kg，最大起飞重量20640kg |
| 性能 | 最大飞行速度1066km/h，最大航程7400km |
| 动力装置 | 3台霍尼韦尔TFE731-5BR-1C涡扇发动机，单台推力21.13kN |

### 2."湾流"G450

"湾流"G450公务机是在"湾流"G400的基础上发展的升级版本（图2-15），与"湾流"G400相比，湾流G450引入了先进的驾驶舱技术，采用先进的电子飞行仪表系统，同时改善客舱环境和舒适度，进一步增加航程。推出"湾流"G450后，"湾流"G400就不再生产。"湾流"G450是同级别公务机中机舱空间最大的大型公务机，它由曾经获得过2003年世界航空至高荣誉的科利尔奖的团队研发完成。

图2-15　"湾流"G450公务机

"湾流"G450公务机配备有6台显示器的霍尼韦尔电子飞行仪表系统。此外，该机采用了最先进的PlaneView驾驶舱和增强型视景系统，使用了罗·罗公司Tay611-8C涡扇发动机。"湾流"G450乘客座舱集现代性、舒适性和适用性于一体，它有3个可独立调节温度的区域，能提供100%的新鲜空气，共有12个椭圆形全视野机舱窗。"湾流"G450公务机的主要性能数据见表2-9。

表2-9 "湾流" G450公务机的主要性能数据

| 乘员 | 机组人员2名，乘客12～16名 |
|---|---|
| 尺寸 | 机长27.2m，翼展23.7m，机高7.67m |
| 重量 | 空重19500kg，最大起飞重量33500kg |
| 性能 | 巡航速度850km/h，最大速度935km/h，航程8060km，实用升限13700m |
| 动力装置 | 2台罗·罗公司Tay611-8C涡扇发动机，单台推力62kN |

### （三）超中型公务机

#### 1. "莱格赛" 600

巴西航空工业公司"莱格赛"600公务机是由旗下的ERJ135支线客机衍生而来的一种喷气式公务机（图2-16），于2001年3月首飞。"莱格赛"600在ERJ135系列基础上增加了机翼油箱容量，加大了航程，增加翼梢小翼以减少空气阻力。"莱格赛"600的市场竞争定位是比大型公务机稍小，而比中型公务机更大的机型，在同类产品中被誉为超级中型公务机，也是庞巴迪宇航集团制造的"挑战者"飞机强有力的竞争对手。

视频：莱格赛
600

图2-16 "莱格赛"600公务机

"莱格赛"600是在ERJ135飞机的设计基础之上换装了EMB-145飞机的Mark Ⅰ驾驶舱，采用霍尼韦尔公司最先进的Primus1000电子设备及全玻璃座舱。由于在行李舱后部以及机翼和翼梢小翼的前端增加了油箱，并经过降阻优化改进，"莱格赛"600的航程得到增加。该机型的取证飞行高度是12000m，也可根据不同选型设定在11000m。"莱格赛"600公务机的主要性能数据见表2-10。

表2-10 "莱格赛"600公务机的主要性能数据

| 乘员 | 机组人员3名，乘客13名 |
|---|---|
| 尺寸 | 机长26.33m，翼展21.17m，机高6.76m |
| 重量 | 空重16000kg，最大起飞重量22500kg |
| 性能 | 最大速度834km/h，航程6060km，使用升限12496m |
| 动力装置 | 2台罗·罗公司AE3007/A1P涡扇发动机，单台推力39.2kN |

### 2. "挑战者" 350

"挑战者" 350（Challenger 350）公务机是庞巴迪宇航集团生产的喷气式超中型公务机（图2-17），作为唯一可实现满油、满座、满航程的超中型公务机，"挑战者" 350飞机可为乘客带来坐拥一切的奢华体验。得益于其杰出的短跑道起降性能，该机型能够在20min内迅速直接爬升至43000ft（13106m）高空，有助于将乘客更高效地送达目的地。

图2-17  "挑战者" 350公务机

"挑战者" 350装2台霍尼韦尔的HTF7350涡扇发动机。配备柯林斯Pro Line4航电系统和业界最先进的天气雷达系统，提供平视显示器（HUD）和增强视景系统（EVS）选装项。"挑战者" 350公务机的主要性能数据见表2-11。

表2-11  "挑战者" 350公务机的主要性能数据

| 乘员 | 机组人员2名，乘客8～10名 |
|---|---|
| 尺寸 | 机长20.9m，翼展21.0m，机高6.10m |
| 重量 | 最大商载1542 kg，最大起飞重量18416kg |
| 性能 | 最大巡航速度980km/h，最大航程5926km |
| 动力装置 | 2台霍尼韦尔的HTF7350涡扇发动机，单台推力33kN |

### （四）中型公务机

#### 1. "奖状君主"

"奖状君主"公务机是赛斯纳飞机公司在"奖状优胜"的基础上研发的中型公务机（图2-18），是为了满足达索飞机公司的"猎鹰"10、以色列航宇工业公司的"西风"等公务机老化退役后的庞大市场需求而研发的。该机使用了创新的设计与制造程序，2004年6月2日获得FAA适航证并开始交付。

"奖状君主"是在"奖状优胜"的基础上进行加长及机翼部分的修改，两者采用相同系统。赛斯纳飞机公司宣称"奖状君主"的8座客舱是同级飞机中空间最大的。动力是2台普·惠加拿大公司PW306C发动机，安装了霍尼韦尔公司Epic CDS航电系统。"奖状君主"公务机的主要性能数据见表2-12。

图2-18 "奖状君主"公务机

表2-12 "奖状君主"公务机的主要性能数据

| 乘员 | 机组人员2名，乘客8名（典型布局）/12名（最多） |
|---|---|
| 尺寸 | 机长18.87m，翼展19.24m，机高5.85m，机翼面积47.4m² |
| 重量 | 空重8029kg，最大起飞重量13744kg，最大载荷1134kg |
| 性能 | 最大巡航速度821km/h，最大速度0.8mach，最大升限14330m，航程5273km |
| 动力装置 | 2台普·惠加拿大公司PW306C涡扇发动机，单台推力25.3kN |

### 2."湾流"G150

"湾流"G150公务机是由湾流宇航公司与以色列航宇工业公司联合设计制造的（图2-19）。其设计研发是以"湾流"G100为基础，通过全面的改进设计，使用先进的电子设备和高性能发动机，加宽机身，提高客舱舒适度，最终推出新型"湾流"G150公务机，是湾流家族中体型最娇小的机型。2005年1月，首架"湾流"G150在以色列航宇工业公司生产出厂，同年5月完成首飞。2005年11月，"湾流"G150获得以色列民航总局和美国联邦航空局的型号认证。

图2-19 "湾流"G150公务机

"湾流"G150公务机采用大推力、高燃油效率的霍尼韦尔公司TFE731-40AR发动机，同时在空气动力方面做了一系列改进设计，是目前世界上速度最快的中型商务飞机。航程最远、航速最快、先进的航电装置、最舒适的机舱环境，让"湾流"G150成为同级别飞机中最有价值的机型。"湾流"G150公务机的主要性能数据见表2-13。

表2-13　"湾流"G150公务机的主要性能数据

| 乘员 | 机组人员2名，乘客6~8名 |
| --- | --- |
| 尺寸 | 翼展16.94m，机长17.30m，机高5.82m |
| 重量 | 有效载荷1089kg，最大起飞重量11839kg |
| 性能 | 最大速度0.85mach，巡航速度805km/h，航程5467km，实用升限13716m |
| 动力装置 | 2台霍尼韦尔公司TE731-40AR涡扇发动机，单台推力28.66kN |

### （五）轻中型公务机

#### 1."奖状优胜"/"奖状"XLS

赛斯纳"奖状优胜（Excel）"公务机是赛斯纳飞机公司入门级中型公务机（图2-20）。"奖状优胜"将"奖状"X宽敞舒适的客舱设计引入中小机型中。1996年，"奖状优胜"获得FAA型号适航认证并在1997年开始交付。由于在同类中型公务机中购买和使用成本最低，舒适且经济，因此"奖状优胜"一经推出，即深受市场喜爱，连续多年供不应求。

图2-20　"奖状优胜"公务机

"奖状优胜"是以缩短机身的"奖状"X为基础改进而来的，安装普·惠加拿大公司新型的PW545A涡扇发动机。"奖状"XLS是在"奖状优胜"基础上进行了一些改进，如发动机由PW545A改为PW545B，单台推力增加0.832kN；改用全新的Primus 1000 CDS航电系统作为标准配置，3台加大的显示器屏幕；仪表系统由2台综合仪表计算机控制，包含飞行指挥和自动驾驶等多项功能。"奖状优胜"公务机的主要性能数据见表2-14。

表2-14 "奖状优胜"公务机的主要性能数据

| 乘员 | 机组人员2名，乘客10名 |
|---|---|
| 尺寸 | 翼展16.98m，机长15.79m，机高5.24m，机翼面积34.5m² |
| 重量 | 空重5402kg，最大起飞重量9071kg |
| 性能 | 最大巡航速度795km/h，最大航程3853km（2名机组+4名乘客，有余油，经济巡航速度），最大认证升限13700m |
| 动力装置 | 2台普·惠加拿大公司PW545A涡扇发动机，单台推力16.9kN |

### 2. PC-24

PC-24公务机是皮拉图斯公司生产的首款双发飞机，也是该公司向公务机领域发起挑战的首款机型（图2-21）。2014年，PC-24公务机在瑞士首次推出。2018年1月，第一架整机交付给美国客户。PC-24有PC-21高级教练机般优雅的机身，也有PC-12一般的短距离起降能力。PC-24能够满足货运、救援、通勤甚至特殊任务等多种用途，根据不同的功用，飞机可以选择6～10座，甚至是无座的纯货运布局，当然，也可以混搭为半货运、半通勤布局。

图2-21 PC-24公务机

PC-24的客舱较大，客舱内拥有中型公务机中最大的舷窗。与一般的中型公务机不同，PC-24的客舱为水平地板，另外同时拥有前部的舱门和尾部的行李舱门。采用威廉姆斯国际的FJ44-4A涡扇发动机，驾驶舱内搭载了霍尼韦尔的第二代APEX航电系统，操作面板上有4块12in的显示屏。PC-24公务机的主要性能数据见表2-15。

表2-15 PC-24公务机的主要性能数据

| 乘员 | 机组人员2名，乘客6名 |
|---|---|
| 尺寸 | 机长18.87m，翼展19.24m，机高5.85m，机翼面积47.4m² |
| 重量 | 空重6,100kg，最大起飞重量8,050kg，最大载荷1135kg |
| 性能 | 最大巡航速度790km/h，最大升限13716m，航程3610km |
| 动力装置 | 2台威廉姆斯国际的FJ44-4A涡扇发动机，单台推力25.3kN |

### （六）轻型公务机
### 1.“奖状”CJ系列

赛斯纳飞机公司生产的CJ系列的公务机最初型号是“奖状喷气”，该机于1992年10月获得了美国联邦航空局的适航认证，并在1993年3月交付了第一架。“奖状”CJ1公务机（图2-22）和“奖状”CJ2公务机是在“奖状喷气”基础上分别进行了机身加长和其他部件的改型。其后，塞斯纳飞机公司在2002年9月推出了“奖状”CJ3，该机率先采用全权数字式控制系统的发动机和作为标配的Pro Line航电系统，为“奖状”CJ系列奠定了统一模式。2006年10月，塞斯纳飞机公司又推出了速度更快、航程更长、驾驶乘坐更舒适的“奖状”CJ4，该机的推出使得“奖状”CJ轻型公务机形成了完整系列。

图2-22 “奖状”CJ1公务机

视频：“奖状” CJ3

作为“奖状喷气”公务机的替代型号，“奖状”CJ1安装了Pro Line 21电子飞行仪表系统并适当地增加了最大起飞重量；“奖状”CJ2将客舱和尾锥分别加长，使主客舱中的标准座位数达到6个，加大了翼展，增加了尾翼面积，每侧客舱舷窗增加到6个，并换装了推力更强劲的FJ44-2C发动机。“奖状”CJ3与“奖状”CJ4也是经过加长机身、更换发动机和提升航电系统的改型。“奖状”CJ1公务机的主要性能数据见表2-16。

表2-16 “奖状”CJ1公务机的主要性能数据

| 乘员 | 驾驶员1名，乘客9名 |
|---|---|
| 尺寸 | 机长12.98m，翼展14.3m，机高4.19m |
| 重量 | 空重3069kg，有效载荷1740kg，最大起飞重量4853kg |
| 性能 | 巡航速度720km/h，失速速度153km/h，航程2408km，实用升限2497m，爬升率1003m/min |
| 动力装置 | 2台威廉姆斯公司FJ44-1AP涡扇发动机，单台推力8.74kN |

### 2.“首相”I

“首相”I公务机是原比奇飞机公司和豪客飞机公司合并组成的雷神飞机公司（后改名为豪客·比奇公司）的第一个全新产品（图2-23），定位为入门级喷气式公务机，其设计目标是要与赛斯纳公司"奖状"CJ1系列飞机抗衡。1998年12月，"首相"Ⅰ首飞成功，2001年初获得适航认证。2005年9月，采用新客舱内饰和系统升级的"首相"ⅠA通过认证。

图2-23 "首相"Ⅰ公务机

"首相"Ⅰ公务机机身大量使用复合材料，与相同外部几何尺寸的传统机身相比，复合材料结构不仅带来更轻的重量，还提供了更大（大约大出13%）的客舱内部空间。装2台威廉姆斯公司F144-2A涡扇发动机，驾驶舱配有Pro Line 21电子飞行仪表系统，大型液晶显示屏让飞行员"抬头可见"飞行信息。"首相"Ⅰ公务机的主要性能数据见表2-17。

表2-17 "首相"Ⅰ公务机的主要性能数据

| 乘员 | 驾驶员1～2名，乘客6～7名 |
|---|---|
| 尺寸 | 翼展13.56m，机长14.02m，机高4.67m，机翼面积22.95m² |
| 重量 | 空重3627kg，最大起飞重量5670kg |
| 性能 | 最大速度854km/h，航程2648km，实用升限12500m |
| 动力装置 | 2台威廉姆斯公司FJ44-2A涡扇发动机，单台推力10.23kN |

### （七）超轻型公务机

#### 1. Honda Jet

Honda Jet公务机是日本本田公司（Honda）历时30年研发的超轻型喷气公务机（图2-24）。1997年，Honda Jet项目正式启动。2014年6月，Honda Jet量产型1号机首飞成功。2015年12月，获得美国联邦航空管理局型号认证，同月交付首架飞机。

图2-24 Honda Jet公务机

Honda Jet公务机使用了五项国际领先的革新技术：一是将发动机装置在商务喷气飞机的主翼上方；二是自主研发的自然层流机翼和自然层流机首；三是一体成型的复合材料机体；四是本田公司专为该款飞机研制的一款结构紧凑、燃油经济、低排放的轻型发动机——涡轮风扇发动机HF120；五是通过将发动机配置在主翼上面，实现了舒适、宽大的客舱以及可收纳6个大型高尔夫球包的大货舱。Honda Jet公务机的主要性能数据见表2-18。

表2-18 Honda Jet公务机的主要性能数据

| 乘员 | 驾驶员1~2名，乘客6~7名 |
|---|---|
| 尺寸 | 翼展12.12m，机长12.99m，机高4.54m |
| 重量 | 最大起飞重量4980kg |
| 性能 | 最大巡航速度782km/h，航程2661km，实用升限13106m |
| 动力装置 | 2台HF120型涡轮风扇发动机，单台推力9.1kN |

### 2. "愿景" SF50

"愿景" SF50公务机是中航通飞美国西锐公司新研发的一款机型（图2-25），用于填补高性能活塞飞机和轻型喷气飞机之间的市场空白，也是中航工业通飞首个按照市场规律自主投资研发的创新性和革命性飞机。2014年3月，"愿景" SF50首架原型机试飞成功。2016年10月，"愿景" SF50顺利取得了美国联邦航空局适航认证。同年12月，首架"愿景" SF50公务机在美国明尼苏达州德鲁斯市交付用户。"愿景" SF50公务机自发布研发以来，就获得包括美国在内的国际通航界的普遍好评，从2016年交付市场后，近两年一直占据全球超轻型公务机细分市场的榜首位置。

视频："愿景" SF50

图2-25 "愿景" SF50公务机

"愿景" SF50飞机在结构设计、飞行性能等方面进行了大胆的尝试和探索，设置有7个座位，增压座舱，复合材料机身。该机配备西锐飞机公司独一无二的西锐整机降落伞系统（CAPS），能保证飞机在故障或者失去动力时安全落地，最大限度地保障乘员安全。"愿景" SF50公务机的主要性能数据见表2-19。

表2-19 "愿景"SF50公务机的主要性能数据

| | |
|---|---|
| 乘员 | 机组人员2名，乘客5名 |
| 尺寸 | 翼展11.73m，机长9.42m，机高3.20m，尾翼展4.43m |
| 重量 | 空重1681kg，最大起飞重量2727kg，有效载荷1045kg |
| 性能 | 最大巡航速度为556km/h，最大升限8500m，最大航程1265km |
| 动力装置 | 1台威廉姆斯国际公司FJ33-5A涡扇发动机，单台推力8.5kN |

# 2.5 多用途飞机

微课：全能型选手——多用途飞机

## 一、多用途飞机介绍

### 1. 概述

多用途飞机是指可用于客货运输及其他社会服务的6～10座左右的通用飞机。多用途飞机数量繁多、用途庞杂。这类飞机的特征是外形尺寸不大、飞行速度低、技术不复杂、一般加装了专用设备，并且飞机还具有经济性和可靠性高、维护简便等特点。由于其改装方便、实用性强，因而得到了广泛应用。

按照发动机的类型，多用途飞机可大致分为活塞式飞机和涡桨飞机。早期的多用途飞机多为活塞式飞机，飞机性能有所限制，一般承担小型客货运输、社会服务等任务，使用灵活性强。涡桨飞机典型的有赛斯纳飞机公司的208"凯旋"、瑞士皮拉图斯飞机公司的PC-12、中国哈飞公司的运12等飞机，这些飞机飞行性能较活塞式飞机有较大提高，同时乘坐舒适性也大大改善，因而用途广泛。

多用途飞机最常用于中短途客货运输。由于飞机可以在多种简易条件下起降，因而可执行小型包裹／货物运输以及搜寻救援等专门任务。多用途飞机承担的其他任务还有飞行员培训、地质勘探、海洋监测和空中游览等。

### 2. 主要技术特点

多用途飞机大多采用悬臂式上单翼，机身宽敞以便承受更多载荷，高、后掠垂直尾翼，以方便货物装卸或进行航空作业。飞机采用单发或双发涡桨发动机，少数使用活塞发动机。装备前三点式起落架，有些飞行高度低、飞行距离短的飞机起落架不可收起，许多飞机可在简易跑道甚至沙地、草地上起降。新研制的多用途飞机装备了先进的航电设备。带防冰和除冰系统。飞机的客舱设计注重多功能化，后舱门和客舱地板易于根据不同用途需求进行改装，多采用1名驾驶员。

## 二、典型机型

多用途飞机的代表机型有中航工业的运5、运12，赛斯纳飞机公司的赛斯纳208"大篷车"、赛斯纳400"科瓦利斯"TT，加拿大德·哈维兰飞机公司的DHC-

6 "双水獭"，皮拉图斯飞机公司的PC-6、PC-12，派珀飞机公司的PA-42 "夏延" 等。

### 1. 运5

运5飞机是中国第一款自行制造的多用途运输机（图2-26），最初由洪都机械厂（今洪都航空工业股份公司）生产，其原型为苏联20世纪40年代设计的安-2运输机。目前运5飞机广泛应用在训练、跳伞、体育、运输和农业多种任务中。尽管运5飞机服役已有40年之久，但它飞行稳定、运行费用低廉，至今仍是中国最常见的运输机。运5飞机的另一个优点就是它可以以非常低的速度稳定飞行，且起飞距离仅仅为170m。

图2-26　运5飞机

运5飞机采用单支柱不等长翼展的双翼。上、下翼均有上反角。全金属双梁骨架，前梁以后为布蒙皮。机翼平面形状为矩形，机身为全金属半硬壳式结构，外形呈流线型。尾翼为斜撑杆式金属蒙皮结构，位于机身的后上部，包括带有斜撑杆的水平安定面、升降舵、垂直安定面和方向舵。起落架是后三点固定式。运5飞机的主要性能数据见表2-20。

表2-20　运5飞机的主要性能数据

| 乘员 | 驾驶员1~2名，乘客6名（客运型）/12名（伞兵） |
| --- | --- |
| 尺寸 | 机长12.688m，翼展18.176m，机高5.35m，机翼面积71.526m² |
| 重量 | 最大载重1500kg，最大起飞重量5250kg |
| 性能 | 最大速度256km/h，巡航速度160km/h，实用升限4500m，航程845km（满载） |
| 动力装置 | 1台波兰产735kW（1000马力）ASz-62IR-16活塞式发动机，驱动AW-2变距4桨叶螺旋桨 |

### 2. 赛斯纳208"大篷车"

赛斯纳208"大篷车"（Caravan）系列飞机是赛斯纳飞机公司研制生产的10座（最多可布置15座）单发涡桨式多用途轻型通用飞机（图2-27），广泛用于客货运输。赛斯纳208飞机经过不断改进衍生出多种不同的改型。赛斯纳208飞机以其优良的适应能力著称，该机可采用不同形式的起落架，以适应不同的起降场地的作业要求，也可换装浮筒式起落架实现水面起降作业。

图2-27　赛斯纳208"大篷车"

赛斯纳208飞机采用全金属半硬壳式结构，撑杆式上单翼，低平尾翼，单垂尾和前三点不可收放式起落架或水上起降的浮筒式起落架以及适于冰雪场地的滑橇式起落架，配装1台功率505kW的普·惠加拿大公司生产的PT6A-114涡桨发动机，美国哈策尔公司生产的4桨叶恒速螺旋桨。该系列型号飞机可靠性、经济性和灵活性较好，可使用简易跑道，具备足够的载荷能力。加装专业设备后具有多用途的优势。

赛斯纳208B"华丽大篷车"飞机的主要性能数据见表2-21.

表2-21　塞斯纳208B"华丽大篷车"飞机的主要性能数据

| 乘员 | 驾驶员1名，乘客9名（标准）/14名（最大） |
| --- | --- |
| 尺寸 | 机长12.67m，翼展15.88m，机高4.32m，机翼面积26.0m² |
| 重量 | 空重2073kg，满载起飞重量3970kg |
| 性能 | 巡航速度317km/h，航程2000km，爬升率3.9m/s |
| 动力装置 | 1台普·惠公司PT6A-114涡桨发动机，功率505kW |

### 3. PC-12

皮拉图斯飞机公司的PC-12飞机是一架单引擎涡轮螺旋桨通用飞机（图2-28），该型飞机的主要市场是公司运输和支线客机运营商。第一架原型机于1991年5月31日首飞。1994年3月30日取得瑞士认证，1994年7月15日取得美国联邦航空局23部认证。

图2-28　PC-12飞机

PC-12飞机采用悬臂式下单翼、T形尾翼布局，机翼为梯形平直翼带有翼梢小翼，平尾安装角可调，垂尾后掠，有面积较大的背鳍和两片腹鳍，可收放式前三点起落架，适合在草地或简易跑道上起降，主起落架向内收，前起落架向后收。机身为全金属半硬壳结构，主要为铝合金材质，发动机整流罩部分玻璃纤维／蜂窝夹层结构有钛合金防火壁。动力装置为1台普·惠加拿大公司PT6A-67发动机。PC-12/45飞机的主要性能数据见表2-22。

表2-22　PC-12/45飞机的主要性能数据

| 乘员 | 机组人员1名或2名，乘客9名（支线客机布局）/6名（公务机布局）/4名（客货运混装布局） |
| --- | --- |
| 尺寸 | 机长14.4m，翼展16.23m，机高4.27m，机翼面积25.8m$^2$ |
| 重量 | 空重2600kg，最大起飞重量4500kg |
| 性能 | 最大巡航速度500km/h，经济巡航速度430km/h，初始爬升率8.53m/s，实用升限9140m，最大航程4187km（经济巡航速度下目视飞行规则，有余油）/2965km（最大巡航速度下仪表飞行规则，有余油） |
| 动力装置 | 1台普·惠加拿大公司PT6A-67B涡桨发动机，功率895kW |

# 2.6　农林飞机

## 一、农林飞机介绍

### （一）概述

直接为农业（包括林业、牧业和渔业）生产服务的飞机称为农林飞机或农业飞

微课：机界老黄
牛——农林飞机

机。作为通用航空飞机的一个主要型别，它可用于农业生产中的播种、施肥、除草、治虫、飞播造林、护林防火、人工降雨、防止霜冻等20多个作业项目，是提高农作物产量、减轻劳动和降低成本的重要工具。

1918年，美国农用飞机喷洒砷素剂防治牧草害虫成功，开创了农业航空的历史。随后加拿大、苏联、德国和新西兰等国也将飞机用于农业。一战后大量小型飞机过剩，纷纷被改装成农林飞机，农林航空得到迅速发展。20世纪50年代开始出现专门设计的农林飞机，如苏联的安-2、美国的"农用马车"、澳大利亚的PL-12"空中卡车"。20世纪50年代末，直升机也加入了农林航空行列，但使用数量不多。目前，全世界约有农林飞机26000架，年作业面积2.55亿公顷，约占全世界耕地面积的17%，其中70%以上集中于美国和俄罗斯。

### （二）主要技术特点

农林飞机的使用基本要求：土跑道起飞，超低空机动飞行（包括横向机动性），载重量大（大型药箱），飞行作业对驾驶员、公众和环境是安全的（包括坠损安全性和触地安全性），高效率。药箱（可播撒固态物质、喷雾液态物质）、播撒管和喷嘴的设计是农林飞机的特色，决定了喷洒速度、液滴尺寸等喷洒关键数据。

#### 1.性能要求

短距起飞、较高的喷雾速度，并增加药剂容量，爬升率增大，拉起性能改善。农林飞机的低空性能好，操作灵活，维护简单，能在简陋的土质机场上起降。装有电线切割器和线偏导装置，以防飞机被作业区输电线阻挡而失事。

#### 2.动力系统

农林飞机多为轻型飞机改装而来，大多采用冷活塞发动机，功率在110～440kW之间；一名驾驶员，仪表和无线电设备比较简单。但由于市场需求逐年扩大，要装载的化学药剂增加，为减少补充药剂往返飞行次数，载重量多有扩大，发动机功率也随之增加，新机型常采用涡轮发动机。多用途的农林飞机装有1～2台发动机，仪表和无线电设备比较完善。

#### 3.外型构造

农林飞机在构造方面大多采用下单翼，以便在全翼展上固定喷洒装置，且在离作物较近时可增强地面效应，改善低速性能，增强扰流对植物的作用；采用前缘缝翼、双缝襟翼或下垂副翼等增升装置，可改善飞机在简易机场起飞和着陆性能，且能提高超低空飞行时的安全性。单发动机飞机采用后三点式起落架，双发动机飞机多采用前三点式起落架；为减轻重量，采用蒙布或薄金属蒙皮结构，使用较轻的玻璃纤维材料，农林飞机的有效载重可达飞机总重的35%～40%。喷洒设备有喷液和喷粉两种，主要由药箱、风扇搅拌器和喷洒装置组成，锥形药箱通常置于飞机的重心处，喷液管道多安装在机翼的后缘或翼尖，鱼尾状喷粉装置则固定于机身下方。

## 二、典型机型

农林飞机代表型号有中航工业的农5、空中拖拉机公司的"空中拖拉机"AT系列、画眉鸟飞机公司的S-2R"涡轮画眉鸟"、巴西航空工业公司的EMB-202、PZL-梅莱茨公司的M-18"单峰骆驼"等。

### 1. 农5

农5系列农林飞机是中航工业洪都航空工业股份公司按照中国民用航空CCAR—23部适航条例及型号合格审定程序研发的农林专用飞机（图2-29）。该机主要用于农作物的飞行作业、森林防火及农林业病虫害防治，经简单改装后还可以进行地质探测、空中摄影、航空体育训练和航空旅游等作业，具有使用成本低、适用范围广、作业能力强、操作性好、安全性高等特点。

图2-29　农5B飞机

农5A飞机为单发动机、单驾驶、下单翼、固定式前三点起落架飞机。装配莱康明公司的IO-720-D1B活塞式发动机和美国哈策尔公司的恒速变距3桨叶金属螺旋桨。农5A飞机备有喷洒液体和播撒粉状（或颗粒物料）等两种农业设备。农5B型飞机是一款新型农林专用飞机，既继承了农5A的操纵灵活、维护方便、使用经济、安全可靠等众多优点，又针对用户的实际需求，在结构、药箱载量、舒适度和作业设备等方面有了重大改进。农5B型飞机采用后三点固定起落架布局，装捷克产的777马力M601F型涡桨发动机，满载升限6000m。农5A飞机的主要性能数据见表2-23。

表2-23　农5A飞机的主要性能数据

| 乘员 | 机组人员2名 |
| --- | --- |
| 尺寸 | 机长10.487m，翼展13.418m，机高3.733m，机翼面积26m² |
| 重量 | 空重1328kg，最大起飞重量2450kg |
| 性能 | 最大速度205km/h，巡航速度170km/h，实用升限3750m，转场航程979km |
| 动力装置 | 1台莱康明公司的IO-720-D1B活塞式发动机，功率400米制马力 |

### 2. "空中拖拉机" AT系列

美国空中拖拉机公司研制的"空中拖拉机"AT-400系列飞机是入门级专用农业机（图2-30），于1979年9月开始试飞，1980年4月获得适航证。"空中拖拉机"AT-500系列则于1986年4月25日首飞。由于"空中拖拉机"飞机执行任务的效率很高，视野开阔，且总体运营费用较低，因此该机广受市场青睐，获得订单较多。

图2-30 "空中拖拉机" AT-402B飞机

AT-400系列飞机采用下单翼后三点式构型,药箱位于发动机防火隔板与驾驶舱之间。AT-500与AT-400系列相似,药箱位于发动机防火隔板与驾驶舱之间。但该机的翼展增加到15.84m,机身也延长了56cm,可以容纳更大的药箱。部分AT-500系列飞机在驾驶舱内增加了1个座椅,可携带1名乘客或观察员。AT-500飞机每架次飞行载药量达1.2t,每次"飞防"面积可达到1万~1.2万亩(1亩=666.67平方米)。AT-600、AT-800系列则是进一步加大翼展,更换更大功率发动机,性能更有提升。"空中拖拉机" AT-504飞机的主要性能数据见表2-24。

表2-24 "空中拖拉机" AT-504飞机的主要性能数据

| 乘员 | 1名驾驶员,1名学员或1名乘客 |
|---|---|
| 尺寸 | 机长10.21m,翼展15.84m,机高2.99m,机翼面积29.01m$^2$ |
| 重量 | 空重2109kg,满载起飞重量4754kg,1900L化学药品 |
| 性能 | 最大速度243km/h,失速速度105km/h,航程978km |
| 动力装置 | 1台普·惠加拿大公司PT6A-34AG涡桨发动机,功率550kW(750米制马力) |

### 3. EMB-202 "伊帕内马"

EMB-202 "伊帕内马"(Ipanema)飞机是由巴西航空工业公司设计、内瓦航空工业公司制造的一种小型单座农林飞机(图2-31)。该机1969年5月开始设计,1970年7月30日首飞,1971年12月获得型号合格证。"伊帕内马"飞机前期生产的型别有EMB-200/200A、EMB-201和EMB-201R。目前,EMB-200/202系列农林飞机生产已经超过了1300架。新推出的EMB-202A飞机在美洲市场比较畅销,尤其是使用乙醇燃料型号的飞机,在美国和巴西这些使用乙醇燃料作为石油代用品的国家更受欢迎。

图2-31　EMB-202"伊帕内马"飞机

EMB-202飞机采用全金属机身，悬臂式无撑杆下单翼，不可收放后三点式起落架，动力装置为一台224kW莱康明公司IO-540-KIJ5D活塞发动机，驱动一副哈策尔公司双桨叶恒速金属螺旋桨。也可选装大陆公司224kW IO-550-D发动机及麦考利公司双桨叶恒速螺旋桨。EMB-202A飞机的主要性能数据见表2-25。

表2-25　EMB-202A飞机的主要性能数据

| 乘员 | 驾驶员1名 |
| --- | --- |
| 尺寸 | 机长7.43m，翼展11.69m，机高2.22m |
| 重量 | 空重1020kg，最大起飞重量1550kg，最大商载741kg |
| 性能 | 最大平飞速度230km/h，最大巡航速度213 km/h，航程938km |
| 动力装置 | 1台莱康明公司IO-540-K1J5发动机，功率240kW（320米制马力） |

# 2.7　直升机

## 一、直升机介绍

### （一）概述

直升机装有一副或几副类似于大直径螺旋桨的旋翼。旋翼安装在机体上方近似于垂直的旋翼轴上，由动力装置驱动，能在静止空气和相对气流中产生向上的升力。旋翼还可以在操纵下产生各个方向的水平分力。有机轮的直升机可以作超载滑跑起飞。当发动机在空中停车时，直升机可利用旋翼自转下滑，安全着陆。直升机的最

微课：空中蜻蜓——直升机

大时速可达300km/h以上，俯冲极限速度近400km/h，实用升限可达6000m（世界纪录为12450m），一般航程可达600~800km左右。携带机内、外副油箱转场航程可达2000km以上。根据不同的需要直升机有不同的起飞重量。

在20世纪70年代以前，民用直升机都是从军用直升机改型而来的。进入20世纪70年代，民用直升机开始呈现快速发展的势头，苏联专门研制的民用直升机卡-26开始在农田和果园大量使用。世界能源危机促进了近海石油和天然气的开发，直升机应用于支援近海油田作业的迫切需求有力地推动了民用直升机的发展。20世纪80年代，医疗救护和警务等方面的需求扩大了民用直升机的市场，民用直升机进入平稳增长阶段。进入21世纪，对民用直升机来讲，速度、采购和使用费用、安全性和舒适性仍是人们关注的焦点。直升机产业界将为研制通用性更强、速度更快、更安全可靠和舒适且使用维护费用更低的民用直升机而努力。

课件：直升机介绍

### （二）直升机分类

直升机可以有多种分类，按机翼结构可以分为以下几种：

1.单旋翼式

单旋翼带尾桨（Ducted Fan）：一个水平旋翼负责提供升力，尾部一个小型垂直旋翼（尾桨）负责抵消旋翼产生的反扭矩。例如空客直升机公司制造的H-135直升机。

单旋翼无尾桨（Notar）：一个水平旋翼负责提供升力，机身尾部侧面有空气排出，与旋翼的下洗气流相互作用产生侧向力来抵消旋翼产生的反扭矩。例如美国麦道直升机公司生产的MD520N直升机。

### 2.双旋翼式

纵列式（Tandem）：两个旋翼前后纵向排列，旋转方向相反。例如美国波音公司制造的CH-47"支努干"运输直升机。

横列式（Transverse）：两个旋翼左右横向排列，旋翼轴间隔较远，旋转方向相反。比如苏联米里设计局研制的Mi-12直升机。

共轴式（Coaxial）：两个旋翼上下排列，在同一个轴线上反向旋转。例如苏联卡莫夫设计局研制的卡-50武装直升机。

交叉式（Intermeshing）：两个旋翼左右横向排列，旋翼轴间隔较小，并且不平行，旋转方向相反。例如卡曼宇航公司研制的K-MAX起重直升机。

### 3.新概念式

新概念直升机是一种在短时间内完成四驱车和直升机间互变的一种飞机，它是美国得克萨斯州AVX飞机公司的最新设计成果，目前还在设计阶段。

### （三）结构特征

直升机一般由七个主要部分组成：旋翼和尾桨、动力装置及其附件、传动系统、操纵系统、起落架、机身和机载设备。

### 1.旋翼与尾桨

旋翼系统由桨叶和桨毂组成。旋翼形式是由桨毂构型决定的，已实际应用的旋翼形式有铰接式、跷跷板式、无铰式和无轴承式。

旋翼系统中，桨叶是提供升力的重要部件。按桨叶发展的先后顺序，已广泛应用的桨叶可分为木质桨叶、钢木混合桨叶、金属桨叶和复合材料桨叶四种，智能旋翼桨叶正在研究中，尚未成规模应用。常见的桨叶平面形状有矩形、梯形和加后掠形桨尖的矩形等。近年来桨尖的形状变化较多，目前已从第一代矩形、第二代简单尖削加后掠、第三代曲线尖削加后掠发展到下反式三维桨尖。桨叶剖面形状与飞机机翼剖面形状相似，为了具有良好的旋翼性能，往往要把桨叶翼型设计成沿桨叶展向变化，采用成套的翼型族去分别满足桨叶不同半径处在不同方位角的不同要求，使桨叶在不同气动环境中发挥不同翼型的性能。

尾桨是用来平衡旋翼扭矩和对直升机进行航向控制的部件。另外，旋着的尾桨相当于一个垂直安定面，能起到稳定直升机航向的作用。尾桨的结构形式有跷跷板式、万向接头式、铰接式、无轴承式以及涵道尾桨和"无尾桨"（Notar）式。

目前，新型旋翼系统被广泛采用，包括新的高效三维变化翼型、全新型复合材料桨叶、球柔性或无轴承桨毂，改善直升机旋翼的气动特性，实现视情维护，并使桨叶达到无限寿命。

### 2.动力装置及其附件

直升机动力装置主要有两种：一种是活塞发动机，另一种是涡轮轴发动机。直升机发展初期，都采用当时技术上比较成熟的活塞发动机作为动力装置，但这种发动机存在振动大、功率重量比和功率体积比小、控制复杂等许多问题。为解决上述问题，人们研制了直升机用涡轮轴发动机。

涡轮轴发动机和活塞发动机相比，其最大的优点是功率重量比大，同时，涡轮轴发动机的使用、维护也简单，所以目前涡轮轴发动机使用非常广泛，基本上取代了活塞发动机。但活塞发动机具有耗油率低、价格便宜的优点，因此仍在轻小型直升机上使用，如罗宾逊R22和R44。

### 3.传动系统

直升机的传动装置是发动机驱动旋翼和尾桨旋转不可缺少的部件，它与发动机、旋翼系统共同构成了一个完整的机械运动系统。直升机传动系统一般包括主减速器、动力传动轴、联轴器、旋翼刹车、离合器、轴系轴承座及其他附件装置等。对传动系统的基本要求是工作可靠、扭转与弯曲振动小、传动效率高、结构与制造简单、重量轻、运转噪声小、容易安装拆卸和维护等。

### 4.操纵系统

直升机操纵系统一般由周期变距操纵杆、脚蹬、油门总距变距杆、自动倾斜器、液压助力器、加载机构、卸载机构、旋翼刹车以及连杆、摇臂等组成（图2-32）。整个操纵系统分为油门总距变距系统、脚操纵系统和周期变距操纵杆操纵系统三大部分。操纵油门总距变距杆，可以使直升机垂直升降；操纵脚蹬，可以使直升机转弯；操纵周期变距操纵杆，可以使直升机向任意方向飞行。直升机操纵系统中一个独特的部件是自动倾斜器，它是操纵系统中最复杂的部件。直升机是利用自动倾斜器改变旋翼桨叶总距和周期变距来实现操纵的。

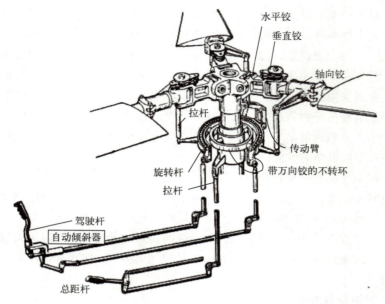

图2-32　直升机操纵系统

对直升机操纵系统的基本要求是重量小、刚度大，由摩擦、活动间隙和变形引起的操纵系统滞后时间应最短，驾驶杆和脚蹬上的反作用力要缓和，纵向操纵、横向操纵、方向操纵和总距操纵应互不干扰，在机体发生变形时操纵系统不应出现卡死或夹住现象，附件应便于检查、安装和拆卸。

### 5.起落架

直升机起落架的形式有多种，有用于地面降落的轮式起落架和滑橇式起落架、用于水上降落的浮筒式起落架，也有同时装有浮筒和机轮的两用起落架（水陆两栖直升机用）。由于直升机的飞行速度都不高，所以大多数起落架是不可收放的、固定式的，通常只是在起落架的支柱和斜支柱上安装整流罩以减小阻力。在飞行速度较高的直升机上已采用可收放起落架。在单旋翼带尾桨式直升机上的尾梁和尾斜梁的连接处通常装有尾撑，以防止尾桨叶打地或尾梁和中间减速器与地面相撞。

### 6.机身

直升机的构型对机身外形和受力方式有很大影响。按构造来分，直升机机身有构架式、梁式和混合式。对机身的主要要求是便于安装空勤人员的座位并有良好视界；容易安置乘客座椅并且舒适；内部容积利用率高；各种附件容易接近并便于安装、拆卸和维护；要有足够的强度和刚度；外形呈流线型；制造简单并且重量轻。过去机身结构多是用铝、镁等轻金属材料制造，现在复合材料已大量应用于机身结构。复合材料的比强度、比刚度比铝合金的高，能大大减轻机身结构重量，而且破损安全性能好、制造工艺简单。

### 7.机载设备

直升机机载设备是指直升机上保证飞行和完成各种任务的设备。目前，直升机大都采用先进的综合航空电子系统和任务设备，特别是数据总线、任务计算机和综合的多功能显示器以及信息数据融合技术，实现了信息共享和多路传输，加上先进的夜视传感器和探测系统，使这些直升机具备了全天候使用的能力。保证飞行有各种仪表、电气、供氧、通信、导航、防冰、加温、灭火等设备，这些设备与普通固定翼飞机上的设备差不多。直升机根据执行任务的不同将安装不同的任务设备。救护直升机可安装救援吊车、担架、医疗设备等；农用直升机可安装农药箱、喷雾杆等。

总之，随着材料、电子信息等技术的快速发展，目前世界直升机技术已达到一个新的水平。

## 二、典型机型

### （一）轻型直升机

轻型直升机的代表型号有罗宾逊直升机公司的R22、R44，恩斯特龙直升机公司的恩斯特龙F28/280，西科斯基飞机公司的S-300、S-330等。

### 1. 罗宾逊R22

自从20世纪70年代末投入使用以来，罗宾逊R22直升机已经成为世界上最受欢迎的轻型直升机之一（图2-33），它由罗宾逊直升机公司的奠基人法兰克福·罗宾逊设计。R22直升机被认为是一种有效适用、价格便宜、性能可靠和经济性强的多用途双座轻型直升机。该机设计工作于1973年开始，1975年8月28日完成首飞，从1979年10月份开始交付使用，其使用范围包括直升机驾驶员训练、牛羊群放牧、交通状况监测和警用空中执勤等。

图2-33  罗宾逊R22直升机

R22直升机装有1台莱康明公司O-320-A2B或O-320-A2C发动机。旋翼系统采用2片桨叶的半刚性旋翼，尾桨为2片桨叶，安装在尾梁左侧。机身座舱旋翼塔座和发动机架为焊接钢管和轻合金主结构，有硬壳式尾锥，机身蒙皮为轻合金和玻璃钢结构。罗宾逊R22直升机的主要性能数据见表2-26。

#### 表2-26　罗宾逊R22直升机的主要性能数据

| 乘员 | 驾驶员和乘客各一名 |
|---|---|
| 尺寸 | 机长8.7m，机高2.7m，旋翼直径7.7m，旋翼桨盘46.2m² |
| 重量 | 空重389kg，满载起飞重量417kg，最大起飞重量635kg |
| 性能 | 极限速度189km/h，巡航速度177km/h，航程2386km，实用升限4267m，爬升率6.1m/s |
| 动力装置 | 1台莱康明公司O-320-A2B或O-320-A2C活塞发动机，单台功率124米制马力（93kW） |

### 2. 罗宾逊R44

罗宾逊R44直升机虽然与早期的R22都是采用活塞发动机为动力，但是R44采用更大的4座布局，几乎与采用涡轴发动机的贝尔206"喷气突击队员"机体长度一样（图2-34）。R44直升机于1986年开始设计，1990年3月进行首飞，1992年12月获得美国联邦航空局适航认证，不久后开始向用户交付。R44直升机一经上市便受到了市场的欢迎，迄今已经为全世界客户生产了2000多架。

#### 图2-34　R44直升机

R44直升机研发之初便是将贝尔206"喷气突击队员"的各项性能数据作为参照目标，目的是制造一种巡航速度在205～215km/h范围的4座轻型直升机。该机起初装1台莱康明公司O-540系列水平对置活塞发动机，后改用由莱康明公司和罗宾逊公司联合设计的IO-540燃油喷射发动机和28V电气系统。整机性能接近装涡轮轴发动机的直升机，但采购成本却只有涡轮轴直升机的1/3，并具有更显著的维护成本优势。罗宾逊R44直升机的主要性能数据见表2-27。

#### 表2-27　罗宾逊R44直升机的主要性能数据

| 乘员 | 机组人员1～2名，乘客2～3名 |
|---|---|
| 尺寸 | 机长9m，机高3.3m，旋翼直径10.1m |
| 重量 | 空重657.7kg，有效载荷408kg，满载起飞重量1134kg |
| 性能 | 最大速度240km/h，巡航速度200km/h，航程560km |
| 动力装置 | 1台莱康明公司IO-540-AE1A5活塞发动机，功率183kW（245米制马力） |

（二）小型直升机

小型直升机的代表型号有贝尔直升机公司的贝尔407，空客直升机与中航工业哈飞合作的EC120/HC120、EC130，阿古斯塔·韦斯特兰公司的AW109、AW119等。

### 1.贝尔407

贝尔407是贝尔206"喷气突击队员"和贝尔206L"远程突击队员"的换代机型（图2-35），1993年贝尔直升机公司开始新型轻型飞机的研发工作，该机是贝尔206的大航程改进型。试制型贝尔407于1995年进行了首飞，1995年11月生产型贝尔407进行了首飞。1996年2月开始向客户交付。

图2-35  贝尔407直升机

贝尔407直升机采用主旋翼加尾桨的总体布局，采用4桨叶无铰复合材料主旋翼，复合材料无铰桨毂，双桨叶跷跷板复合材料尾桨，装有1台采用全权数字式发动机控制系统的艾利逊公司250-C47B涡轴发动机。铝合金、金属蜂窝材料、复合材料等多种材料用于制造机身，尾梁为碳纤维复合材料，水平安定面装于尾梁中段，两端有箭头形端板，尾梁末端右侧装有箭头形垂直安定面，尾桨布置在尾梁末端左侧。固定滑橇式起落架，尾鳍下端装有尾橇。贝尔407直升机的主要性能数据见表2-28。

表2-28  贝尔407直升机的主要性能数据

| 乘员 | 驾驶员1名，乘客7名 |
| --- | --- |
| 尺寸 | 机长12.7m，机高3.56m，旋翼直径10.67m，旋翼桨盘89m$^2$ |
| 重量 | 空重1210kg，有效载荷1065kg（机内）/1200kg（吊挂），最大起飞重量2722kg |
| 性能 | 最大速度260km/h，巡航速度246km/h，航程598km，实用升限5698m |
| 动力装置 | 1台艾利逊公司250-C47B涡轴发动机，功率606kW（813轴马力） |

### 2.AS350"小松鼠"

AS350"小松鼠"是空客直升机公司生产的单发涡轴小型直升机，以高性能、坚实耐用、可靠性高、使用成本低等特点而著称。该机基本型AS350 B 于1977年10月获得法国型号合格证，1978年3月开始交付。经过几代改进，目前第三代AS350 B3作为从AS350小松鼠系列中衍生出的一款高性能机型，以其强劲的动力、灵活的用途、低采购成本和维护费用，全面领先其他6座直升机（图2-36）。

图2-36　AS350 B3e直升机

AS350 B3e装备了透博梅卡阿赫耶2D涡轮轴发动机，该发动机的控制系统升级为三重发动机控制：一套双通道FADEC（全权数字发动机控制系统）元件外加第三套独立并且自动备份通道。该机发动机装备有一套发动机数据记录仪（EDR），负责管理发动机周期计数以及损伤追踪。人机界面的基本配置中，装有机身与发动机多功能显示系统（VEMD）。AS350 B3e直升机的主要性能数据见表2-29。

表2-29　AS350 B3e直升机的主要性能数据

| 乘员 | 驾驶员1名，乘客5名（标准布局） |
| --- | --- |
| 尺寸 | 机长10.939m，机高3.34m，旋翼直径10.69m |
| 重量 | 空重1220kg，有效载荷1030kg，最大起飞重量2250kg |
| 性能 | 巡航速度258km/h，最大速度287km/h，航程665km，实用升限5280m，爬升率10.3m/s |
| 动力装置 | 1台透博梅卡公司阿赫耶2D涡轮轴发动机，功率632kW（847马力） |

### （三）中型直升机

中型直升机的代表型号有阿古斯塔·韦斯特兰公司的AW139，贝尔直升机公司的贝尔412、贝尔429，空客直升机公司的EC135、EC155，西科斯基飞机公司的S-76等。

#### 1. AW139

AW139直升机是阿古斯塔·韦斯特兰公司生产的15座中型双发直升机（图2-37）。AW139的设计和研发始于1997年，最初由意大利阿古斯塔公司和美国贝尔直升机公

视频：AW139

司联合设计和研发，以阿古斯塔/贝尔 AB139 的名称推向市场，当贝尔直升机公司从项目中撤出后，名称改为 AW139。2001 年 2 月 3 日第一架原型机在意大利首飞，2002 年 6 月 24 日第一架生产型试飞，2003 年首次交付客户。

图 2-37　AW139 直升机

AW139 直升机是一种传统布局的双发直升机，装有 5 片复合材料桨叶全铰接式旋翼，钛合金桨毂、4 桨叶尾桨，可收放式起落架。机组人员 2 名，最大载客 15 名，客舱有 3 排座椅，每排可坐 5 人。动力装置为 2 台普·惠加拿大公司 PT6C-67C 涡轮轴发动机。AW139 直升机的主要性能数据见表 2-30。

表 2-30　AW139 直升机的主要性能数据

| 乘员 | 驾驶员 1～2 名，乘客 15 名 |
| --- | --- |
| 尺寸 | 机长 13.77m，机高 3.72m，旋翼直径 13.8m，旋翼桨盘 149.57m$^2$ |
| 重量 | 空重 3622kg，满载起飞重量 6400kg |
| 性能 | 最大速度 310km/h，航程 1061km，实用升限 6098m，爬升率 10.9m/s |
| 动力装置 | 2 台普·惠加拿大公司 PT6C-67C 涡轴发动机，单台功率 1142kW（1531 马力） |

### 2. EC135

空客直升机公司的 EC135 直升机是 MBB 公司 B0108 直升机的新编号，B0108 是 B0105 直升机的替代发展型（图 2-38）。1992 年 1 月，欧洲直升机公司成立，MBB 公司属于欧洲直升机公司旗下，由此该机在 1994 年首飞成功后被授予欧洲直升机公司统一编号，即 EC135。EC135 直升机于 1996 年 6 月获得了德国的适航证，同年 7 月获得美国联邦航空局适航证。

EC135 直升机采用主旋翼带涵道尾桨的总体布局，采用 4 桨叶无铰、无轴承 FVW 主旋翼，10 桨叶涵道尾桨。装有 2 台阿赫耶 2B 系列或 2 台 PW206B 系列涡轴发动机。机舱地板、侧壁、尾梁构件为铝合金材料，其余部件为凯芙拉/碳纤维复合材料蜂窝结构。尾梁后部尾桨涵道前装有复合材料水平安定面，水平安定面两端有箭头形端板，尾桨下方有辅助垂尾。采用固定滑橇式起落架。EC135 直升机的主要性能数据见表 2-31。

图2-38　EC135直升机

表2-31　EC135直升机的主要性能数据

| 乘员 | 驾驶员1名，乘客7名（最大）或2副担架 |
|---|---|
| 尺寸 | 机长12.16m，机高3.51m，旋翼直径10.2m，旋翼桨盘81.7m² |
| 重量 | 空重1455kg，最大外挂1455kg，最大起飞重量2910kg |
| 性能 | 极限速度287km/h，巡航速度254km/h，航程635km，实用升限6096m，爬升率7.62m/s |
| 动力装置 | 2台透博梅卡公司阿赫耶2B涡轴发动机，单台功率473kW（634马力）或2台普·惠加拿大公司PW206B涡轴发动机，单台功率498kW（668马力） |

### （四）超中型直升机

超中型直升机是指最大起飞重量在7.5～9t、介于传统的中型直升机和大型直升机之间的一个新级别的直升机，之所以叫它们"新级别"，是因为这一吨位的直升机过去在民用领域尚处空白。目前国际上共有三款超中型直升机：空客直升机公司的H175、莱奥纳多公司的AW189和贝尔公司的贝尔525，我国直15民用版的AC352仍在验证试飞阶段，即将投放市场。下面主要介绍AW189直升机。

AW189直升机是由意大利阿古斯塔·韦斯特兰公司研发的新一代8.6吨级超中型直升机，是一款专门以满足全球油气保障市场需求的机型（图2-39）。2011年12月21日，AW189直升机完成首飞，2013年开始取证，2014年投入使用。AW189直升机满足了最新的美国联邦航空管理局和欧洲航空安全局29部最严苛的安全标准，同时具备全球最强的50min主减速器干运转能力。

AW189直升机装2台GE公司的全权数字控制系统的CT7-2E1涡轴发动机，单台功率为2000轴马力（2684kW），并装有Microturbo公司的辅助动力安装。其巡航速度设计为145～150Kt（268～278km/h），满载状态下可以将货物运送到140海里（259km）远的海上平台并返回。采用的超轻减重Gliner一体式机舱壁板及GSeatray特护地板，对比现有常用复合材料实现减重30%～50%，不断提升该机的运载力。AW189直升机的主要性能数据见表2-32。

图2-39　AW189直升机

表2-32　AW189直升机的主要性能数据

| 乘员 | 机组人员2名，乘客16名（标准）/19名（最大）/12名（远程） |
| --- | --- |
| 尺寸 | 机长17.6m，机高5.06m，旋翼直径14.6m，旋翼桨盘172m$^2$ |
| 重量 | 空重5800kg，最大起飞重量8600kg |
| 性能 | 巡航速度268～278km/h，最大航程907km，爬升率9.9m/s |
| 动力装置 | 2台GE公司的CT7-2E1涡轴发动机，单台功率1492kW（2000轴马力） |

### （五）大型直升机

大型直升机的代表型号有中航工业的AC313、空客直升机公司的AS332/EC225"超级美洲豹"、卡莫夫公司的卡-32、西科斯基公司的S-92等。下面主要介绍AC313直升机。

AC313直升机是我国第一个完全按照民航适航条例规定的要求和程序研制的大型运输直升机（图2-40），也是我国自主研制生产的唯一一款大型直升机，填补了我国大型民用直升机生产领域的空白。2010年3月18日，AC313大型多用途民用直升机在江西景德镇首飞成功。

AC313直升机具有优化的机体气动外形、先进的旋翼桨叶翼型和配置，旋翼悬停效率高、尾桨抗侧风能力强，突破了我国大型运输直升机飞行性能限制瓶颈技术，具备了高原飞行能力，能更好地满足山区等复杂地区对直升机飞行性能的苛刻要求。该机采用先进的涡轴发动机、大功率传输能力的传动系统、球柔性复合材料旋翼系统以及综合化的航电系统。旋翼系统采用先进复合材料桨叶和钛合金球柔式主桨毂，机体为金属＋复合材料结构，复合材料使用面积占全机的50%，航电系统采用国际通行的429数据总线，实现了数字化综合显示控制。整机性能达到国际第三代直升机水平。AC313直升机的主要性能数据见表2-33。

视频: AC313

图2-40　AC313直升机

表2-33　AC313直升机的主要性能数据

| 乘员 | 驾驶员2名，乘客27名 |
|---|---|
| 尺寸 | 机长23.035m，机高6.66m，旋翼直径18.9m，旋翼桨盘280.5m² |
| 重量 | 空重7550kg，满载起飞重量13800kg |
| 性能 | 巡航速度266km/h，航程900km，实用升限6000m |
| 动力装置 | 3台普·惠加拿大公司PT6-67A涡轴发动机，单台功率1448kW |

## 同步案例2-2

### 航空工业昌飞AC313直升机首飞8周年，可搭载27名乘客

　　2010年3月18日的上午，中国首架大型民用直升机AC313在江西省景德镇成功首飞。

　　AC313直升机最大起飞重量为13吨，可一次性搭载27名乘客或运送15名伤员，最大航程为1000公里，具有高安全性、可靠性和舒适性，可广泛用于运输、搜索营救、抢险救灾、森林消防、反恐维稳、石油和天然气开采，医疗救护、旅游观光、公务飞行等领域。AC313整机达到国际第三代直升机水平，是中国民用直升机研制历史的重大突破，标志着中国基本形成了从1吨到13吨系列化自主产品的格局。

　　AC313自适航取证以来市场反响较好，迅速获得了数十架的订单，在森林灭火、应急救灾及反恐维稳等领域以优异性能、高出勤率和高任务完成率，赢得了用户的高度赞誉，树立了国产直升机良好品牌形象。

## （六）重型直升机

重型直升机是直升机家族中数量最少的一个类型，目前国际上只有俄罗斯、美国两个国家生产重型直升机。因此，现役的重型直升机只有3种，即西科斯基飞机公司的CH-53"种马"系列，波音公司的CH-47"支奴干"系列和米里莫斯科直升机厂股份公司的米-26系列。在中国大陆运营的重型直升机只有米-26一种。下面主要介绍米-26重型直升机。

米-26（北约代号"光环"）直升机是苏联米里设计局（现米里莫斯科直升机厂股份公司）研制的多用途重型直升机，是当今世界上最重的直升机（图2-41）。其最大起飞重量是同属重型直升机CH-47"支奴干"的2倍以上，其货舱载货能力接近美国C-130"大力神"运输机，可以称得上是直升机里的"巨无霸"。该机研发始于20世纪70年代初，1977年12月进行首飞，1980年后正式投产。2008年5月，中航工业哈飞旗下中国飞龙通用航空公司采购了第一架米-26TS直升机。

图2-41　米-26TS直升机

米-26直升机具有8桨叶旋翼、动力强大的8500kW（11399轴马力）D-136涡轴发动机和庞大的机体。机身为全金属铆接，后舱门备有折叠式装卸跳板。机身下部为不可收放前三点轮式起落架。米-26TS直升机的主要性能数据见表2-34。

表2-34　米-26TS直升机的主要性能数据

| 乘员 | 机组人员5名（驾驶员2名、领航员1名、空中机械员2名），乘客90名或60副担架 |
| --- | --- |
| 尺寸 | 机长40.025m，机高8.145m，旋翼直径32m，旋翼桨盘804.25m² |
| 重量 | 空重28200kg，满载起飞重量49600kg，有效载荷20000kg，最大起飞重量56000kg |
| 性能 | 最大速度295km/h，巡航速度255km/h，航程1920km，实用升限4600m |
| 动力装置 | 2台D-136涡轴发动机，单台功率8500kW |

# 2.8 低空新兴航空器

近年来，以无人机、电动垂直起降飞行器（eVTOL）、城市空中交通（UAM）为代表的"新通航"勇立潮头，亮点纷呈，呈现给全球通航领域一张张靓丽的"中国名片"。

## 一、无人机

### （一）无人机概述

微课：形形色色的无人机

无人机是无人驾驶航空器（unmanned aerial vehicle，UAV）的简称，是利用无线电遥控设备和自备的程序控制装置的不载人航空器，主要是重于空气的动力驱动航空器。

从习惯上讲，狭义的无人机是指类似载人飞机不需要驾驶员登机驾驶的各式遥控或自主控制航空器。广义的无人机是指无人机系统。无人机系统（unmanned aircraft system，UAS）是指无人机以及相关的控制系统，由无人机平台、任务载荷、数据链、指挥控制、发射与回收、保障与维修等分系统组成。各分系统组成和功能如下：

#### 1. 无人机平台分系统

是执行任务的载体，包括机体、动力装置、飞行控制与导航子系统等。它携带任务载荷，飞行至目标区域完成要求的任务。

#### 2. 任务载荷分系统

是指装备到无人机上为完成任务的设备，军用方面如执行电子战、侦察和武器运输等任务所需的信号发射机、传感器等；民用方面如航拍相机、红外设备、植保喷雾系统、警用喊话设备、消防灭火弹等。无人机根据其功能和类型的不同，其上装备的任务载荷也不同。无人机任务载荷的快速发展极大地扩展了无人机的应用领域。

#### 3. 数据链分系统

是指通过上行信道实现对无人机的遥控，通过下行信道完成对无人机飞行状态参数的遥测并传回任务信息的设备。数据链分系统包括无线电遥控/遥测设备、信息传输设备、中继转发设备等。

#### 4. 指挥控制分系统

课件：无人机介绍

主要完成制定计划，规划飞行任务，完成无人机地面和空中工作状态监视和操纵控制，以及飞行参数、态势和任务数据记录等任务。指挥控制分系统包括飞行操纵设备、综合显示设备、飞行航迹与态势显示设备、任务规划设备、记录与回放设备、情报处理与通信设备、与其他任务载荷信息接口等。

#### 5. 发射与回收分系统

主要完成无人机的发射（起飞）和回收（着陆）任务。发射与回收分系统包括与发射（起飞）和回收（着陆）有关的设备或装置，如发射车、发射箱、弹射装置、助推器、起落架、回收伞、拦阻网等。

### 6.保障与维修分系统

主要完成无人机系统的日常维护，以及无人机的状态测试和维修等任务。保障与维修分系统包括基层级保障维修设备、基地级保障维修设备等。

无人机可以在无人驾驶的条件下完成复杂的空中飞行任务和各种负载作业，因此也称为空中机器人。

### （二）无人机的分类

无人机系统种类繁多，相关技术发展迅速，用途广、特点鲜明，其在尺寸、质量、航程、航时、飞行高度、飞行速度、任务等多方面都有较大差异。因此，无人机有几种不同的分类方法。

### 1.按飞行平台构型分类

无人机可分为固定翼无人机、旋翼无人机、无人飞艇、伞翼无人机、扑翼无人机等。

（1）固定翼无人机　指产生升力的机翼相对于机身固定不动或后掠角可变的飞机，由动力装置产生前进的推力或拉力，由机体上固定的机翼产生升力，在大气层内飞行且重于空气的航空器。按其翼型结构可以分为平直翼、后掠翼和三角翼无人机，如图2-42所示。

(a)平直翼　　　　　　　(b)后掠翼　　　　　　　(c)三角翼

图2-42　固定翼无人机

（2）旋翼无人机　指由旋转的螺旋桨或旋翼直接提供升力且重于空气的航空器，主要包括无人直升机和多旋翼无人机，如图2-43所示。

(a)无人直升机　　　　　　　　　　(b)多旋翼无人机

图2-43　旋翼无人机

① 无人直升机由无线电地面遥控飞行或自主控制飞行，在构造形式上属于旋翼

飞行器，在功能上属于垂直起降飞行器，具有独特的飞行性能及使用价值。与固定翼无人机相比，无人直升机可垂直起降、空中悬停，朝任意方向飞行，其起飞着陆场地小，不必配备像固定翼无人机那样复杂、大体积的发射回收系统。

② 多旋翼无人机是一种具有三个及以上旋翼轴的特殊的无人驾驶航空器，通过每个轴上的电动机转动带动旋翼，从而产生升推力；通过改变不同旋翼之间的相对转速改变单轴推进力的大小，从而控制飞行器的运行轨迹，可以实现垂直起降、自由悬停。其旋翼的桨距通常是固定的，不像一般直升机那样可变。

## 知识拓展2-2

### 大疆精灵

在2010年之前，固定翼无人机和直升机无论在航拍还是航模运动领域，基本上占有绝对主流的地位。2012年年底，中国深圳市大疆创新科技有限公司（后简称为大疆科技）推出四旋翼一体机——精灵无人机。该产品是真正打开民用无人机市场的飞行器，极大地降低了航拍的难度和成本，获得了广大的消费群体，迅速成为最热销的产品。精灵无人机作为一款经典的入门级航拍器，从初代的稳定飞行，到现在的智能飞行、智能拍摄，精灵系列渐渐成为了摄影师手中不可或缺的航拍利器。近年来，围绕着多旋翼无人机的相关创意、技术、产品、应用和投资层出不穷，多旋翼无人机已经成为微小型无人机或航模的主流。

（3）无人飞艇　指由巨大的流线型艇体、位于艇体下面的吊舱、起稳定控制作用的尾面和推进装置组成的轻于空气的航空器，如图2-44所示。艇体的气囊内充以密度比空气小的浮升气体（有氢气或氦气），借此产生浮力使飞艇升空，吊舱装载货物，尾面用来控制和保持航向、俯仰的稳定。现在飞艇多用更安全的氦气填充气囊。

图2-44　无人飞艇

（4）伞翼无人机　指具有伞翼，通过冲压翼伞为机身提供升力的低速无人机，如图2-45所示。伞翼无人机具有成本低廉、有效载荷大、安全可靠、飞行时间长、操作简单等优势。

（5）扑翼无人机　指像鸟一样通过机翼主动运动产生升力和前行力的航空器，如图2-46所示。其特征是机翼主动运动，靠机翼拍动气流的反作用力产生前行力，通过扑翼及尾翼舵面的控制改变进行机动飞行。

图2-45　伞翼无人机

图2-46　扑翼无人机

### 2.按用途分类

无人机可分为军用无人机和民用无人机。军用无人机可分为侦察无人机、诱饵无人机、电子对抗无人机、通信中继无人机、无人战斗机以及靶机等；民用无人机可分为巡查/监视无人机、农用无人机、气象无人机、勘探无人机以及测绘无人机等。

### 3.按性能指标分类

按照我国最新颁布的《无人驾驶航空器飞行管理暂行条例》规定，民用无人机可分为微型、轻型、小型、中型、大型五个等级。

（1）微型无人机　指空机重量小于0.25kg，具备高度保持或者位置保持飞行功能，最大飞行真高不超过50m，最大平飞速度不超过40km/h，无线电发射设备符合微功率短距离技术要求，全程可以随时人工介入操控的无人驾驶航空器。

（2）轻型无人机　指空机重量不超过4kg且最大起飞重量不超过7kg，最大平飞速度不超过100km/h，具备符合空域管理要求的空域保持能力和可靠被监视能力，全程可随时人工介入操控的无人驾驶航空器，但不包括微型无人机。

（3）小型无人机　指空机重量不超过15kg且最大起飞重量不超过25kg，具备符合空域管理要求的空域保持能力和可靠被监视能力，全程可随时人工介入操控的无人驾驶航空器，但不包括微型、轻型无人机。

（4）中型无人机　指最大起飞重量不超过150kg的无人驾驶航空器，但不包括微型、轻型、小型无人机。

（5）大型无人机　指最大起飞重量超过150kg的无人驾驶航空器，但不包括微型、轻型、小型、中型无人机。

### 4.按活动半径分类

无人机可分为超近程无人机、近程无人机、短程无人机、中程无人机和远程无人机。超近程无人机活动半径在15km以内，近程无人机活动半径在15~50km之间，短程无人机活动半径在50~200km之间，中程无人机活动半径在200~800km之间，远程无人机活动半径大于800km。

### 5.按任务高度分类

无人机可以分为超低空无人机、低空无人机、中空无人机、高空无人机和超高空无人机。超低空无人机任务高度一般在0~100m之间，低空无人机任务高度一般在100~1000m之间，中空无人机任务高度一般在1000~7000m之间，高空无人机任务高度一般在7000~18000m之间，超高空无人机任务高度一般大于18000m。

### 6.按续航时间分类

无人机可以分为一般航时无人机和长航时无人机。一般航时无人机续航时间通常小于24h，长航时无人机续航时间大于或等于24h。

### （三）无人机的特点

从飞行器平台技术本身来讲，无人机和有人驾驶飞机并无本质的区别，但无人机系统更加简单。无人机具有以下几个特点：

#### 1.无人机适合做危险、枯燥的航空作业。

无人机无人员生命危险之忧，也不受人为情绪左右，适合去执行十分危险、枯燥的飞行任务。比如在军用领域，高技术信息化战争使用精确制导武器的比重越来越大，核、生、化武器并存，杀伤力增大，参战人员将面临巨大危险。因此，无人机能够代替有人驾驶飞机执行最危险的任务，最大限度地避免人员伤亡。

#### 2.无人机可做得轻小价廉，尤其适合超低空空域的飞行。

无人机无须考虑承载驾驶员的重量，因此可设计制造得非常轻、小，价格也相应低廉。超低空空域是轻小无人机航空作业的大舞台，如农业植保航空作业需要在作物上空一米高度作业，无人机就可以轻松完成此任务。

#### 3.无人机与任务载荷结合得更为紧密。

无人机执行航空作业任务往往取决于任务载荷，无人机无论在设计上还是在飞行时，都需要围绕任务载荷性能考虑，有明显的行业应用特色，如此才能提高任务执行的效率，达到航空作业的效果。

就当前的技术水平而言，无人机对于必须由人来判断决策的空情反应会显得"迟钝"，因此无人机在与有人驾驶飞机共同飞行的融合空域作业尚存在较大的技术障碍，更适合在隔离空域的自主导航飞行。

## 二、电动垂直起降飞行器

近年来，随着科技的不断进步，电动垂直起降飞行器（electric vertical takeoff and landing aircraft，eVTOL）正在成为垂直起降飞行器领域的新趋势。eVTOL是一种能够在垂直方向起降和着陆，并且在低空范围内飞行的电动飞行器，它通常采用电池

微课：空中的士——eVTOL飞行器

或燃料电池等电动技术作为动力源，从而实现零排放的飞行。与传统的 VTOL 相比，eVTOL 具有低噪声、低污染、高效率等优势，能在城市交通、医疗运输、物流配送、旅游观光等领域提供快速、高效、环保的空中交通服务，具有广泛的应用前景，因而成为了航空业界和投资界的热门关注点。

## （一）eVTOL 的分类

根据垂直飞行协会（vertical flight society，VFS）的统计，全世界范围内数百eVTOL 厂家开发的各种 eVTOL 项目，大致可以分为三类，不同类别的 eVTOL 实现难易程度、飞行速度、航程和应用场景都有所不同。

### 1. 多旋翼型（Multi-Copters）

这类 eVTOL 无巡航用螺旋桨，完全通过控制多旋翼的升力大小实现飞行，包括单人可悬停飞行器、电动旋翼机等。整体设计较为简单，飞行速度一般为70～120km/h，载荷小、航程短，仅适用城市内短距离空运，典型机型如 Ehang-216、Volocity、LIFT-Hexa 等，该类 eVTOL 项目占比最高。

### 2. 升力+巡航型（Lift+Cruise）

这类 eVTOL 设计用于升力和巡航的螺旋桨是各自独立的，以此分别实现垂直起降和巡航。一般设计飞行速度为150～200km/h，适合城市内或城市到城市间的飞行，典型机型如 Boeing-PAV、Wisk-Cora 等。

### 3. 矢量推力型（Tilt-X）

这类 eVTOL 设计在不同使用阶段，通过改变推力方向，实现垂直起降和巡航。该类 eVTOL 设计相对最为复杂，采用矢量推进动力可实现更高的飞行速度和更远的航程，典型机型如 Lilium-Jet、Joby-S4 等。

## （二）eVTOL 行业技术特征

eVTOL 是电动航空技术、无人驾驶、人工智能、信息通信等相关领域的跨界技术融合，其设计、研发、制造、测试及认证是一个涉及业面广、产业链长、关键技术多的复杂系统工程。eVTOL 定位为面向城市低空和智慧出行的第三种交通运输工具，在人口密集、地表复杂的城市上空飞行运行，而城市空中交通运营场景高度电动化、高度自动化、极高安全性的特征要求，对 eVTOL 的巡航速度、续航里程、座位数/有效载荷重量、安全性等方面提出了极高的技术标准。总体而言，eVTOL 应具备以下特征才能真正投入商业化应用。

### 1. 飞行安全性

eVTOL 运行场景是在人口稠密的大城市或城市群内部，由于运行场景的复杂性、空中运行的风险性以及运营环境的不确定性，具备足够高的安全性是其开展运行的前提条件。由于 eVTOL 用电池代替燃油箱、用电机代替发动机、用旋翼取代螺旋桨，采用分布式动力系统、自动避障、自主驾驶、敏捷机动以及冗余配置、应急恢复等技术或配备整机降落伞，大幅提升了飞行安全性。关于 eVTOL 安全参数，美国 FAA 第23部分认证要求是使发生事故的概率在千万分之一，而欧盟 EASA 要求的是十亿分之一的事故率。

### 2. 运行可靠性

由于运营环境复杂多变及现有技术限制，eVTOL 实施机动性载人载物或特种作业，面临着低空空域、智能飞行器、运行场景等安全风险，对运行可靠性提出极高要求。电气化的 eVTOL 简化了传统动力及传动复杂的机械结构，突破了传统构型的限制，其运行可靠性功能包括不限于结构完整性、受控的移动（飞行、导航、通信、减缓）、产生和分配动力（存储、产生、分配、状态监测）、容纳乘客、信息安全、危险缓冲（坠撞防护、降落伞救生功能、探测防撞功能）、充电/供电功能（能源储存功能、发电功能、供电功能）、环境监测功能（动力失效、热失效、漏电、功能分配、架构减缓等）。

### 3.绿色环保性

eVTOL 可以减少城市内的交通拥堵以及对化石燃料的依赖，符合碳达峰、碳中和的航空交通未来趋势。eVTOL 绿色环保性能主要体现为采用新能源应用的 DEP 系统与降噪技术。由于噪声过大，许多城市的大部分地区都禁止了直升机飞行，eVTOL 噪声小的优点将使其尽可能地飞到社区中心，延长 eVTOL 在城市内的运行时间。各国也对经过人口稠密区的飞行器噪声有严格规定，eVTOL 要想实现大规模商用就要做到飞行时足够安静。

### 4.运营经济性

只有依靠大规模商业化应用，eVTOL 才能降低生产成本和运营成本，才能带来长期的市场优势和竞争力。相对于直升机，eVTOL 拥有更少部件，更易于维护、飞行更安全且操作成本更低，无论是设计、生产、维护、运营都降低了成本。

### 5.智能自主性

eVTOL 智能驾驶技术主要包括感知、决策和控制三部分，可实现对低空气象环境的感知、决策与控制，以及在遇到不确定情况或错误时，能够快速实现应急恢复与安全降落。为了实现全自动运行，飞行控制系统必须具有更高的复杂度和极高的容错性能，这需要海量的容错逻辑链条来支持 eVTOL 高度自动化运行。随着计算机视觉、机器学习、边缘计算、物联网、云计算等新型智能化技术的变革进步，eVTOL 将成为生物智能的自学习、自诊断、自适应、自组织、持续演化的有机结合，具有自我感知 - 认知 - 决策 - 控制 - 执行的能力。

### 6.适航符合性

eVTOL 取得各国航空管理局认证是实现商业化最难的重要关口，也是现在最不可预测的重要因素。各个国家对于新型商用航空器认证的流程可能不同，但无一例外，都很严格。不同 eVTOL 主机制造商的设计思路、技术路线均有不同，且各有千秋，但都需要在有效载荷、噪声、动力分配、安全性等多方面因素中取得平衡，这就要求设计研发时在功能、安全性、性能、研制和运行成本、研制风险等方面权衡，并建立以适航认证为目标的适航管理系统、质量管理系统、生产管理系统和安全管理系统，通过航空主管部门的审定流程与符合性认证。

### 7.体验舒适性

载人 eVTOL 除了需满足航程、巡航速度、安全冗余等要求外，还应让乘客感受到高效、便捷、舒适的飞行体验。相比传统飞机，乘坐 eVTOL 改变了"机场到机场"的传统航空运输方式，可以实现数字化出行、城内及城际空中交通"门到门"，无缝中转，行程时间更短，通勤效率更高，干扰噪声小，沉浸式空中观光更佳，以及环保可持续的零碳飞行。

### （三）典型 eVTOL

#### 1. Joby-S4

美国 Joby Aviation 公司主要生产用于快速、安静、廉价空中出租车服务的 eVTOL 飞行器。Joby-S4 原型机（图 2-47）已于 2018 年 2 月实现首飞。2023 年 6 月，Joby 公司获得美国联邦航空局（FAA）特殊适航许可，同年 10 月，Joby-S4 在美国爱德华兹空军基地进行了首次载人飞行。在商业化方面，截至 2023 年 4 月，Joby 公司已获得美国空军总额达 1.31 亿美金的订购合同，在同年 9 月，Joby 公司向美国空军交付了首架 eVTOL。Joby-S4 原型机主要技术特征见表 2-35。

图 2-47　Joby-S4 原型机

表 2-35　Joby-S4 原型机主要技术特征

| 商载 | 1 名飞行员，4 名乘客 |
| --- | --- |
| 构型 | 三点式可收放起落架，6 个可垂直倾转螺旋桨（4 个随电动机短舱倾转，2 个随机械连接倾转） |
| 重量 | 1815kg |
| 性能 | 最大速度 322km/h，航程 241km |
| 动力 | 全电 |
| 自动等级 | 有人驾驶 |

#### 2. EHang-216

EHang-216 原型机（图 2-48）由位于广州的亿航智能公司于 2018 年 2 月发布，已在美国、荷兰、卡塔尔等国以及中国的广州、烟台等地进行过多次无人及有人飞行，并获得了美国联邦航空局、挪威民航局、中国民用航空局、加拿大交通部 4 个国家航空监管机构颁发的特许飞行运行许可证。EHang-216 原型机主要技术特征见表 2-36。

图2-48　EH-216原型机

表2-36　EHang-216原型机主要技术特征

| 商　载 | 2座/220kg |
| --- | --- |
| 构　型 | 16个螺旋桨（8组） |
| 重　量 | 空重360kg，最大起飞重量580kg |
| 性　能 | 最大速度130km/h，航程35km（21min） |
| 动　力 | 全电 |
| 自动等级 | 自主飞行 |

## 同步案例2-3

### 亿航智能获全球首张无人驾驶载人eVTOL适航证

　　2023年12月21日，亿航智能控股有限公司（以下简称"亿航智能"）宣布其旗下的EH216-S无人驾驶载人航空器获得了由中国民用航空局颁发的标准适航证。这不仅是全球首个获得适航证的无人驾驶载人电动垂直起降（eVTOL）航空器，更是标志着城市空中交通（UAM）新时代的开启。

　　获得适航证意味着EH216-S已经通过了严格的安全和质量认证，证明了其设计、生产和运营都符合国际航空标准。这对于亿航智能来说，无疑是一次技术创新的里程碑。作为一家专注于UAM技术研发和应用的企业，亿航智能在无人驾驶、电动垂直起降等领域拥有多项核心技术和专利。此次获得适航证，不仅证明了其技术的先进性和可靠性，也为其商业化运营奠定了坚实的基础。EH216-S获得适航证，更象征着空中交通新时代的开启。在未来的城市中，我们可以看到EH216-S这样的无人驾驶载人航空器在空中穿梭，为人们的出行提供更加便捷、高效和安全的选择。这将极大地改变我们的生活方式和城市面貌，让城市变得更加智能化、绿色化和人性化。

### 3. 沃飞AE200

沃飞长空是一家以低空出行业务为核心的科技公司，于2020年在成都成立。2024年6月，沃飞长空旗下AE200验证机（图2-49）完成全倾转验证飞行，成为中国首个、全球第二完成该类试验科目的eVTOL。在2024中国航展上，AE200获得金融租赁公司工银金租首批120架意向采购订单，创下国内航空金融租赁市场上eVTOL产品单笔最大订单。

图2-49    AE200验证机

表2-37    AE200验证机主要技术特征

| 商载 | 1名飞行员，5名乘客 |
| --- | --- |
| 构型 | 采用了倾转旋翼技术路线，具有"八轴内四倾转"的适航新构型 |
| 重量 | 最大起飞重量2500kg |
| 性能 | 最大平飞速度320km/h，航程200km |
| 动力 | 全电 |
| 自动等级 | 有人驾驶 |

## 课堂讨论2-1

### eVTOL飞行器在城市空中出行中的前景与挑战

　　背景描述：随着城市化进程的加速，交通拥堵已成为许多大城市面临的严峻问题。为此，电动垂直起降飞行器（eVTOL）作为一种新兴航空器，因其能够直接从城市中的垂直起降点起飞降落，实现点对点的快速出行，正逐渐成为解决城市交通拥堵的新方案。某科技公司近期发布了其最新的eVTOL原型机，计划在未来几年内投入商业运营，旨在打造高效、环保的城市空中交通网络。然而，这一计划也面临着技术成熟度、飞行安全、空域管理、噪声污染以及公众接受度等多方面的挑战。

　　请根据上述背景，以小组形式展开讨论并回答：

　　1.eVTOL飞行器如何改变城市出行方式？其相比传统交通工具的优势主要体现在哪些方面？同时，要实现这些优势，还需要克服哪些关键技术难题或政策障碍？

　　2.在推广eVTOL飞行器作为城市空中出行方式的过程中，如何平衡飞行安全、环境保护与公众利益之间的关系？有哪些具体措施或策略可以采纳？

　　讨论要求：

　　1.小组内每位成员须积极参与，发表个人见解。

　　2.讨论中应注重逻辑性和论据支持，可引用相关法规、行业标准或历史案例作为参考。

　　3.最后，小组须总结讨论结果，形成一致或多元化的观点，并准备向全班汇报。

## 思政园地

### 国产大飞机C919的核心机密完全掌握在中国商飞公司80后、90后"青年军"手中

　　被称作大飞机公司的中国商飞公司，35岁以下年轻人占70%以上，国产大飞机的核心机密完全掌握在这群80后、90后"青年军"手中。这不由得使国际相关领域专家来中国商飞考察时曾发出这样的感慨："中国大飞机令人印象深刻的不仅是技术，还有它背后有一群渴望飞翔的年轻人！"

　　C919下线，在我国材料领域具有里程碑式的意义。公开资料显示，这是先进材料首次在国产民机中大规模应用，第三代铝锂合金材料、先进复合材料在C919机体结构用量分别达到8.8%和12%，这使得体型较大的C919减重7%以上。对标波音737和空客A320两种型号的"竞争对手"，C919的先进复合材料也是使用量更多。

　　35岁的中国商飞公司上海飞机设计研究院标准材料设计研究部副部长袁宇慧从上大学开始做材料研究，已在该领域耕耘了近20年。她告诉记者，飞机上使用的复合材料主要是指碳纤维增强树脂基复合材料，具有质量轻、耐腐蚀的特点，一方面可以降低飞机的自重、增加载客量，另一方面还能减少后期维护的费用。

　　在我国，30多年前研制的运10民用机采用全金属质地，近期研制的ARJ21中小型民用机运10也仅使用了约1%的复合材料。用材料科学专家、中南大学材料学院教授邓运来的话来说，飞机的"皮肤"就是一代飞机的标志，"一代飞机，一代材料。"材料越轻、耐久性越佳，飞机的性能也就能随之上一个台阶。

　　我国材料科学目前在世界上处于较为弱势的地位，C919目前使用的复合材料全都来自国外供应商，但在没有基本材料标准的情况下，即便向"老外"购买，都是一件极其困难的事儿。袁宇慧所做的，就是根据飞机性能需求，制定C919每一个部位材料的选用标准。她告诉记者，世界上每一个飞机生产厂商生产的每一种型号飞机，都有一套只属于自己的材料标准。这些材料标准，就像可口可乐的神秘配方一样，具有自主知识产权，买不到。

　　从2008年到2012年，袁宇慧和团队花了4年时间才把C919材料的标准文字、内容部分基本确定，但具体到每个部位每种材料的纤维量、拉伸长度、树脂含量、物理性能、化学性能、力学性能等数据，还要重新经过实验再用统计学算法得出合理值。这个合理值，既要保证符合C919的设计需求，也要具备生产的可能性，还要最终得到适航当局的认可。

　　这些年来，标准材料团队几乎每天都在设计、制造一线调研。实操工程师会告诉他们，需要哪一种性能的材料，软一点、拉伸度强一些、质量轻一些……工程师们口中的"一点、一些"，到了材料师那里，就必须量化为一种材料某种含量的具体参数。这些参数，每一次都是材料师通过实验室比对、实操测量等烦琐而又枯燥的方式获得的，极其珍贵。

　　与袁宇慧一样参与C919研制的年轻人不少都是刚大学毕业、初出茅庐，但他们在一个听上去不着边际的梦想面前驻足——以青年学生的身份参与世界一流大飞机的制造研发。"一个航空人，一辈子能参加一个型号的飞机研制就算是圆梦了。"

　　思政感悟：_____

_____

_____

## ◁ 巩固提高

### 一、填空题

　　1.　_____与飞机的根本区别是，它升高以后不用动力而靠自身重力在飞行方向的分力向前滑翔。

2. 轻型运动航空器（LSA）最大起飞重量小于_____kg（不用于水上运动）。

3. 中航工业石飞生产的_____，是中国自主研发的4～5座轻型多用途飞机。

4. 直升机是利用_____改变旋翼桨叶总距和周期变距来实现操纵的。

5. 按用途来分，无人机可以分为_____和_____两类。

## 二、单选题

1. 下列哪项不属于重于空气的航空器（　　）。

A. 飞机　　　　　　B. 飞艇　　　　　　C. 滑翔机　　　　　　D. 直升机

2.（　　）被誉为时间机器。

A. 公务机　　　　B. 多用途飞机　　　　C. 直升机　　　　　　D. 无人机

3. 山河阿若拉 SA60L 是一款单发双座轻型运动飞机，它必须满足最大起飞重量不大于（　　）kg 的要求。

A. 116　　　　　　B. 600　　　　　　C. 750　　　　　　D. 1225

4. 直升机的（　　）是用来平衡旋翼扭矩和对直升机进行航向控制的部件。

A. 桨叶　　　　　　B. 桨毂　　　　　　C. 尾桨　　　　　　D. 旋翼

5.（　　）指空机重量不超过 15kg 且最大起飞重量不超过 25kg，微型和轻型无人机除外。

A. 微型无人机　　　　　　　　　　B. 轻型无人机

C. 小型无人机　　　　　　　　　　D. 中型无人机

## 三、简答题

1. 简述航空器的概念及类别。

2. 简述通用航空器的概念及分类。

3. 小型飞机技术特点是什么？有哪些典型机型？

4. 简述公务机的分类及代表机型。

5. 简述多用途飞机技术特征及典型机型。

6. 简述农林飞机的技术特征及典型机型。

7. 简述直升机的类别、结构特征及代表机型。

8. 简述无人机的分类和技术特点。

## 四、实践任务

根据各类通用航空器的性能特点，以小组为单位，选取典型机型，分组制作完成该机型的介绍视频，要求讲解者本人出镜。

参考答案

## 学习评价

### 1. 自我评价

根据个人实际情况，在相应选项前打"√"，并在空白处填写具体评价或总结内容。此表旨在帮助学生全面回顾学习过程，明确自身的学习成效与不足，为后续学习提供指导。

| 一级指标 | 二级指标 | 指标要素 | 具体评价 | |
|---|---|---|---|---|
| 知识获取 | 重点掌握 | 通用航空器的分类（如固定翼、直升机等） | ☐ 完全掌握　☐ 基本掌握<br>☐ 部分了解　☐ 不了解 | |
| | | 通用航空器的基本构造（机身、机翼、发动机等） | ☐ 深入了解　☐ 较为熟悉<br>☐ 一般了解　☐ 不太了解 | |
| | | 不同类型传统通用航空器的性能特点 | ☐ 熟练掌握　☐ 有所了解<br>☐ 知道部分　☐ 不了解 | |
| | | 新兴航空器的类型和技术特点 | ☐ 清晰明了　☐ 基本掌握<br>☐ 略有了解　☐ 完全不了解 | |
| | 难点突破 | 复杂航空器系统（如航电系统、导航系统）的理解 | ☐ 完全掌握　☐ 有所突破<br>☐ 仍需努力　☐ 难以掌握 | |
| | | 通用航空器选型与任务适应性分析 | ☐ 深入理解　☐ 基本把握<br>☐ 初步了解　☐ 不了解 | |
| 能力提升 | 学习能力 | 自主学习与资料搜集能力（关于通用航空器的资料） | ☐ 高效完成　☐ 较为自主<br>☐ 依赖指导　☐ 缺乏主动性 | |
| | | 问题解决与批判性思维 | ☐ 显著增强　☐ 有所增强<br>☐ 一般水平　☐ 较弱 | |
| | 实践应用能力 | 模拟场景的通用航空器推广能力 | ☐ 熟练操作　☐ 能够操作<br>☐ 尝试操作　☐ 难以操作 | |
| | | 基于通用航空器特性的任务规划能力 | ☐ 能独立规划　☐ 指导下完成<br>☐ 有初步想法　☐ 无想法 | |
| 素质达成 | 职业素养 | 航空安全意识与责任感 | ☐ 高度重视　☐ 较为重视<br>☐ 一般关注　☐ 忽视 | |
| | | 团队合作与沟通能力<br>（如小组讨论中的表现） | ☐ 优秀表现　☐ 良好表现<br>☐ 一般表现　☐ 需加强 | |
| | 创新思维 | 对通用航空器新技术、新设计的兴趣 | ☐ 非常浓厚　☐ 较为浓厚<br>☐ 一般　☐ 不感兴趣 | |
| | | 提出创新见解或建议的能力 | ☐ 经常提出　☐ 偶尔提出<br>☐ 很少提出　☐ 从未提出 | |
| 总分 | | | 100分 | |

## 2.他人评价（可由同学、助教或教师填写）

同学/助教/教师评价（针对知识掌握、能力提升、素质达成三方面）

优点：＿＿＿＿＿＿＿＿＿＿＿＿＿＿＿＿＿＿＿＿＿＿＿＿＿＿＿＿

建议改进之处：＿＿＿＿＿＿＿＿＿＿＿＿＿＿＿＿＿＿＿＿＿＿

## 3.自我总结与反思

在本项目学习中，我认为自己最大的收获是：＿＿＿＿＿＿＿＿＿＿＿

遇到的最大挑战及解决方法是：＿＿＿＿＿＿＿＿＿＿＿＿＿＿＿＿

对于后续学习通用航空相关知识，我希望加强的方面是：＿＿＿＿＿＿

# 项目3

# 空域管理与飞行服务

 学习目标

[知识目标]
① 熟悉空域的概念及属性；
② 掌握我国空域划设与使用要求；
③ 了解通航飞行一般规则；
④ 熟悉低空空域的内涵特征及我国低空空域管理改革试点；
⑤ 掌握飞行服务站的类型及功能要求。

[能力目标]
① 能正确识别我国空域的基础分类及要求；
② 能正确填报通航飞行空域申请表；
③ 能正确填报通航目视飞行计划；
④ 能根据通航飞行一般规则分析具体案例；
⑤ 能区分不同类型飞行服务站的功能要求。

[素质目标]
① 建立空域的资源观，强化对国家空防安全的认识，树立国防领空意识。
② 通过对空中管制工作的了解，树立空中飞行的规则意识，培养严谨细致的工作精神。
③ 了解我国低空空域管理改革的不平凡历程，有助于建立工作中的系统和协同思维，培养团队合作与协调沟通意识。

[参考民航规章、标准]
①《中华人民共和国飞行基本规则》；
②《通用航空飞行管制条例》；
③《国家空域基础分类方法》；
④《通用航空飞行服务站系统建设和管理指导意见（试行）》（AP-93-TM-2012-02）。

## 案例导入

### 国务院、中央军委印发《关于深化我国低空空域管理改革的意见》

2010年，国务院、中央军委印发《关于深化我国低空空域管理改革的意见》，对深化我国低空空域管理改革作出部署。

《意见》确定了深化低空空域管理改革的总体目标、阶段步骤和主要任务。总体目标是，通过5至10年的全面建设和深化改革，在低空空域管理领域建立起科学的理论体系、法规标准体系、运行管理体系和服务保障体系，逐步形成一整套既有中国特色又符合低空空域管理规律的组织模式、制度安排和运作方式，充分开发和有效利用低空空域资源。具体实施分3个阶段，2011年前为试点阶段，在局部地区进行改革试点，探索低空空域管理改革的经验做法，为全面推进低空空域管理改革奠定基础；2011年至2015年底前为推广阶段，在全国推广改革试点，逐步形成政府监管、行业指导、市场化运作、全国一体的低空空域运行管理和服务保障体系；2016年至2020年为深化阶段，进一步深化改革，使低空空域管理体制机制先进合理、法规标准科学完善、运行管理高效顺畅、服务保障体系完备可靠，低空空域资源得到科学合理开发利用。

根据上述案例内容，思考以下问题：

① 如何理解我国低空空域管理改革的总体目标和阶段任务？

② 近年来我国低空空域改革做出了怎样的探索？成效如何？低空空域改革对通航发展起着怎样的作用？

## 项目导读

空域是航空器飞行活动的空间载体，对于航空运输、军事防御、科研试验、应急救援等领域具有不可替代的价值意义。它不仅提供了飞机安全高效运行的基础环境，保障航班正常有序，而且对于国家安全战略、经济发展、科技进步均起到关键支撑作用。空域的有效利用与管理直接影响航空业的发展水平和国家空中主权的维护。因此，通过本项目的学习，一是需要学生了解空域的概念与属性，重点掌握我国空域的划设和使用要求，了解通航飞行的一般规则；二是需要学生能了解掌握飞行计划的分类和基本内容，特别需要掌握通航目视飞行计划的填写要求；三是需要学生了解我国低空空域管理改革的成效，进一步理解飞行服务站在通用航空发挥的功能作用；四是通过对空域资源使用及其管理改革实践过程的学习，帮助学生树立空防安全意识和规则意识，建立工作中的系统和协同思维，培养严谨细致的工作精神。

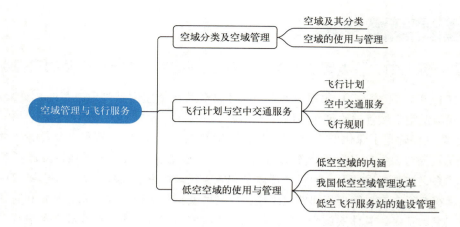

知识讲授

# 3.1 空域分类及空域管理

## 一、空域及其分类

空域是指地球表面以上可供飞机、滑翔机及气球、汽艇等航空器和浮空器飞行运行的三维空气空间资源。因此，空域是一国领土与领海上方的国家资源，一个国家对其领空享有完全和排他的主权。空域以其所富含空气的载体功能而使人类脱离地球表面、延展活动空间成为可能，对空域的开发和利用，有利于促进国家经济社会的整体发展。

在日常的航空活动中，为了提高空中交通的服务运行效率，空域被划分为不同的种类，用来规范航空器的飞行，便于空中交通服务人员管理，同时空域也被赋予了丰富多样的属性。

### （一）空域的属性

空域具有诸多的自然属性和社会属性，其自然属性是在自然力的作用下空域形成的固有物理、化学特性；其社会属性特征表现为人类对空域资源的占有、分配、使用及相关的制度安排，这也是空域区别于空间的根本属性。

### 1.空域的自然属性

（1）总量的不确定性与使用量的相对确定性　由于空域使用范围的上限可不断延伸，就数学角度而言，空域总量是不定的。空域不像矿藏等资源，随着时间的积累、自然力的作用，可以增加或减少。尽管空域使用上限没有明确，但人类技术能力所达到的使用范围，在相当长时间内是确定的，而且各国领空有主权界线，各国对空域的使用量相对确定，全球可使用的空域总量也相对确定。因此，随着空中飞行密集程度的增加，空域资源使用紧张是必然的，在有限的空域总量基础上，围绕空域结构和运行方式的优化调整，将成为空域管理工作的一项常态化任务，且不断反复持续下去。

（2）使用过程的可再生性 航空器飞过某一空域，即完成了对空域的使用过程，该空域仍保持原有的资源特性，可再生使用，而且空域总量并无损耗。但是，航空活动不可能在同一时刻占用同一空间位置，只能在保证安全间隔后才能再生利用，因此空域是有条件的可再生资源，重复利用的过程必须遵循时序规则。这就决定了空域使用的过程，是一个使用次序不断优化调整的过程，是一个围绕需求的迫切性和重要性进行使用次序迭代安排的过程。

（3）不可储存性与不可替代性 空域以其特殊的形态存在，闲置过程并不造成空域资源的损耗，也不存在这一时刻不用而储存至下一时刻更多使用的可能。但是，由于各地区运输航空、军事航空、通用航空等的发展不平衡性，空战场规划的实际要求等，使得空中飞行流量分布呈现不均衡性，常常造成某时段、某空间的空中交通拥挤，而其他时段或其他空间闲置的现象。此时，就需要对空中飞行流量进行优化配置，实现空域容量同飞行流量的匹配，实现空中交通运行效率的最大化。

### 2. 空域的社会属性

（1）主权属性 实际上，空中交通管理领域所讲的空域特指航空器飞行的空间，该空间在物理范围上同一个国家领空具有重叠性，从而决定了空域具有主权属性，且该属性决定了空域归国家所有，要求制定统一的空域管理法规和政策，制定统一的空域开发、使用及控制计划等。它包括领空所有权、领空辖治权和空域管理权等三个方面。

实际上，从军事角度看，空域是国家空防活动的潜在主战场，空战场规划必然对国家空域的使用做出一定安排及约束。从维护国家主权的需要看，仅把空域看成资源，把空域开发利用看成资源的开发利用，忽视了空域的主权属性，是片面的、不准确的。因此，依据空域的主权属性，需要在空域管理中准确把握好平时与战时空域使用的自然延伸关系。

## 知识拓展3-1

### 什么是防空识别区？和领空有什么区别？

一个主权国家不仅仅只有陆地的主权，还有领空的主权，领空就是一个国家陆地和领海上部100公里之内的空域，是一个主权国家不可分割的一部分，该国对这片空域具有无可争辩的绝对主权，简单点说领空和领土一样重要。领空的主权在以前是不存在的，后来随着飞机成为战争的交战工具，国家领空主权逐渐形成，国际条约规定如果不经允许，外国飞机不能飞越一个国家的领空，如果发现领空被侵犯，这个国家有权对入侵的飞机进行警告、驱逐甚至击落，所以国家领空是非常神圣不可侵犯的。

2013年，中国为了捍卫国家主权和领土领空安全，在中国东海设立了东海防空识别区，东海防空识别区囊括了整个东海以及黄海部分地区，这个决策让"防空识别区"这个概念深入人心。中国之所以设计东海防空识别区目的就是捍卫国家主权和安全，这个功能其实"国家领空"也具备，于是很多人都觉得"防空识别区"和"国家领空"是不是也一样，是一个国家的主权，其实不是这样的，从本质上来讲，"防空识别区"和"国家领空"有着非常大的差别。

所谓"防空识别区"就是一个国家为了提前防范可能来临的空中威胁，在靠近自己领空以外设立的一个空防区域，主要是用来及时监视、处置进入这个识别区的飞行器，为国家领空安全提前预警，虽然国家在防空识别区具有监视、处置的权利，但是它并不是这个国家的领空，而是一片国际空域，任何国家的飞行器都有权利在这片空域飞行，"防空识别区"与"领空"的主要区别在于，一个国家可以对侵入领空的外国飞机采取驱逐、击落的措施，而在"防空识别区"只能采取监视或者伴飞等行为。

（2）管理属性　从空域使用角度看，必须制定相应的管理策略，才能实现空域资源的优化配置及空域安全、经济、高效和公平使用。空域管理的安全性，包括国家安全、公共安全和航行安全。其中航行安全涉及航空器、航空法规、航空管制和空中交通管理设施设备等，是一个技术水平高、安全隐患大的复杂系统。航空运行也处在时间、空间的不断变换中，影响安全的不可预料因素很多，这就要求安全管理必须具有良好的动态响应能力。空域的经济性重点表现为使用价值与投入可增值上，通过向空域使用者提供空域保障服务，实现了空域资源向各种使用价值的转化，体现出空域使用价值特征。

需要说明的是，空域的安全性和经济性，从形式上讲是一对相互影响、相互制约的矛盾，如果一味追求空域的经济性，必然要求国家领空范围的空域全部配置成公共开发空域，提高全部空域使用的自由度，但这必然是以降低空域使用的国家安全、公共安全为代价的。

（3）技术属性　为保障空域管理工作的有效开展，必须建立复杂的系统性标准，包括对空域运行的各类综合性要求。实际上，空域区别于空间的根本特征，是其在物理空间上定义了系列标准和系统运行的软硬件框架集合，包括人员、设施、设备、法规制度等的综合要求，使其具备复杂的技术属性。因此，在空域管理中基于空域的技术属性要求，应统筹规划空域使用的航空通信、导航着陆、监视、机载航电、空中交通管理、航空气象等设施设备建设，开发空域的相关服务操作概念，制定技术标准与规范，建设各类空管运行保障设施设备，才能保障空域使用的安全和效益，确保空域得到安全、合理、充分、有效的利用，获取最大效用。

### （二）空域分类

#### 1.空域分类划设考虑的基本因素

① 安全保障要求。

② 空中交通流量分布情况。

③ 不同性质飞行活动对空域和空中交通服务的不同需求。

④ 空域环境的影响，包括地形、地貌、机场以及其他限制因素。

微课：大家的天空——空域及其划设

⑤ 空中交通服务、通信、导航、监视、航空气象和航空信息资料等保障能力。

⑥ 空域用户对空域的其他需求。

### 2.美国空域分类

美国参照国际民航组织（ICAO）推荐标准实行空域分类管理，将空域分为管制区和非管制区两大类，包括A类（高空管制空域）、B类（繁忙终端管制空域）、C类（一般终端管制空域）、D类（机场管制空域）、E类（通用管制空域）和G类（非管制空域）。

美国对B、C和D类空域的界定主要以某一主要机场为中心，从地表标高延伸到某一指定高度，并且划分时很大程度上依据的是相应机场中飞行量的繁忙程度（表3-1）。

表3-1　美国各类空域划分依据

| B类空域 | C类空域 | D类空域 | E类空域 |
| --- | --- | --- | --- |
| 最繁忙机场 | 繁忙机场 | 最不繁忙机场 | 并非围绕机场来划定 |
| 地表到10000英尺 | 地表到4000英尺 | 地表到2500英尺 | 地表或是其他空域上边界到1800英尺或其他空域边界 |
| 雷达进近控制 | 雷达进近控制 | 可运作的塔台（无进近控制） | 所有航路低于1800英尺 |

注：1英尺=0.305m

G类空域，一般指场压高度1200英尺（约365m）以下空域，飞行安全由飞行员本人负责。所有从地表到700英尺或1200英尺，并且不属于A、B、C、D、E类空域的非管制空域即为G类空域。没有塔台的机场为G类空域的一部分。

美国对国际民航组织空域分类标准的引用和变通，较好地体现了"空域是国家资源，每个公民都享有使用空域的权利"这一原则，在安全和效率之间找到了一个平衡点。在美国，政府将大约85%的空域划为民用空域，其中大部分空域对通用航空开放。

### 3.我国空域分类

综合考虑航空器飞行规则、空域环境、航空器性能、空中交通服务等因素，我国在2023年12月新发布的《国家空域基础分类方法》中，将我国空域划分为管制空域（A、B、C、D、E类）和非管制空域（G、W类）。相较于美国，我国主要以飞行器的类型、飞行速度以及高度对空域进行划分管制，具体空域基础分类见附录1。

A类空域通常为标准气压高度6000m（含）以上至标准气压高度20000m（含）的空间。

B类空域通常划设在民用运输机场上空。

C类空域通常划设在建有塔台的民用通用机场上空。通常为半径5km、跑道道面—机场标高600m（含）的单环结构。

G类空域通常为B、C类空域以外真高300m以下空域（W类空域除外），以及平

图片：我国空域
基础分类示意图

均海平面高度低于6000m、对军事飞行和民航公共运输飞行无影响的空域。

W类空域通常为G类空域内真高120m以下部分空域。

D类或者E类空域是除A、B、C、G、W类空域外的空间，可以根据运行和安全需求选择划设。其中，标准气压高度20000m以上统一划设为D类空域。

各类空域的服务内容与飞行要求见附录2。

### 4. 特殊空域控制区

综合考虑空域限制类型、使用用途等因素，我国又划分出若干特殊空域控制区，如空中禁区、空中限制区、空中危险区、空中保留区、航路航线、进出境点、等待空域、空中放油区、试飞空域、训练空域、防空识别区、临时空域等。

① 空中禁区主要在国家重要的政治、经济、军事等核心要害目标上空划设。未经批准，任何航空器不得飞入空中禁区。

② 空中限制区主要在重要目标、武器试验场、靶场、残骸坠落区、重大活动现场等上空划设。在规定时限内，未经相应空中交通管理机构许可的航空器不得飞入空中限制区。

③ 空中危险区主要在对空射击（发射）场（平台）、军事活动空域、残骸坠落区等上空划设。在规定时限内，空中危险区对非特定飞行活动存在危险，不限制非特定航空器进入，但进入后由飞行员（无人驾驶航空器操控员）自行承担风险。

④ 军事、海关、警察等非民用航空用户不能与民用航空执行相同空中交通管制服务标准，需采取相对隔离飞行时，在一定时间范围内可以按照空域保留机制划设空中保留区。

⑤ 航路航线，按对外开放性质分为国际航路航线、国内航路航线，按使用时限分为固定航路航线、临时航路航线。

⑥ 等待空域、空中放油区、试飞空域、训练空域的划设，由有关单位提出建议方案，报地区空中交通管理组织协调机构或其授权的机构批准。

上述空域涉及相邻飞行管制区的，由相邻地区空中交通管理组织协调机构协商后批准；涉及不相邻飞行管制区的，报国家空中交通管理领导机构的办事机构批准。

## 二、空域的使用与管理

空域管理活动包含的内容很广，涉及国家空防的空域管理、国家空中交通的空域管理、对空射击与航天发射的空域管理、重要目标（如核电站设施）空中防护的空域管理、空战场空域管理等。

本书所讲的空域管理，一般指的是空中交通管理中的空域管理，它实质是国家空域管理的一个重要组成部分，其概念是基于航空运输体系发展提出的，是从服务运输航空、军事航空、通用航空等飞行衍生出的空域资源使用组织管理，涉及部分空域资源的使用，并通过空域规划、运行、使用、监督、评估等活动，对有限的空域资源进行优化配置，维护国家空域的权益和飞行秩序。

### （一）空域管理模式

国际上空域资源管理主流模式有三类：政府管理、军队管理、军队政府联合管

课件：空域的管理模式

理。但无论哪种模式，协调军民航矛盾是空域管理的核心所在。

### 1.美国空域管理模式

美国在1958年对空域实行立法管理，空域管理权由国家立法局交给FAA负责。空域是国家资源，属全民所有，国家有责任满足每个公民的航空需要和进出空域的权力，保证军方和民用的需要。美国的空域使用和航行管理服务对国内用户是免费的。FAA与美国军方有密切的协调，军方空域不使用时，还给民航使用，通用航空机场多数没有塔台和空域管制。美国FAA有广泛权力监督民用航空飞行和军事飞行，促进空中交通安全，有效地使用国家空域，发展并经营一个民用和军用航空器共同使用的空中交通管理系统。

在美国，通用航空比商业航空有更大的灵活性，通用航空可以安全地运营而不需要严格限制。当然，这有赖于美国很早对国家现代化空管系统做出了长期而系统的规划。1998年，FAA制定了"自由飞行"和国家空域系统（national airspace system，NAS）发展战略，详细规划了1998～2002年、2003～2007年和2007～2015年三个阶段全美空域系统现代化任务，通过运用新技术、新程序和新概念，构建了陆基与星基系统融合、数字化技术和低空数据链应用广泛、数据共享与分系统自动化水平高、空域整体管理能力强、服务覆盖全面的现代空域管理体系，充分满足国家空域使用者和服务者的具体需求。

### 2.欧洲空域管理模式

欧洲空中航行安全组织（Eurocontrol，欧控）是欧洲空中交通管理的核心组织，为其成员国空管事业的发展提供战略规划、组织协调、行业指导及技术支持。早在20世纪80年代，欧洲空域管理组织已经认识到，不灵活的空域结构和空域保留会造成空域的低效利用。1990年，欧洲民航理事会颁布航路战略，并启动欧洲空中交通管制协调和一体化项目（european air traffic control harmonization and integration programme，EATCHIP），在多个不同领域进行建设。欧控根据欧洲空域特点，提出了统一的空域发展战略（Airspace Concept& Strategy），对成员国空域实行统一的发展规划和技术研发。随着空域建设不断深入，欧控逐渐在空域规划、空域运行、空域评估、空域建模等方面建立了一系列决策支持系统，从而对欧洲空域实行有效的运行管理，其目的是建立一体化的欧洲空域，实现欧洲空域的无缝连接。

### 3.巴西空域管理模式

在巴西，空军对国家空域进行管理，在空军下设有一个部门，专门负责空域的使用和空中交通管制等。全国空域类别与国际民航组织建议的标准完全一致。在主要地区和城市使用雷达全部覆盖，雷达信号供空防和全国航行管制共同使用，雷达信息全部联网，并可对空中交通服务电报（aeronautical fixed telecommunication network，AFTN）信息和雷达信息进行综合处理，既方便管制又可以起到空防识别的目的。在主要繁忙地区设进近管制中心。一些飞行量不大的机场不设塔台，没有空地联络的收发讯息设施。在特定区域，如非管制区，飞行采用目视飞行规则，不提交飞行计划，不事先申请；如需要进入管制空域，在飞进管制区域前与管制部门联系，通常可以批准。

**（二）我国空域的管理体制**

我国空域资源所有权由国家空中交通管理领导机构代表国家行使。国家空中交通管理领导机构负责空域管理工作的顶层设计、统筹协调、整体推进、督促落实，研究制定空域管理宏观规划和重大政策，统一管理全国空域资源。地区空中交通管理组织协调机构组织协调本地区空域管理工作，负责国家空中交通管理领导机构交办的其他事项和本地区空域管理其他事项。国家分级设立空中交通管理联合运行机构，负责本责任区空域管理有关事项。

我国民航使用空域是由国家空中交通管理领导机构划设的空域。民航使用空域由中国民用航空局空中交通管理局（以下简称民航空管局）调配和管理，主要包括提供全国民用航空空中交通服务以及民用航空通信、导航、监视、航空气象、航行情报等工作。我国民航空管系统现行行业管理体制为民航空管局、地区空管局、空管分局（站）三级管理；运行组织形式基本是区域管制、进近管制、机场管制为主线的三级空中交通服务体系（图3-1）。民航空管局领导管理民航七大地区空管局及其下属空管单位，驻省会城市（直辖市）民航空管单位简称空中交通管理分局，其余民航空管单位均简称为空中交通管理站。

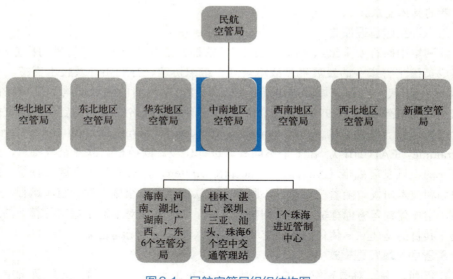

图3-1　民航空管局组织结构图

课件：空域的划设与使用

**（三）我国空域的使用**

**1.一般规定**

（1）空域用户享有下列权利：

① 获得空中交通管理机构提供的空中交通、通信、导航、监视、航空气象、航空信息资料等服务。

② 提出空域使用申请并获得有关空中交通管理机构的答复。

③ 提出空域结构优化的建议。

④提出制定、修改和完善空域使用规定的建议。

（2）空域用户履行下列义务：

① 按照有关要求获得相关资质。

② 按照规定要求提交空域使用申请。

③ 按照空中交通管理机构批复内容及要求使用空域。

④ 及时向有关空中交通管理机构通报空域使用情况。

⑤ 按照有关规定缴纳有关空域使用保障费用。

## 2. 申请与批复

根据空域等级和空域类型，空域使用实行审批制度或者报备制度。

（1）空域使用申请　下列情况空域用户应当向有关空中交通管理机构或者承担相应职责的单位提出空域使用申请：

① 使用A、B、C类空域；

② 使用空中禁区、空中限制区、空中危险区、空中保留区、航路航线、进出境点、等待空域、空中放油区、试飞空域、训练空域、防空识别区、临时空域等空域类型。

（2）空域使用报备　使用不涉及空中禁区、空中限制区等空域类型的D、E、G、W类空域，空域用户应当向有关空中交通管理机构或者承担相应职责的单位报备。

（3）空域使用申请或者报备程序　空域使用申请或者报备，通常纳入飞行计划申请或者报备，飞行计划申请或者报备按照有关规定执行。

（4）空域使用申请的类别与方式　空域使用申请可以采用电报、电话、传真、电子数据信息交换、信函等方式。国家鼓励使用电子数据信息交换方式提交空域使用申请。空域使用申请表格样例见图3-2。

×××××通用航空有限公司

签发人：李怀武　　　　飞来者通航字【×××××】

关于在×××周边进行演示飞行/航拍/农林喷洒的空域申请请示

××军区空军航管处：

我公司计划于2016年01月20日至2016年05月30日在×××周边进行演示飞行，现将计划申报如下：

一、飞行单位

××××通用航空有限公司

二、飞行任务性质

演示飞行/航拍/农林喷洒

三、机长姓名和机组人数

机长：×××

人数：10人

四、航空器型号、架数

罗宾逊R44II直升机一架，机号：B-7539。

五、预计作业时间

自2016年01月20日至05月30日，每周周六、周日飞行活动时间为：上午8时至12时、下午16时至18时。

六、飞行气象

目视能见飞行

七、作业飞行高度和飞行范围

飞行高度：真高100米以下。

飞行范围：以欧乐堡停车场中心（N35° 02′ 55.62″ E118° 24′ 26.51″）半径5公里范围内。

八、飞行保障及其他

1、我公司自备直升机运输平台车、加油车、指挥电台，负责作业和起飞指挥。安全工作由我公司自行负责。

2、飞行计划由我公司专人负责。飞行前一天向管制部门申报飞行计划，做好各相关单位协调工作，在直升机预计起飞前一小时提出申请，得到批复后执行，并及时通报起飞、着陆时刻及动态。

当否，请批示。

××××通用航空有限公司

2015年12月25日

主题词：××军区空军航管处　　演示飞行　　请示

××××通用航空有限公司

联系人：李怀武　联系电话：1866951××××　传真：0531-××××

图3-2　某通航公司飞行活动空域申请样例

（5）其他规定　空域使用必须按照批复的内容或者空域使用计划实施。空域用户更改空域使用申请内容，应当按照原空域使用申请的程序办理。各级空中交通管理机构可以依法禁止、限制空域的使用，或者宣布空域使用申请无效。

## 课堂讨论3-1

### 跨省商务飞行的空域规划与协调挑战

背景描述：一家通航企业计划推出一项新的跨省商务飞行服务，旨在连接多个经济活跃但地面交通不便的城市，为商务人士提供高效、便捷的出行选择。然而，在筹备阶段，公司发现其计划航线涉及多个不同空域管理区域的交界处，包括繁忙的商业航线和军用训练空域。这要求公司在确保飞行安全的同时，还需要与多个空域管理机构进行复杂的协调，以确保飞行计划的顺利实施。

请根据上述背景，以小组形式展开讨论并回答：

在跨省商务飞行服务中，如何有效地进行空域规划与协调，以确保飞行安全并减少与其他航空活动的冲突？请提出具体的策略或措施。

讨论要求：

① 小组内每位成员须积极参与，发表个人见解。

② 讨论中应注重逻辑性和论据支持，可引用相关法规、行业标准或历史案例作为参考。

③ 最后，小组须总结讨论结果，形成一致或多元化的观点，并准备向全班汇报。

# 3.2　飞行计划与空中交通服务

## 一、飞行计划

### （一）飞行计划及其基本构成

#### 1.飞行计划概念

飞行计划是指向空中交通服务单位提供的关于航空器一次或部分预定飞行按规定格式填写的资料。飞行计划是用于计划飞行、飞行管制及导航目的的书面文件或电子数据文件。根据飞行类型的不同，分为目视飞行计划和仪表飞行计划。按仪表飞行计划规则运行的航空器，应当按空中交通管制部门的要求提交飞行计划的申请，并获得相应的空中交通管制许可。

#### 2.飞行计划的基本构成

飞行计划是根据飞机性能、运行限制、计划航路与预计着陆机场条件，为安全组

课件：飞行计划

织及实施飞行而制定的，主要包括航班号、航段、飞行类型、注册号、计划航路、计划高度、备降机场及航程所需燃油量等。一个飞行计划基本部分包括以下内容：

① 起始机场和目的机场。

② 航路点，包括伏尔导航点、无线电罗盘导航点、机场参考导航点、航线中导航点、终端导航点、跑道导航点、飞行员自定义导航点。

③ 标准出发、标准到达、进近、目视进近。

④ 航路。

⑤ 飞行高度和油量。

⑥ 初始机场位置。

### （二）目视飞行计划

#### 1. 制订目视飞行计划的基本条件

本场空域符合目视气象条件时，可以在本场按目视飞行规则飞行；当前气象报告或当前气象报告和气象预报的组合表明，本场、航路和目的地的天气符合目视气象条件，可以按照目视飞行规则进行航路飞行。

#### 2. 目视飞行计划的内容

目视飞行计划的内容包括：

① 航空器国籍登记号和无线电呼号。

② 该航空器的型号或者如编队飞行，每架航空器的型号及编队的航空器数量。

③ 机长的姓名和地址或者如编队飞行，编队指挥员的姓名和地址。

④ 起飞地点和预计起飞时间。

⑤ 计划的航线、巡航高度（或飞行高度层）以及在该高度的航空器真空速。

⑥ 第一个预定着陆地点和预计飞抵该点上空的时间。

⑦ 装载的燃油量（以时间计）。

⑧ 机组和搭载航空器的人数。

⑨ 局方和空中交通管制要求的其他任何资料。

### （三）仪表飞行计划

#### 1. 仪表飞行计划的基本内容

除经空中交通管制部门同意外，仪表飞行规则飞行计划应当包括下列内容：

① 航空器国籍登记号和无线电呼号（如需要）。

② 该航空器的型号或者如编队飞行、每架航空器的型号及编队的航空器数量。

③ 机长的姓名和地址或者如编队飞行、编队指挥员的姓名和地址。

④ 起飞地点和预计起飞时间。

⑤ 计划的航线、巡航高度（或飞行高度层）以及在该高度的航空器真空速。

⑥ 第一个预定着陆地点和预计飞抵该点上空的时间。

⑦ 装载的燃油量（以时间计）。

⑧ 机组和搭载航空器的人数。

⑨ 局方和空中交通管制要求的其他任何资料。

⑩ 备降场。

### 2.与目视飞行计划的差异

对比目视飞行规则飞行计划的内容，可以发现仪表飞行计划与其存在下述两点差异：

（1）燃油要求　航空器驾驶员在仪表飞行规则条件下开始飞行前，必须充分考虑风和预报的气象条件，在航空器上装载足够的燃油，这些燃油能够满足以下条件：

① 飞到目的地机场着陆；

② 若需要备降机场，还需能从目的地机场飞到备降机场着陆；

③ 在完成上述飞行之后，对于飞机，还能以正常巡航速度飞行45min，对于直升机，备降起降点上空450m（1500ft）高度以等待速度飞行30min，并且加上附加燃油量，以便在发生意外情况时足以应对油耗的增加；

④ 当没有适合的备降机场时，飞至本次飞行所计划的起降点然后以等待速度飞行2h。

（2）备降场要求　飞机可以不选用备降机场的条件为以下几点：

① 预计着陆的目的地机场具有局方公布的标准仪表进近程序；

② 天气实况报告、预报或两者组合表明，在飞机预计到达目的地机场时刻前后至少1h的时间段内，云高高于机场标高600m，能见度至少5km。

直升机不选用备降机场的条件为以下几点：

① 云高高于机场标高300m或高于适用的进近最低标准之上120m（以高者为准），能见度3km或高于程序规定的最低标准1500m（以高者为准）。

② 预定着陆起降点地处孤立，无适当的目的地备降机场；该孤立的预定着陆起降点规定有仪表进近程序；当目的地为近海起降点时，确定了一个不能返航点。

### （四）通用航空飞行计划及其申请

从事通用航空飞行活动的单位、个人实施飞行前，应当向当地飞行管制部门提出飞行计划申请，按照批准权限，经批准后方可实施。

### 1.飞行计划的内容

通用航空飞行计划应当包括下列内容：

① 飞行单位。

② 飞行任务性质。

③ 机长（飞行员）姓名、代号（呼号）和空勤组人数。

④ 航空器型别和架数。

⑤ 通信联络方法和二次雷达应答机代码。

⑥ 起飞、降落机场和备降场。

⑦ 预计飞行开始、结束时间。

⑧ 飞行气象条件。

⑨ 航线、飞行高度和飞行范围。

⑩ 其他特殊保障需求。

某通航公司飞行计划样例如表3-2所示。

微课：空域申请
与飞行计划申报

表 3-2　某通航公司飞行计划样例表

| 本次申请起止日期 | XX 年 X 月 X 日～XX 年 X 月 X 日 | | 每日飞行起止时间 | XX:XX ～XX:XX | |
|---|---|---|---|---|---|
| 机型 | XXX | | 机号（呼号） | B-XXXX | |
| 机长 | XXX | | 起飞机场 | XXX（标注经纬度） | |
| 落地机场 | XXX（标注经纬度） | | 备降机场 | XXX（标注经纬度） | |
| 气象标准 | 目视或仪表 | 任务性质 | （空中巡查等） | 预计飞行时间 | XX 小时 |
| 机组人数 | XX 人 | 飞行高度 | XX 米 | 作业高度 | XX 米 |
| 燃油量（以小时计） | XX 小时 | 飞行真空速 | XX 节 | 作业真空速 | XX 节 |
| 作业地区名称 | XXX | | 机载设备 | （二次雷达、应答机、GPS 等） | |
| 飞行航线、飞行高度及其真空速： | | | | | |
| 作业范围 | 飞行区域在 A—B—C—D 四点连线范围内（四点分别标注经纬度）<br>批复：XXX | | | | |

当出现如下情况时，从事通用航空飞行活动的单位、个人必须在提出飞行计划申请时，提交有效的任务批准文件。

① 飞出或者飞入我国领空（公务飞行除外）。

② 进入空中禁区或者国（边）界线至我方一侧 10km 之间地带上空。

③ 在我国境内进行航空物探或者航空摄影活动。

④ 超出领海（海岸）线。

⑤ 外国航空器或者外国人使用我国航空器在我国境内进行通用航空飞行活动等情况时。

### 2. 飞行计划的审批

使用机场飞行空域、航路、航线进行通用航空飞行活动，其飞行计划申请由当地飞行管制部门批准或者由当地飞行管制部门报经上级飞行管制部门批准。使用临时飞行空域、临时航线进行通用航空飞行活动，其飞行计划申请按照下列规定的权限批准。

① 在机场区域内的，由负责该机场飞行管制的部门批准。

② 超出机场区域在飞行管制分区内的，由负责该分区飞行管制的部门批准。

③ 超出飞行管制分区在飞行管制区内的，由负责该区域飞行管制的部门批准。

④ 超出飞行管制区的，由中国人民解放军空军批准。

飞行计划申请应当在拟飞行前一天 15 时前提出；飞行管制部门应当在拟飞行前

一天21时前作出批准或者不予批准的决定，并通知申请人。

执行紧急救护、抢险救灾、人工影响天气或者其他紧急任务的，可以提出临时飞行计划申请。临时飞行计划申请最迟应当在拟飞行1h前提出；飞行管制部门应当在拟起飞时刻15min前作出批准或者不予批准的决定，并通知申请人。

使用临时航线转场飞行的，其飞行计划申请应当在拟飞行两天前向当地飞行管制部门提出；飞行管制部门应当在拟飞行前一天18时前作出批准或者不予批准的决定，并通知申请人，同时按照规定通报有关单位。

### 3.飞行计划时效

在划设的临时飞行空域内实施通用航空飞行活动的，可以在申请划设临时飞行空域时一并提出15天以内的短期飞行计划申请，不再逐日申请；但是每日飞行开始前和结束后，应当及时报告飞行管制部门。飞行管制部门对违反飞行管制规定的航空器，可以根据情况责令其改正或者停止其飞行。

## 二、空中交通服务

空中交通服务是指为飞行中的航空器提供各种信息和交通管制等方面的技术支持。空中交通服务一般由空中交通管制单位提供，主要包括空中交通管制服务（air traffic control，ATC）、航行情报服务（aeronautical information service，AIS）和告警服务（alarm service，AS）。

### （一）空中交通管制服务

空中交通管制就是利用通信、导航技术和监控等专业手段对飞机飞行活动进行监视、控制与指挥，从而保证飞机飞行安全和使飞机按照一定线路秩序飞行，该项工作一般由空中交通管制员负责。空中交通管制服务是空中交通服务的主要部分，其目的是防止航空器与航空器及障碍物相撞，并且要使空中交通有序高效地运行，主要包括：在航路上的区域管制服务；在飞机离场或到场时的进近管制服务；在机场空域内的机场管制服务。

空中交通管制方法有程序管制和雷达管制（图3-3）两种。

图3-3　雷达管制

### 1.空中交通管制服务的内容

① 为航空器提供其他航空器的即时信息和动态信息（将要运动的方向和变化）。

② 由航空器的即时信息确定各航空器之间的相对位置。

③ 发出管制许可、使用许可和信息防止航空器相撞，保障空中交通畅通。

④ 用管制许可来保证在控制区域内各航空器的间隔，从而保障飞行安全。

⑤ 从航空器的运动和发出许可的记录来分析空中交通状况，从而对管制方法和间隔的使用进行改进，使空中交通的流量提高。

### 2.机场管制服务

机场管制服务是指在机场塔台管制区（aerodrome tower control area）内提供的空中交通管制服务。机场塔台管制区是指机场起落航线和最后进近定位点之后的航段，以及第一个等待高度层（含）以下至地球表面的空间和机场机动区。机场塔台管制区内运行的航空器，可以按照仪表飞行规则飞行，并接受空中交通管制服务；对于符合目视气象条件的，经飞行员申请，并经塔台管制室批准，也可以按照目视飞行规则飞行，并接受空中交通管制服务。

机场管制服务内容主要包括监视和控制航空器在机场塔台管制区的空中飞行、航空器的起飞和降落、航空器在机坪上的运动等活动。在繁忙机场，航空器地面活动由机场现场指挥中心提供服务，跑道和空中部分由机场管制塔台提供管制服务；在不太繁忙机场，机场管制塔台既负责航空器的地面运动，又负责跑道和空中运动。

### 3.终端（进近）管制服务

终端（进近）管制服务是针对按仪表飞行规则飞行的航空器在起飞后进入航路和着陆前由航路到机场管制区的管制服务。机场附近进场和离场航线飞行比较复杂，或者一个或几个邻近机场全年总起降架次超过 36000 架次，可设立终端或者进近管制区，以便为进场、离场飞行的航空器提供安全、高效的空中交通管制服务。

通常情况下，在终端管制区内同时为两个或者两个以上机场的进场和离场飞行提供进近管制服务，在进近管制区内仅为一个机场的进场和离场飞行提供进近管制服务。

### （二）航行情报服务

### 1.航行情报与航行情报服务

航行情报是指收集整理、审校编辑和出版发布为保障航空器飞行安全和正常所需的各种航行资料。航行情报服务是指为所有飞行运行、飞行机组及负责飞行情报服务、空中交通服务的单位提供有关空中航行的安全、正常和效率所必需的情报和资料的服务。

航行情报服务的主要内容包括：

① 出版航行资料汇编。

② 编绘出版各种航图。

③ 收集、校核和发布航行通告。

④ 向机组提供飞行前和飞行后航行资料服务。

⑤ 向飞行中的机组提供飞行情报服务。

视频：空中交警——空中交通管制员

### 同步案例3-2

## 全国首个省级专项低空航图上线

继中国民航局2019年发布了我国首张数字化"低空目视航图"后，2022年5月6日，全国目视飞行航图（湖南专项低空航图）在中国民航通用航空信息平台正式上线，这是全国首个省域专项低空目视航图，该图的发布进一步丰富了全国目视飞行航图内容。

此次发布的专项低空目视飞行航图针对不同用户，包含基础通用版、空域规划版、空域转换版和低空通道版。在通用航空信息平台上不仅可以查阅目视障碍物、地形地貌、山川河流等飞行航空数据，还可以查阅航路航线、运输机场、通用机场、管制区域、监视区域、报告空域、通信频率、导航设施等航空数据信息。

湖南专项低空航图是低空飞行中领航的主要参考资料和重要保障手段，提升了湖南省低空飞行领航的保障能力，提高了通航飞行安全性和使用便利性，形成了可推广可复制的湖南经验，推动了湖南省通航产业高质量发展，在全国低空空域管理改革试点工作中发挥了积极示范引领作用。

#### 2.航行情报服务部门

航行情报部门是一个完整的系统，和空中交通管制部门协同。在我国，各机场有航行情报服务人员或航行情报室，各大航行情报区都设有航行情报服务中心，定期或连续地向外发布航行情报，民航局设有全国性的情报中心。在北美，有专门为通用航空器运行提供航行情报的飞行服务站（flight service station，FSS）。

整个航行情报服务系统保证驾驶员在飞行情报区覆盖范围内任何一点都可以通过电信或互联网得到需要的航行情报。航行情报服务系统不控制空中交通，而是把各航行情报站和航行情报中心联系在一起，形成一个提供信息的网络，将各种信息提供给管制员和驾驶员。

#### （三）告警服务

告警服务旨在当民用航空器需要搜寻救援时，通知有关部门，并要求协助该有关部门进行搜寻救援。告警服务不是一项孤立的空中交通服务，也不是某一专门机构的业务，而是当紧急状况如发动机故障、无线通信系统失效、座舱失压等出现或遭遇空中非法劫持时，由当事管制单位直接提供的一项服务。

## 三、飞行规则

和地面交通一样，天上也需要有一套交通规则，用以规范驾驶员的驾机行为。同时还设有空中交通管制员执行管理任务，从而创造一个安全、有序、高效率的空中交通环境。空中的交通规则叫飞行规则，是借鉴地面交通规则的经验制定的。它的核心目的是要保障机上人员和飞经区域的地面群众的人身和财产安全。飞行规则又分为通用飞行规则、目视飞行规则和仪表飞行规则三个部分。

### （一）通用飞行规则

通用飞行规则是指各类航空器共同遵守的飞行规则。通用飞行规则是飞行的基础。它的主要要求是：非经特殊允许，飞机不能在居民密集区域上空飞行，不能从机上向下抛任何物体。为了防止相撞，规定飞机在相对飞行相遇时，各自向右转躲避对方；在同向飞行时，如果要超越前方的飞机，后面的飞机要改变高度或从右侧超越。航向不同的飞机在空中交汇时，左方的飞机要为右方的飞机让路。

空中的"交通警察"——空中交通管制员不像在陆地上执勤的警察可以在十字路口等地面对面地指挥汽车司机，他们靠飞机报告的所在位置和控制飞行的时间间隔来指挥飞机。因此在通用飞行规则中，要求在航线上飞行的飞机事先要提供飞行计划，被批准后，飞机才能被放行。在飞行时要得到管制员的许可，而且在规定的报告点向管制员报告飞经的时间、飞行高度等。由于对时间的控制是空中交通管制的基础，所以空中交通体系包括飞机和管制塔台都统一使用协调世界时，以保证空中交通管理的精确度。

微课：通用飞行
规则

### （二）目视飞行规则

针对目视导航或仪表导航的飞机分别制定了目视飞行规则和仪表飞行规则。目视飞行时，驾驶员主要依靠视觉来判断和发现其他飞行物或地面障碍。目视飞行规则的基础就是飞机能"看见"和"被看见"。也就是飞机之间、飞机和地面管制员之间能相互看见，用以保证飞行安全。目视飞行规则对能见度和天气情况做出了严格的规定，规定了目视飞行气象条件标准。如果天气状况达不到这些标准，飞机就不能被放飞。小型低高度的飞机大多采用目视飞行；大型飞机在气象条件允许时，尤其是在机场上空、空中交通繁忙区域，因为目视飞行灵活，有时也采用目视飞行。在空中管制工作中，目视飞行只占其工作量的一小部分。

### （三）仪表飞行规则

仪表飞行规则是专门为使用无线电仪表导航的飞机制定的。它规定了靠仪表飞行时的气象条件。在仪表飞行时驾驶员仅靠仪表观测和管制员的指示飞行即可，不需要看到其他飞机和地面情况，因此仪表飞行的气象条件要宽于目视飞行。仪表飞行大大降低了天气对飞行可能造成的影响。仪表飞行规则要求飞机上必须配置齐规定的飞行仪表和无线电通信设备；相应的，驾驶员也必须具备熟练使用这些仪表和设备的能力。驾驶员只有在取得仪表飞行的驾驶执照后才能进行仪表飞行。现在空中飞行的绝大多数航班都采用仪表飞行。

## 3.3　低空空域的使用与管理

### 一、低空空域的内涵

#### 1.低空空域的定义及分类

低空空域是国家空域系统的重要组成部分，是我国通用航空发展的基础。根据

微课：低空空域
怎么飞

2014年国家空管委《低空空域使用管理规定（试行）》（征求意见稿），低空空域原则上指真高（相对于平均海平面的高度）1000m（含）以下的区域，2016年国务院办公厅《关于促进通用航空业发展的指导意见》将低空空域范围扩展至真高3000m以下。

在《国家空域基础分类方法》出台之前，一般低空空域可以划分为管制空域、监视空域和报告空域以及目视飞行航线。

（1）管制空域　允许目视飞行规则（VFR）飞行及仪表飞行规则（IFR）飞行，使用前须进行飞行计划申请，空中交通管制部门须掌握飞机飞行动态，对空域内的所有飞机提供ATC服务、飞行情报服务及告警服务，管制部门与航空器能保持连续双向地空通信。

（2）监视空域　允许VFR飞行及IFR飞行，航空用户报备飞行计划，空中交通管制部门监视飞行动态，提供飞行情报和告警服务，根据低空飞行用户请求和飞行安全需要提供ATC服务，管制部门与航空器能保持连续双向地空通信。

（3）报告空域　允许VFR飞行，航空用户报备飞行计划，并向空中交通管制部门通告起飞和降落时刻，自行组织实施并对安全负责，空中交通管制部门根据用户需求，提供航行情报服务，组织飞行的单位或个人应确保与航空器双向地空通信畅通。

（4）目视飞行航线　目视飞行航线是为确保航空用户能够飞到预定空域，且飞行人员在目视条件下飞行的航线。

在空中禁区、空中危险区、国境地带、全国重点防空目标区和重点防空目标周围一定区域上空，以及飞行密集地区、机场管制地带等区域，原则上不划设监视空域和报告空域。

各类低空空域垂直范围原则为真高1000m以下，可根据不同地区特点和实际需要，具体划设低空空域高度范围，报批后严格掌握执行。

随着《国家空域基础分类方法》在低空领域的应用推进，低空空域更多指代的是我国的W、G空域，其他类型空域低空特征不明显。

### 2.低空空域飞行活动

低空空域为通用航空的主要飞行作业空间，无论是工业飞行、农业飞行还是空中旅游，大多集中在相对高度3000m以下的低空空域，尤其是相对高度600m以下的低空空域占绝大多数。例如我国农林类航空作业飞行高度一般在相对高度15～300m；航空运动、训练及旅游观光飞行一般在高度1500m以下；跳伞飞行通常在2400m以下；广告飞行一般在相对高度3000m以下；航空摄影、物探、遥感等飞行高度相对较高，一般在标准气压高度3000～7000m，有时也达到9000m。

随着我国经济的快速发展，低空空域飞行活动的需求越来越大，开展飞行活动的项目多样，涉及经济社会生活的各个方面；覆盖范围较广，依据不同飞行项目覆盖不同区域；使用的航空器包含固定翼飞机、直升机和轻型航空器。低空空域飞行活动见表3-3。

表3-3　低空空域飞行活动汇总表

| 需求主体 | 飞行项目 | 覆盖范围 | 使用航空器 |
|---|---|---|---|
| 通用航空 | 农、林、渔业（飞播、护林灭火、农林化、植草） | 山区、林区和大面积耕种的农场地区 | 固定翼；直升机 |
| | 工业（石油、物探、航空摄影、电力、管道巡视、建筑、遥感测绘、科学试验、人工影响天气） | 覆盖范围内低空空域，包括城市上空 | 固定翼；直升机 |
| | 教育训练 | 适合飞行训练的通用机场 | 固定翼；直升机 |
| | 旅游观光 | 适合飞行的旅游景点 | 以直升机为主，兼有动力伞、三角翼 |
| | 航空俱乐部体验飞行 | 通用机场上空 | 以直升机为主，兼有固定翼、动力伞、三角翼 |
| | 应急救援飞行 | 不确定区域（城市、山区、高原、海上） | 以直升机为主，还有固定翼、动力伞 |
| | 航空爱好者的个人飞行 | 不确定区域（城市、山区、高原、海上） | 以直升机为主，还有固定翼、动力伞 |
| | 体育飞行运动项目 | 可开展体育飞行的地区 | 动力伞、三角翼、滑翔机、热气球 |
| 警用航空 | 治安巡逻、抓捕任务 | 主要城市上空 | 以直升机为主 |
| 军队训练 | 部队日常训练 | 部队机场上空 | 固定翼；直升机 |

可以看出，通用航空是低空空域的主要使用者，其飞行活动具有使用的空域随意性大、飞行作业项目多样化、使用机型较多、飞行时间不确定等基本特征。特别在飞行时间方面，不同的通用航空飞行活动表现出明显的差异：工业、飞行训练和其他飞行不分季节，只要天气允许就可飞行；农林业飞行季节性强，主要集中在4～10月；应急救援是全天候飞行，有时也在恶劣的气象下飞行。

### 3.低空空域管理特性

（1）空域需求更大　不是所有航空类别和航空器都需要使用高空，但所有航空器都需要使用低空空域以实现机场起降。低空空域是最繁忙的空域，机场和终端区的航空器运行最密集，但低空空域之间飞行密度差异较大。

（2）需求更加多元　国际民航组织定义的7种空域类型，高空空域通常划设为只允许仪表飞行航空器进入的A类空域，其余6类空域主要是低空空域。进入21世纪后，各国普遍开始在超低空空域增设小型无人机的适飞空域。低空空域使用者的飞行需求与航空器性能的差异较大。

（3）管理难度更大　受地形影响，低空空域通信、导航和监视覆盖难度更高，低空空域飞行密集、地面障碍物多、气象条件更复杂，提供空中交通服务的难度更大、成本更高、面临的安全效率挑战更多。由于高空空域普遍执行仪表飞行规则和空中交通管制服务，因此，各国空域管理差别主要体现在低空空域领域。

过去很长时间，我国都实行严格的空域管理体制，低空空域受限成为制约我国通用航空产业发展的瓶颈。近年来，随着我国低空空域管理改革的推进，通用航空迎来巨大的发展利好，一方面带动了通用机场、飞行服务站、空管系统等基础设施的建设热潮，另一方面则推动通用航空从传统的农林服务、抢险救灾、航拍业务逐渐向空中游览、飞行表演、空中跳伞、飞行培训等多元化业务发展，促进通用航空制造、运营、维修、培训等产业链各环节的发展和完善。

## 二、我国低空空域管理改革

### （一）我国低空空域管理创新

#### 1.提升低空空域法治水平

到目前为止，我国发布的关于低空空域管理的法律和规章数量较为有限，已有发布的也面临许多现实问题，例如《通用航空飞行管制条例》颁布执行近20年，部分条款已经滞后于低空空域管理改革后的现状与行业需求。应当充分利用条例修订的机会，通过利益相关方的交流探讨甚至思想碰撞的立法磋商过程，构建低空空域管理和通用航空飞行服务的目标与共识，公共利益、公共政策应当让所有利益相关方共同打磨，逐步建立统一规划、分类管理、权责匹配的低空空域管理与飞行服务制度。

#### 2.推行低空空域运行性能评价

低空空域是国家重要公共资源，充分发挥公共资源效益的前提是客观评价资源使用的绩效。管理主体、服务主体和使用主体都应当对低空空域安全、高效、经济利用做出贡献。应当建立符合国情的空域管理绩效目标、指标与评估机制。在优先保证国防安全和空域使用需求的前提下，将军民各类空域需求均纳入国家统一的低空空域管理目标体系，建立客观、均衡的低空空域绩效评估与考核机制。

#### 3.推动低空空域技术自主创新

超低空超视距运行无人机、深入城市社区的城市空中交通（UAM）和城市高层建筑的直升机起降场，大幅扩展了低空空域管理的边界。北斗导航、ADS-B、航空宽带通信、无人机交通管理系统（UTM）具备重构低空空域技术的潜力。我国通用航空是在基础薄弱、规模较小、低空空域基础设施缺失的情况下起步发展的，应当利用后发优势，基于自主航空技术整体规划建设低成本、广覆盖、军民兼容的低空空域技术架构与基础设施体系。

### （二）我国低空空域管理改革试点

2010年8月，国务院、中央军委联合印发《关于深化我国低空空域管理改革的意见》，由此拉开了我国低空资源开发、促进通用航空发展的序幕。通过早期在广州、长春、西安等城市区域空域试点探索，后来逐渐扩大到省域层面。湖南、江西、安徽、海南等地先后开展了全省区域的低空空域管理改革试点工作，推动我国低空空域管理改革走深做实。

#### 1.湖南省

2020年9月，湖南获批成为全国首个全域低空空域管理改革试点省份。在改革试点过程中，通过推动空域分类管理释放了低空空域，搭建低空监视通信网解决了低空飞行安全监管难题，建设飞行服务站初步实现了"一窗受理、一网通办"，建设通用机场网络体系，确保通航"飞得起、落得下"，构建规章政策保障体系支撑通航产业加速集聚，基本构建了全域低空空域协同运行管理的技术和制度保障体系，创下十个"全国第一"。

### 知识拓展3-2

#### 湖南省低空空域管理改革创下十项"全国第一"

① 第一部空域划设方案——《湖南省低空空域划设方案》，共分类划设了171个空域，97条常态化低空目视航线、19条出省低空目视航线，极大地拓展了通航飞行可用空域范围。

② 第一个低空空域军地民协同运行办法——《湖南省低空空域协同运行办法》。该办法由湖南省人民政府会同南部战区空军参谋部、民航中南局、民航中南空管局联合印发，为优化飞行审批程序、缩短审批时限、确保低空飞行安全顺畅提供了制度保障。

③ 第一个可服务全省的A类飞行服务站——长沙飞行服务站。为通航用户提供飞行计划处理、监视航行、气象情报等服务。

④ 第一个由军地民三方共同签署的空域协同运行协议。该协议由南部战区空军航管处、驻湘军民航空管部门、省通航服务中心及部分通用机场共同签订。目前，长沙飞行服务站已在长沙、娄底、益阳、株洲、湘潭、岳阳等地提供协同运行服务。

⑤ 第一个覆盖全省的低空空域监视网——湖南省低空空域监视网。通过综合运用"北斗+ADS-B+5G"三模技术，建设了53个地面监视站，基本实现湖南全域低空监视全覆盖。

⑥ 第一个省级专项低空目视航图——《湖南专项低空航图》，融合了低空空域、低空目视航线和全省通用机场信息，通过国家通用航空信息服务平台在线发布。

⑦ 第一次集中核准机场场址。中央军委联合参谋部改通用机场核准制度"单个串联"为"多个并联"，明确湖南为首个试点省，2020年5月一次性核准了全省55个通用机场场址。

⑧ 第一部省级通航法规——《湖南省通用航空条例》。2020年7月28日，《条例》经省第十三届人大常委会第三十二次会议通过，自该年10月1日起施行。《条例》共8章47条，包括了通用机场、低空空域、飞行服务、安全监管、产业培育等内容，有效固化我省取得的各项改革成果。

⑨ 第一部低空空域目视飞行方法——《湖南省低空空域目视飞行方法》，进一步细化了目视飞行避让方法和低空飞行活动的组织实施，确保各类低空飞行安全、有序、顺畅。

⑩ 第一个军地民协同运行管理信息系统——湖南省低空空域协同管理信息系统，有效连接军方、民航和长沙飞行服务站三方的信息系统，有力支撑通航飞行信息互联互通。

视频：湖南省低空空域管理改革成效

文件：《湖南省低空空域目视飞行方法》

"十四五"期间，湖南省将深化低空空域管理改革，实现全省低空空域分类划设，构建低空目视通道，建成低空空域指挥、调度、监管、保障等运行体系，完善军民协同运行管理机制，全面完成湖南省低空空域管理改革试点拓展任务。

### 2. 江西省

截至 2021 年 8 月，江西省域范围内获批划设 7 个临时空域、2 条临时航线，为后续开展低空飞行试飞工作亮了"绿灯"。江西省组建了由省主要领导担任主任的省低空空域协同运行管理委员会，作为省级层面领导管理机构。省低空空域协同运行管理委员会下设办公室，设在省委军民融合办，负责统筹江西省全境低空空域资源的管理、基础设施的规划以及申报与审批工作。同时，增设江西省通用航空协调运行中心，作为低空空域协同管理的专责机构，负责统筹协调军民航之间的关系，完善优化并提供低空空域管理公共服务。

2022 年 1 月 15 日，江西通用航空飞行协调与服务系统上线运行。该系统在技术上实现了对各通航飞行任务、飞行计划等需求进行线上操作，审批时间从改革前的 7 至 15 天大幅降至现在最快 15min。同时，利用北斗三号卫星导航系统的高精度三维定位和卫星短报文通信两大功能优势，可以对通航飞行实行可视化监管。"十四五"期间，江西省将深化交通运输领域"放管服"改革，扎实推进低空空域管理改革试点，积极打造全国低空空域管理改革示范工程。

### 3. 安徽省

安徽省则扎实推进各项改革任务，积极推进空域划设和航线构建。2021 年 10 月 14 日，安徽省低空空域协同运行管理委员会办公室印发《关于公布安徽省低空空域管理改革试点专家名单的通知》（皖协同委办 5 号），公布了 108 位安徽省低空空域管理改革试点专家的名单。此次公布的专家们分别来自局方、政府、国有企事业单位、军事院校等"国"字头单位和民营企业单位，职责为对安徽省低空空域管理改革试点总体工作提供决策建议、专业咨询、理论指导和技术支持；对安徽省低空规划编制、空域航线划设、飞行规则制定以及其他通用航空重大项目进行论证、咨询和提出建议；参与安徽省低空相关各类项目的推荐、评审、验收、评奖等工作或提供咨询和服务。

接下来安徽省将积极配合中央有关部门落实好低空空域分类划设、低空航线网构建、跨省通用航空飞行服务保障等任务，坚决扛稳辖区低空空域公共安全管理责任。

### 4. 海南省

作为低空空域改革试点和空域精细化管理改革试点省份，海南低空空域管理试行"低空飞行当天申报当天起飞"的管理制度，无论是相较于海南自身，还是与全国其他省（区、市）的空域管理制度相比，都属于极具针对性的改革创新。

海南省专门设计构建了一套低空通航飞行服务保障系统，完成了海南地区低空空域空管服务保障的系统和体系集成。飞行计划批复率全国最高，申报手续便捷，在海口、三亚等 11 个市县建设 13 套对空监视和地空通信台站，使海南成为全国唯一实现省域低空监视全覆盖的省份，实现飞机"飞得起、呼得着、管得住"。并在全国率先建设完成首个覆盖省级区域的低空空域空管服务保障示范区和首个军民航双认证的通航飞行服务站。

**同步案例3-3**

### 海南低空空域空管服务保障示范区建成

2017年4月5～7日，由南海舰队航空兵司令部、海南省政府组织的"国家低空空域空管服务保障示范区"项目验收暨技术成果演示活动在海口举行。海南省金林投资集团作为示范区项目的业主单位，承担了此次示范区项目的建设任务。成功构筑了"政府牵头、国企搭台、专业运作"的合作模式，确立了"因地制宜、公共服务、军民融合"的主体思路。通过"互联网＋低空空管服务"的方式，促进了海南地区通航产业的发展，为国际旅游岛战略注入了新的活力。

在本次验收工作中，展示了国家低空示范区建设多项创新性、突破性的技术成果。项目建设内容主要包括对空监视和地空通信、通航机场一体化组网系统、低空空域综合管控平台、基于数字身份认证的"低慢小"航空器安全管控平台和无人机管理系统、低空飞行目视飞行航图、低空空域划设、验证评估系统等七个部分。

示范区项目的验收通过，标志着海南省已成为我国首个完成低空空管服务保障体系建设的地区，确立了国家低空空域管理改革的首个精细化管理示范区的地位。对于我省低空示范区体系建设的有关做法和经验，国务院、中央军委空中交通管制委员会要求海南省积极总结成功经验，拿出一套可推广、可复制的运作模式，为其他省份做好示范带头作用。

#### 5. 其他省份

"十四五"期间，各省份将深化地方低空空域管理改革，推动通用航空高质量发展。其中，广西壮族自治区成立自治区低空空域协同运行管理委员会，统筹协调低空飞行服务保障体系的建设及运营维护。计划2025年底前在自治区内支线机场和新建通用机场部署通用机场一体化智能终端，实现主要低空通道300m以上空域广播式自动相关监视（ADS-B）与甚高频通信覆盖，区内低空飞行服务保障体系完成搭建并投入运营。江苏省将实现通用航空飞行服务站达到2个，基本形成布局合理、协同发展、军民融合的综合机场体系。浙江省将探索建立军地航空联席会议制度，在通用机场建设、空域及航线审批、应急救援、低空保障服务等方面加强与东部战区的交流对接。加快推进低空飞行服务保障体系试点省建设，支持有条件的地区和有通航产业基础的地区开展低空改革先行先试。重庆市将深入推动低空空域改革在通航领域的先行先试，协调市级有关部门成立低空空域协同管理机构，打通全市各通用机场空域，形成可执行转场任务的空中走廊，实现数字分层管理，提升空域利用率和使用效率，提高通航飞行计划的审批效率；广东省将利用低空空域改革契机，适时研究启动广东省低空空域规划编制工作，支持推动通用航空发展等。

## 三、低空飞行服务站的建设管理

### （一）飞行服务站的介绍

#### 1.飞行服务站的定义

飞行服务站（flight service station，FSS）是为广大通航用户提供飞行相关服务的专门机构，能为用户提供飞行计划服务、航空气象服务、航空情报服务、飞行情报服务、告警服务、应急救援和其他相关支援和其他需要的帮助，在各类民用及通用航空活动中担负着重要的功能和作用，是服务低空空域用户的窗口和平台。依托飞行服务站，通用航空的经营者通常可以通过计算机网络的方式，向飞行服务站申报备案飞行计划。私人飞行可到飞行服务站当面申报备案，或以电话、空中传递、空地对讲等方式申请飞行计划。

通用航空飞行服务站是国家实施低空空域管理改革试点建设的重要配套工程项目，可为通用航空活动提供重要的飞行保障服务。我国已出台《飞行服务站系统建设和管理规定》，其中明确了飞行服务站系统的职能、构架、建设和管理原则等。由民航负责指导和规范飞行服务站的建设和管理，纳入民航空管行业管理体系。

#### 2.飞行服务站的功能分类

飞行服务站按照服务功能和范围分为A类飞行服务站和B类飞行服务站。

（1）A类飞行服务站　具备飞行计划处理、航空情报服务、航空气象服务、告警和协助救援服务等功能，向服务范围内的通用航空飞行活动提供服务，定期向区域信息处理系统提供飞行计划及实施情况相关信息。提供监视和飞行中服务。

（2）B类飞行服务站　具备飞行计划处理、航空情报服务、航空气象服务、告警和协助救援服务等功能，向服务范围内的通用航空飞行活动提供服务，定期向区域信息处理系统提供飞行计划及实施情况相关信息。

需要强调的是，A类和B类飞行服务站为平行的服务站，A类飞行服务站服务的空域范围较大，可以为各类型低空空域提供服务。A类飞行站在具备B类飞行服务站的各项功能外，还需具备监视和飞行中服务等功能。

目前，部分通用机场都具备飞行计划处理、航空情报服务、航空气象服务等功能，可根据需要改造后转型为B类飞行服务站。A类飞行服务站还须具备监视和飞行中服务等功能，从现行实践看，大部分采用新建的方式。

#### 3.飞行服务站提供的服务

按照通用航空飞行过程，飞行服务站向通用航空用户提供阶段性服务，包括飞行前服务、飞行中服务和飞行后服务（图3-4）。

（1）飞行前服务　包括飞行前讲解和飞行计划的申报。飞行前讲解提供气象信息、航空情报信息和对飞行计划的建议。飞行前讲解分为标准讲解、简化讲解和展望讲解。飞行服务站可以根据通用航空用户的需求提供适当的讲解类型和内容。通用飞行服务站应当及时受理通用航空用户申报的飞行计划并进行备案。

（2）飞行中服务　包括飞行中讲解和飞行情报服务、飞行中设备故障报告、飞行活动数据记录、飞行员气象报告、告警和救援服务，以及飞行计划实施报告。

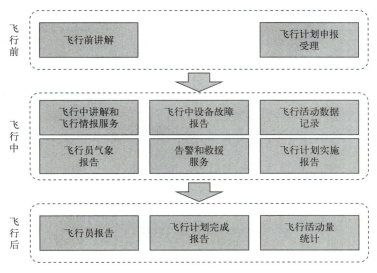

图3-4　飞行服务流程图

（3）飞行后服务　包括飞行员报告、飞行活动统计和飞行计划完成报告。飞行员报告包括飞行后通用导航设施报告和飞行后气象报告。飞行后通用导航设施报告是通用航空用户飞行后对通用导航设施工作状态的报告；飞行后气象报告是通用航空用户提供航线、活动区域内相关天气的报告。飞行服务站应根据飞行计划的执行情况进行飞行活动的统计，接收航空器落地报告，确定相应飞行计划完成。

通用航空飞行服务站的适用和服务范围限定在报告空域和部分监视空域内。提供气象服务、飞行情报服务、飞行计划的报备，必要时，向通用航空的区域（地区）、分区（终端区）空管部门通告起飞和降落时刻。通用航空的区域（地区）、分区（终端区）负责对监视空域和部分报告空域提供包括监视服务、告警服务在内的更多服务。低空飞行用户自行组织飞行，并对安全负责。

### （二）飞行服务站发展现状与趋势

#### 1.我国飞行服务站建设现状

通用航空飞行服务站是国家实施低空空域管理改革试点建设的重要配套工程项目，可为通用航空活动提供重要的飞行保障服务，也是发展过程中的新生事物。2012年，我国共批准在珠海三灶、深圳南头、沈阳法库和海南东方市成立首批通用航空飞行服务站。2012年11月13日，珠海通用航空飞行服务站举行了隆重的挂牌仪式，这标志着国内首个由地方政府投资兴建的通用航空飞行服务站正式成立。2018年，民航局印发《低空飞行服务保障体系建设总体方案》（以下简称《方案》）提出，未来我国将建成由1个国家信息管理系统、7个区域信息处理系统以及一批飞行服务站组成的低空飞行服务保障体系。目前，国家和地区级飞行服务信息系统建设按计划稳步推进，已有9个省制定了飞行服务站建设规划。全国已建成24个飞行服务站，其中18个已通过民航地区管理局组织的符合性检查，正式纳入空管运行体系和行业管理体系，具体名单见表3-4。

表3-4　我国目前通过局方符合性检查的飞行服务站

| 地区 | 服务站名称 | 地区 | 服务站名称 |
|---|---|---|---|
| 东北 | 沈阳法库通航飞行服务站 | 华东 | 华东通用航空服务中心 |
| | 黑龙江通航飞行服务站 | | 济南通用航空空管信息服务站 |
| 中南 | 海南东方通航飞行服务站 | | 青岛通用航空空管信息服务站 |
| | 珠海三灶通航飞行服务站 | | 东营优凯飞航空服务中心 |
| | 深圳南头通航飞行服务站 | | 江西通用航空飞行服务站 |
| | 长沙飞行服务站 | | 浙江低空飞行服务中心 |
| 西南 | 重庆龙兴通用航空飞行服务站 | 西北 | 甘肃空管分局通航飞行服务站 |
| | 四川广元通用航空飞行服务站 | | 宁夏空管分局通航飞行服务站 |
| | 四川低空协同运行中心 | 新疆 | 新疆兵团飞行服务站 |

### 2.国内典型的通航飞行服务站

（1）珠海三灶通航飞行服务站　2012年11月，仅用两个月时间建设的全国首个通用航空飞行服务站在珠海三灶正式揭牌。珠海三灶服务站（图3-5）成立之初，旨在满足珠海地区通用航空单位转场训练飞行和进入阳江监视、报告空域飞行需要，为珠海开展通用航空飞行活动提供飞行计划、航空情报、气象情报、飞行情报、告警和协助救援等诸多服务，保障珠海经阳江至罗定机场低空训练航线的安全运行，满足各企事业单位的低空空域飞行需求。同时，也将进一步完善珠海低空空域运行管理和服务保障体系，促进空域资源的合理开发利用，为我国建设低空空域管理服务体系、实施低空空域管理改革积累宝贵的试点经验。

图3-5　珠海三灶飞行服务站

（2）长沙飞行服务站　2021年11月12日，长沙飞行服务站建成为中南地区首个

A 类飞行服务站（图 3-6）。为真正实现"一窗受理，一网通办，全域服务"，长沙飞行服务站成立一年多以来，不断夯实基础设施建设。一是持续对全省地面监视站点进行补盲，建成地面监视站 55 个，免费为 23 家通航用户提供 46 套北斗多模机载终端，有效解决了低空飞行中"看不见"的难题。二是持续推进甚高频组网建设，已在长沙飞行服务站、株洲芦淞通用机场等地建成 11 个站点，结合北斗短报文通信技术，解决低空飞行中"叫不到、联不上"的难题。三是长沙飞行服务站系统优化了飞行计划处理、航空情报、气象情报、放行申请、低空监视和飞行中服务等功能，新增了临时空域申请、人员值班、通航用户端等模块。目前系统已连接军方临时空域管理辅助系统、协同运行管理信息系统和中南通航计划系统，4 套系统之间相互融合，解决了空域管理主体多、审批流程繁杂和周期长等问题，打通了通航飞行计划的便捷申报通道，极大程度提高了低空飞行计划审批效率，实现了军地民三方的互联互通，运行效率得到了稳步提高。

图 3-6　长沙飞行服务站

　　同时，长沙飞行服务站为健全湖南省低空飞行服务保障体系，不断完善制度建设和工作流程，编制了《长沙飞行服务站运行手册》《长沙飞行服务站岗位操作手册》《湖南省低空空域飞行服务手册》《飞行服务站系统升级项目用户使用手册》等文件，内容涵盖了长沙飞行服务站岗位设置及职责、工作流程及程序、安全运行管理制度、应急处置流程等，在保障低空飞行安全有序的同时力争成为行业标杆。

　　（3）四川低空协同运行中心　2018 年 12 月 4 日，四川省低空空域协同管理运行中心在成都正式挂牌运行，当月下旬就实现新机制下的安全首飞。该协同运行中心是四川低空空域运行的管理平台，"军地民"多方将在此集中提供管理服务，确保低空飞行安全、顺畅、有序。

　　自成立以来，该中心探索出"目视自主飞行"的低空管理新模式，通过推行飞行报备制度，将"三个环节"简化为"一个步骤"，极大地简化了飞行申报环节，提升了通航的灵活性、便捷性；通过设置低空目视通道，将原来偏远、小散、孤立的空域连接到一起，通航的通达性有所提升；通过推行"目视自主飞行"模式，同一空域中可容纳更多的航空器运行，空域使用效率得以大大提高。

### 思政园地

#### "81192"，我们永远等你返航！

每年的4月1日，我们都会铭记一个数字——"81192"。每年的4月1日，我们都会深切缅怀海空卫士——王伟。这不仅仅是一串数字，而是一名33岁年轻军官献身使命的象征，更是每一名中国人不能忘记、也不敢忘记的一段历史。

时间回到2001年4月1日，美军一架侦察机侵犯我南海领空，我军随后派出两架飞机跟踪拦截，期间美军飞机突然撞向我歼-8Ⅱ战机，驾驶编号81192战机的飞行员王伟再也没有返航，英雄的生命永远定格在了33岁。

岁月静好，是时下非常流行的一句话，可岁月从来没有平白无故的静好，国家也从来没有从天而降的和平。今天，我们沐浴着和平的阳光，是因为有人在背后负重前行，是有人将黑暗挡在了身后……

是他，开着落后的飞机，喝退了侵犯我领空的美国军机，用生命阻挡霸权的入侵。

是他，在那个风雨交加的日子里，与敌人展开了殊死搏斗，用生命捍卫祖国领海领空安全。

是他，让我们更加懂得，在捍卫国家领土主权和民族尊严面前，从来都没有"退一步海阔天空"。

是他，让我们深刻地认识到，和平不是靠妥协和退让得来的，而是靠实力和勇气去争取的。

是他，用生命向全世界诠释了，中华民族不可侵犯，中国军人誓死捍卫领土主权的血性胆气。

王伟，一位伟大的海空卫士，他用生命谱写了忠诚与勇气的赞歌。

他的事迹提醒我们，国家的繁荣富强，离不开无数英雄的奉献和付出。他的精神如同灯塔，照亮了我们前行的道路，警醒我们时刻保持警惕，捍卫国家主权和领土完整。

81192，请返航！祖国的蓝天等待你归航，我们将永远铭记你的奉献，让你的精神在岁月中永放光芒！

思政感悟：＿＿＿＿＿＿＿＿＿＿＿＿＿＿＿＿＿＿＿＿＿＿＿＿＿＿＿＿＿＿＿

＿＿＿＿＿＿＿＿＿＿＿＿＿＿＿＿＿＿＿＿＿＿＿＿＿＿＿＿＿＿＿＿＿＿＿＿＿＿

＿＿＿＿＿＿＿＿＿＿＿＿＿＿＿＿＿＿＿＿＿＿＿＿＿＿＿＿＿＿＿＿＿＿＿＿＿＿

＿＿＿＿＿＿＿＿＿＿＿＿＿＿＿＿＿＿＿＿＿＿＿＿＿＿＿＿＿＿＿＿＿＿＿＿＿＿

## 巩固提高

### 一、填空题

1. 空域区别于空间的根本属性是其_____。

2. _____是指一个国家的陆地或领海上空划定的禁止航空器飞行的空域范围。

3. 通用航空飞行计划申请应当在拟飞行前一天_____时前提出；飞行管制部门应当在拟飞行前一天_____时前作出批准或者不予批准的决定，并通知申请人。

4. 飞行规则又分为_____、_____和_____三个部分。

5. FSS 是通航发展重要的基础设施，其中文名称为_____。

### 二、单选题

1. 由于空域的（　　），决定了空域归国家所有，要求制定统一的空域开发、使用及控制计划等。

A. 自然属性　　　　　B. 主权属性　　　　　C. 管理属性　　　　　D. 技术属性

2. 下列有关我国空域管理模式的阐述，表述不正确的是（　　）。

A. 我国的空管体制实行"统一管制、分别指挥"

B. 由中央空管委负责实施全国的飞行管制

C. 军用飞机由空军和海军航空兵实施指挥

D. 中央空管委代表国家对全国空域和空中交通管制实施领导工作

3. 按照新的《国家空域基础分类方法》，低空飞行活动常利用到的空域有（　　）类和（　　）类空域。

A. A，B.　　　　　B. C，D.　　　　　C. G，W　　　　　D. C，E

4. 在我国，A 类飞行服务站与 B 类飞行服务站的主要区别是其具备（　　）功能。

A. 飞行计划处理　　　　　　　　B. 航空情报服务

C. 航空气象服务　　　　　　　　D. 监视和飞行中服务

5. 下列哪项不属于目视飞行计划的内容（　　）。

A. 航空器的型号　　　　　　　　B. 起飞地点和预计起飞时间

C. 机组和搭载航空器的人数　　　D. 备降场

### 三、简答题

1. 简述空域的概念及其属性。

2. 我国空域划设的依据是什么？如何划设的？

3. 何谓空中禁区、空中限制区和空中危险区？

4. 飞行计划包含的基本内容是什么？何谓目视飞行计划？

5. 通航飞行任务手续如何办理？通航飞行计划内容是什么？

6. 简述空中交通服务包含的内容。

7. 简述我国低空空域的内涵特征。

8. 飞行服务站主要提供哪些服务内容？

参考答案

### 四、实践任务

根据所在地区军民航管制部门要求，完成一份作业飞行的飞行空域申请填报并制作目视飞行计划。

## 学习评价

### 1.自我评价

根据个人实际情况，在相应选项前打"√"，并在空白处填写具体评价或总结内容。此表旨在帮助学生全面回顾学习过程，明确自身的学习成效与不足，为后续学习提供指导。

| 一级指标 | 二级指标 | 指标要素 | 具体评价 |
|---|---|---|---|
| 知识获取 | 重点掌握 | 我国空域划设与使用要求 | □ 完全掌握　□ 基本掌握<br>□ 部分了解　□ 不了解 |
| | | 通航飞行一般规则 | □ 深入了解　□ 较为熟悉<br>□ 一般了解　□ 不太了解 |
| | | 飞行计划编制与提交流程 | □ 熟练掌握　□ 有所了解<br>□ 知道部分　□ 不了解 |
| | | 我国低空空域管理改革试点情况 | □ 清晰明了　□ 基本掌握<br>□ 略有了解　□ 完全不了解 |
| | | 飞行服务站的类型及功能要求 | □ 熟练掌握　□ 有所了解<br>□ 知道部分　□ 不了解 |
| | 难点突破 | 复杂空域环境下的飞行冲突解决 | □ 完全理解　□ 有所理解<br>□ 理解困难　□ 完全不理解 |
| | | 飞行服务中的信息传递与协调机制 | □ 深入理解　□ 能够操作<br>□ 尝试理解　□ 不理解 |
| 能力提升 | 学习能力 | 自主学习与资料搜集能力 | □ 高效完成　□ 较为自主<br>□ 依赖指导　□ 缺乏主动性 |
| | | 空域管理相关问题分析与解决 | □ 显著增强　□ 有所增强<br>□ 一般水平　□ 较弱 |
| | 实践应用能力 | 模拟场景的飞机计划制作与申报 | □ 熟练操作　□ 能够操作<br>□ 尝试操作　□ 难以操作 |
| | | 案例的分析与应用 | □ 能独立分析　□ 指导下完成<br>□ 理解有限　□ 无法独立分析 |
| 素质达成 | 职业素养 | 航空安全意识与责任感 | □ 高度重视　□ 较为重视<br>□ 一般关注　□ 忽视 |
| | | 团队合作与沟通能力<br>（如小组讨论中的表现） | □ 优秀表现　□ 良好表现<br>□ 一般表现　□ 需加强 |
| | 创新思维 | 对空域管理新技术、新理念的接受度 | □ 非常浓厚　□ 较为浓厚<br>□ 一般　□ 不感兴趣 |
| | | 提出创新见解或建议的能力 | □ 经常提出　□ 偶尔提出<br>□ 很少提出　□ 从未提出 |
| | 空天意识 | 空天安全观和空天利益观 | □ 完全理解　□ 有所理解<br>□ 理解困难　□ 完全不理解 |
| 总分 | | | 100分 |

## 2.他人评价（可由同学、助教或教师填写）

同学/助教/教师评价（针对知识掌握、能力提升、素质达成三方面）

优点：＿＿＿＿＿＿＿＿＿＿＿＿＿＿＿＿＿＿＿＿＿＿＿＿＿＿＿

建议改进之处：＿＿＿＿＿＿＿＿＿＿＿＿＿＿＿＿＿＿＿＿＿＿

## 3.自我总结与反思

在本项目学习中，我认为自己最大的收获是：＿＿＿＿＿＿＿＿＿＿

遇到的最大挑战及解决方法是：＿＿＿＿＿＿＿＿＿＿＿＿＿＿＿

对于后续学习通用航空相关知识，我希望加强的方面是：＿＿＿＿＿

## 项目4
# 通用机场

◁ 学习目标

[知识目标]

① 熟悉通用机场概念及其分类；

② 了解通用机场的基本结构及功能作用；

③ 理解通用机场的选址原则与规划要素；

④ 掌握直升机场选址与规划设计内容；

⑤ 熟悉我国通用机场建设与管理模式。

[能力目标]

① 能对比分析通用机场与公共运输机场功能的异同；

② 能查找并提供通用机场规划建设的相关法规依据和技术标准；

③ 能区分跑道型通用机场、直升机场和水上机场之间选址流程的异同；

④ 能正确识别表面直升机场平面图；

⑤ 能批判性思考通用机场建设对区域经济、社会、环境的影响，并提出合理化建议。

[素质目标]

① 理解通用机场建设对国家经济社会发展的重要性，认识其在应急救援、公共服务等方面的公益属性，树立服务大局、以人为本的观念；

② 领悟通用机场规划、建设与运营中蕴含的法治精神、环保理念、科技创新要求，培养社会责任感与可持续发展意识；

③ 通过探究国内外通用机场的成功案例，增强民族自豪感与国际视野，激发投身国家航空事业发展的热情。

[参考民航规章、标准]

①《通用机场分类管理办法》；

②《通用机场建设规范》（MH/T 5026—2012）；

③《民用机场飞行区技术标准》（MH 5001—2021）；

④《民用直升机场飞行场地技术标准》（MH 5013—2023）；

⑤《水上机场技术要求（试行）》（AC-158-CA-2017-01）；

⑥《通用机场选址技术指南》（MH/T 5065—2023）。

### 案例导入

#### 高铁之后！中国下一个奇迹"通用机场"

中国高铁让世界感慨，让国民骄傲。但是，如果你是投资者，应该想一想，中国的下一个机会是什么？下一个机会在哪里？答案可能是"会很多"，但现在有一个大机会正在加速前行，那就是"通用机场"。

早在2014年，民航局发布的《全国通用机场布局规划》显示，预计到2030年，我国民用机场总量约2300座左右，其中通用机场总量约2000座，运输机场257座。2016年两会，中国民用航空局原局长李家祥提出了"县县通"的蓝图："中国有2800个县，如果能做到一个县一个通用机场，将是巨大的拉动基础建设的经济增长点。"2016年5月17日，国务院办公厅出台《关于促进通用航空业发展的指导意见》（以下简称《意见》），对我国通用航空事业作出部署。2018年国家发改委和民航局联合下发《关于促进通用机场有序发展的意见》，提出要逐步构建区域通用机场网络。2019年全国通用机场数量首次超过运输机场。2022年，民航局印发的《"十四五"通用航空发展专项规划》提出，预计到2025年，我国在册通用机场达到500个。全国各省、自治区、直辖市在"十四五"经济和社会发展规划，交通运输、民航（通航）、应急救援等专项规划中，都把加快通用机场建设、构建通用机场网络作为规划的重要内容。

根据上述案例内容，思考以下问题：

① 为什么民航局及各地方政府规划中都将通用机场建设纳入重点内容？它与民航运输机场有何不同？

② 通用机场具有怎样的功能作用？它的建设运营管理有哪些要求？

### 项目导读

便利通达的通用机场是通航"热起来、飞起来"最基础的保障，也是通航制造、低空开放、通航消费所围绕的核心，对于促进通用航空产业发展、满足多样化航空需求、推动区域经济、提升公共服务能力、完善综合交通运输体系及服务国家战略具有重要意义。因此，通过本项目的学习，一是需要学生了解通用机场的概念及内涵，重点了解通用机场的基本结构，理解通用机场建设对国家经济社会发展的重要性；二是需要学生能根据通用机场规划建设的相关法规依据和技术标准，把握通用机场的选址规划原则，掌握不同类型通用机场选址工作流程；三是需要学生熟悉我国通用机场建设与管理模式，思考通用机场建设对区域经济、社会、环境的影响，从而树立服务大局、以人为本的观念，培养社会责任感与可持续发展意识。

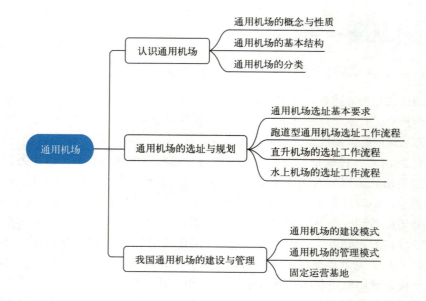

# 4.1 认识通用机场

## 一、通用机场的概念及分类

### （一）通用机场的定义

《中华人民共和国民用航空法》和《民用机场管理条例》都对"通用航空"予以了定义，现行的"通用机场"释义大部分都是建立在"通用航空"定义的基础上。基于此，一般将通用机场定义为从事工业、农业、林业、渔业和建筑业的作业飞行，以及医疗卫生、抢险救灾、气象探测、海洋监测、科学试验、教育训练、文化体育等飞行活动的民用航空器提供起飞、降落等服务的机场。和通用航空一样，世界各国对通用机场的界定并不一致，但大多数国家都将通用机场定位为公共基础设施，至少也将满足一定条件的通用机场归为公共基础设施范畴。

近年来，随着UAM/AAM概念的兴起，特别由于eVTOL飞行器相关技术的发展，"垂直起降场（VertiPort）"作为一种低空新型基础设施开始进入公众视野。从目前世界各国对于垂直起降场的相关法规标准或指南可知，垂直起降场可以定义为"一个用于或打算用于eVTOL飞行器在地表、水上、高架及其相关建筑与设施进行着陆、场面运行和起飞的区域。"

### 知识拓展4-1

课件：通用机场
介绍

#### 垂直起降场

Vertiport一词最早是由埃尔伯特·切诺（Elbert Cheyno）在1967年美国航空航天学会第四届年度会议与技术展示会议（AIAA 4th Annual Metting and Technical Display）上发表的一篇题为"Vertiport Design and Operations"的文章中提出的，而首次出现在相关法规标准或指南上是在1991年美国FAA发布的一份题为"Vertiport Design"的咨询通告（Advisory Circular，简称AC）上。

目前大多垂直起降场设计相关法规标准或指南，如欧洲航空安全局（European Union Aviation Safety Agency，EASA）的PTS-VPT-DSN、FAA的Engineering Brief No. 105、国际标准化组织（International Organization for Standardization，ISO）的ISO/DIS 5491：2022等均使用Vertiport这一术语，其中前缀"verti"表示该起降场使用的是eVTOL飞行器（包括氢动力等新能源飞行器），和直升机场使用heliport一词表示该基础设施一样。

#### （二）我国通用机场的分类

科学合理的分类对于通用机场在功能定位、规划建设、运营管理和工程审批等诸多方面均具有基础性的作用。根据分类依据和目的不同，通用机场可分为多种不同的类型。

##### 1. 按照飞行场地的物理特性划分

通用机场按照飞行场地的物理特性分为跑道型机场、直升机场和水上机场。

（1）跑道型通用机场　一般指在陆地上可供固定翼飞机起降的机场。对空域和地面条件要求较高，一般建设完成后，将作为区域内综合性通用机场，数量不宜过多。跑道型通用机场按照其是否建设永久固定设施又可以分为永久跑道型机场和简易跑道型机场。

（2）水上机场　是一种较为小众的通用机场类型，适宜在滨海、滨河、滨湖城市建设，选址要求较高，一般服务于短途运输与低空旅游。

（3）直升机场　作为跑道型通用机场的补充，占地面积小、使用灵活性高，主要服务于单一功能需求。依据《民用直升机场飞行场地技术标准》（MH 5013—2023），直升机场又可以分为表面直升机场［图4-1（a）］、高架直升机场［图4-1（b）］、直升机水上平台和船上直升机场。其中，表面直升机场是指位于地面上或水体表面构筑物上的直升机场。高架直升机场是指位于陆地上高架构筑物或建筑物顶部的直升机场。直升机水上平台是指位于浮动的或固定的水上设施（诸如开采油、气的勘探或作业平台）上的直升机场。船上直升机场是指位于船舶上的直升机场。

### 知识拓展4-2

## 中国最早的水上通用机场

1933年，中国航空公司（沪粤线）于闽江峡兜水面建水上机场，不久，又改在鼓山魁岐水面建水上机场。机场为一浮站，形如方舟，底部用竹排依次架叠，上复木板，两旁系以铁链抛锚水中，使之泊定。浮站上设候机室、储藏室、厕所等，四周走廊围绕，可容30～40人。

浮站与江岸之间，用舢板连接，以便旅客上下。江岸边另建两层楼房一座，为候机室和职工宿舍。同年11月17日正式开航。初期航行的水上飞机，座位只有9座，当日载中外乘客9名，由上海起飞，沿水面前行，因大雾弥漫，在舟山群岛附近处触碰，机毁人伤，一度停航。翌年11月复航，每周两班，搭客载邮，业务颇有发展，后用中型飞机，可容客16～20人，且在福州站内设无线电台，后又在闽江口增设电台，用以导航。此航运事业直到侵华战争时，始告停止。

(a)表面直升机场　　(b)高架直升机场

图4-1　直升机场

#### 2. 按照是否对公众开放划分

通用机场根据其是否对公众开放分为A、B两类。

（1）A类通用机场　即对公众开放的通用机场，指允许公众进入以获取飞行服务或自行开展飞行活动的通用机场。A类通用机场又可以分为以下三级。

①A1级通用机场：含有使用乘客座位数在10座及以上的航空器开展商业载客飞行活动的A类通用机场；

②A2级通用机场：含有使用乘客座位数在5～9座的航空器开展商业载客飞行活动的A类通用机场；

③A3级通用机场：除A1、A2级外的A类通用机场。

（2）B类通用机场　即不对公众开放的通用机场，指除 A 类通用机场以外的通用机场。

### 3. 按照承担的功能和服务性质划分

通用机场按照承担的功能和服务性质可以分为专业型通用机场和临时起降点。

（1）专业型通用机场　通用机场体系的中坚层，具备基本的基础设施和配套服务，是国家应急准备和响应以及国家航空服务体系的重要组成部分，通常是开展通用航空专业飞行服务的重要基地。重点开展农林作业、工业巡线、飞行培训等各类专业飞行服务，以及医疗救护、空中消防等应急响应飞行，并部分兼顾通用航空运输服务。

（2）临时起降点　通用机场体系的基础层，一般不具备通用航空运营保障能力，是通用航空器飞行作业的临时起降平台或简易跑道，一般设立在应急避难场所、大型医院、大型体育场馆、重要交通设施、重点学校、重点产业园区、大型居民区、中央商务区和政府重要办公地及相关场所。

### （三）国外通用机场的分类

国外通用机场的分类方式各有不同特色。英国按照通用机场的主要功能和运营规模将其细化为 6 级，澳大利亚根据民用机场所有权及机场规模的划分方式有意模糊了运输机场和通用机场的界定。美国联邦航空局从机场规划体系的角度，以通用机场所承担的主要功能为标准，依据通用机场驻场的飞机数目、种类，以及交通量和飞行任务，将通用机场分为国家型、区域型、本地型和基础型四大类，这一按照功能定位的分类方法奠定了全美通用机场布局规划的基础（表4-1）。

表4-1　国外通用机场的分类

| 国别 | 分类依据 | 分类 | 主要功能特征 |
|---|---|---|---|
| 美国 | 根据机场驻场飞机数目、种类以及交通量和飞行任务 | 国家型通用机场 | 服务于公务航空活动；喷气飞机、多种发动机的螺旋桨飞机活动频次很高；平均驻场飞机200架，其中含30架喷气飞机 |
| | | 区域型通用机场 | 服务于城市交通；喷气飞机、多种发动机的螺旋桨飞机活动频次较高；平均驻场飞机90架，其中含3架喷气飞机 |
| | | 本地型通用机场 | 服务于社区及私人航空运动；多种发动机的螺旋桨飞机活动频次中等；平均驻场飞机33架，全为螺旋桨飞机，无喷气飞机 |
| | | 基础型通用机场 | 服务于基础交通；飞机活动频次中等或较低；平均驻场飞机10架，全为螺旋桨飞机，无喷气飞机 |
| 澳大利亚 | 根据民用机场所有权划分 | 前国家机场管理公司（FAC）管理的机场 | 20多个由前国家机场管理公司管理的机场（1997年以前），现均通过长期租赁合同由私人企业经营，包括墨尔本机场、悉尼机场等 |
| | | 地方政府所有权下的公共机场 | 约200多个"机场当地所有权计划"（ALOP）机场是由地方政府经营的，包括奥尔伯利机场、莫里机场等供大飞机起降的机场及供小型飞机使用的草坪和土质跑道机场 |
| | | 私人所有和经营机场 | 约1700多个私人所有和经营的机场，这类机场包括可供喷气飞机起降的机场和供小型飞机使用的草坪和土质跑道 |

## 二、通用机场的基本结构

通用机场系统一般由飞行场地、空中交通管制和助航设施及服务保障设施组成（图4-2）。

图4-2　某通用机场布局图

### （一）飞行区

供固定翼飞机运行的通用机场应建设飞行区。飞行区是通用机场内供飞机起飞、着陆、滑行和停放的地区，包括跑道、升降带、跑道端安全区、停止道、净空道、滑行道、机坪以及机场净空。通用机场可根据需要配备目视助航设施。

#### 1.跑道

跑道是供通用航空器起降的一块长方形区域。它提供航空器起飞、着陆、滑跑以及起飞滑跑前和着陆滑跑后的运行场地，从而为通用航空器起降提供保障。跑道是机场工程的主体，机场的构型主要由跑道的长度、宽度、方位、道面等决定。在《民用机场飞行区技术标准》（MH5001—2021）中对于跑道的长度、宽度、方向、路面等都有限定。

跑道长度方面，跑道长度应满足使用该跑道的主要设计机型的运行要求，并按预测航程计算的起飞重量、标高、天气状况（包括风的状况和机场基准温度等）、跑道特性（如跑道坡度、湿度和表面摩阻特性等）、地形限制条件等因素经计算确定。

跑道宽度方面，要求水泥混凝土或沥青混凝土道面的固定跑道，按照国际民航组织规定的机场基准代号规定宽度；土质或草坪面的临时跑道宽度，应在机场基准代号规定宽度基础上增加20%～100%。

跑道方向方面，要求通用机场的跑道方向应尽可能避开东西方向，应与季节的恒风方向一致。关于跑道的道面，对于基准代号为1-B级以上的永久机场，道面应是水泥混凝土道面或沥青混凝土道面，能够承受飞机起飞和着陆冲击；临时通用机场跑道道面，可以是水泥混凝土道面或沥青混凝土道面，也可以是碎石、土质或草面道面。这些标准的制定，一方面要方便统一化管理，另一方面要更加符合安全性的原则。

### 2.滑行道

滑行道是指供飞机滑行的规定通道。滑行道的主要功能是作为航空器从跑道到候机楼区之间的往返通道，使已着陆的飞机迅速离开跑道，不与起飞滑跑的飞机相干扰，避免对后续飞机着陆造成延误。《民用机场飞行区技术标准》规定，为保证飞机安全、有序地进出跑道，应设置足够的进入和出口滑行道。在跑道端没有滑行道的地方，可能有必要加宽道面，以供飞机掉头。布局上看，滑行道建设在跑道与办公用房之间，以方便旅客和工作人员登机，以及航空器通过滑行道进入跑道。在功能上，滑行道与跑道功能相近，即供通用航空器滑行用。此外，滑行道连接跑道与办公用房起到承接作用，因此滑行道建立在跑道旁边，并连接到办公用房。

### 3.停机坪

停机坪是指陆地通用机场上供航空器停驻、客货邮件装卸、加油、维护工作所用的场地。《民用机场飞行区技术标准》对停机坪的位置、停机坪上的飞机之间以及飞机与物体之间的净距、停机坪表面都做了限定。停机坪位置方面，要求在跑道中部的侧面或者两端的侧面，净空良好，排水畅通，最大坡度不应大于1%；净距方面，要求停机坪上的飞机机位应使所停放的飞机与任何邻近的建筑物之间、另一机位上的飞机和其他物体之间的净距应符合相关规定（表4-2）。对于停机坪表面要求应是水泥混凝土或沥青混凝土，在条件较差的临时性机场也可以是三合土碾压的表面，但在位于所停放飞机的发动机螺旋桨下方，应修筑长3m、宽3m的水泥混凝土或沥青混凝土表面的试车坪。

表4-2　停机坪上飞机的最小距离

| 飞行区指标Ⅱ | A | B | C | D | E | F |
|---|---|---|---|---|---|---|
| 净距/m | 3 | 3 | 4.5 | 7.5 | 7.5 | 7.5 |

从布局上来看，停机坪通常设置在跑道的端部，以便于停放的航空器从停机坪驶入跑道起飞，降落在跑道上的通用航空器驶入停机坪进行停驻，其功能起到衔接作用。

### 4.停机库

停机库是指机场内供航空器停驻和维修用的具有屋盖的建筑物，为通用航空器提供停放和保护服务。停机库一般是功能完整的大型通用机场不可缺少的基础设施之一。停机库一般修建的规模较大，可以同时为多架飞机提供维修服务。例如位于西安阎良国家航空高技术产业基地蒲城通用航空产业园内的蒲城内府通用机场，就具有1000m$^2$的停机库，起着保护航空器的作用。停机库一般建设在通用机场的后部，靠近停机坪。停机坪与停机库都是为了方便通用航空器的停放和维修，它们的功能相近，因此在建设位置上也接近。

### 5.巡场路与围栏

根据《通用机场建设规范》（MH/T 5026—2012），当飞行区有定期或频繁巡视作业要求时，为便于巡视车辆及人员的活动，限制巡视车辆及人员的活动范围，飞行区内可设置巡场路。巡场路主要用作车辆通行时，路面宽度不宜低于3.5m。

除高架直升机场和海上直升机平台（或甲板）外，一类通用机场应设置围栏，二类通用机场宜设置围栏。围栏的作用是防范外部人员或体型较大的动物进入指定区域。围栏的形式应与其所防范的对象相适应，防止人员进入的围栏的高度应不低于1.8m，其上部可采用刺丝，防止人员爬入；防止较大动物钻入的围栏应适当增加围栏的密度。

### （二）空中交通管制和助航设施

#### 1. 空中交通管制设施

（1）空管设施　根据《通用机场建设规范》，通用机场可根据运行需求配置相应的空管设施，空管设施应与其管制、通信、导航、气象服务要求和方式相适应。根据管制和飞行的需求，可相应配置甚高频通信系统、多通道数字记录仪系统、手持或车载台无线对讲系统、时钟系统、广播式自动相关监视、自动转报终端、航行情报信息终端、短波通信系统（在甚高频通信系统使用受限时配置）等设备。

机场可根据运行需求设置塔台和空管用房，如设置塔台，其位置及高度按照《塔台管制室位置和高度技术论证办法》确定。塔台的设备配置可参考《民用航空机场塔台空中交通管制设备配置》（MH/T 4005）的相关要求。无人管制机场可不设塔台，须参照执行《无管制机场飞行运行规则》（AP-91-FS-2019-02）的相关要求。

（2）导航设施　通用机场可根据其航行服务需求确定是否建设相应导航设施，在通用机场内和周边建设导航设施时，应满足《航空无线电导航台（站）电磁环境要求》（GB6364）、《民用航空通信导航监视台（站）设置场地规范》（MH/T 4003）的相关要求。

（3）气象情报服务　通用机场应具有获取本机场实时地面风向、风速、温度、湿度、气压、降水量等气象要素的能力；并与邻近的民航气象服务机构或当地气象部门签订协议引接所需气象信息。气象设施设备配置可参考《民用航空气象》（MH/T 4016）《民用航空气象设备分级配备指导材料》（IB-ATMB-2020-003）的建设要求并结合自身需求确定。通用机场应当提供航空情报服务，通用机场航空情报服务可以委托其他航空情报服务机构提供。

#### 2.目视助航设施

通用机场可根据运行需要配备相应的目视助航设施。飞行场地标志、灯光（如有）等目视助航设施建设应符合相应的《民用机场飞行区技术标准（第一、二、三修订案）》（MH 5001）、《民用直升机场飞行场地技术标准》（MH 5013）、《水上机场技术要求（试行）》（AC-158-CA-2017-01）的要求。通用机场应设置风向标，拟在夜间使用的机场，风向标应有照明。在未设有目视进近坡度指示系统时，应设置着陆方向标。通用机场可根据跑道类别、道面类型情况设置相应的标志与标志物。拟在夜间或低能见度情况下运行的通用机场，为保障飞机起飞、着陆、滑行安全，应为飞机驾驶员提供良好的目视引导设施，可根据运行需要，安装相应的助航灯光和标记牌。

### （三）服务及保障设施

根据需要，通用机场应确定是否建设如机场管理用房、生活服务用房、场务用房、机务用房、经营业务用房、驻场单位用房、车库、仓库等经营、服务及保障设施，以及配套的供电、给排水、供冷、供暖、燃气、通信、场内道路、停车场等设施。各类设施应根据通用机场的实际需要设计，并充分利用城市的相关基础设施。

#### 1.消防及应急救援设施

通用机场的消防及应急救援保障能力应参照固定翼陆地机场、直升机场、水上机场相关消防要求执行。如固定翼陆地机场救援和消防参照《民用航空运输机场飞行区消防设施》（MH/T 7015）规定执行。有条件者，通用机场的消防与救援可依托当地市镇的消防力量。

#### 2.供油设施

通用机场可根据设计机型、航线、起降架次、年耗油量和当地条件综合考虑，确定供油解决方案。如须建设供油设施，应参照《通用机场供油工程建设规范》（MH/T 5030）的相关规定执行。

#### 3.服务保障设施

通用机场应结合自身的业务类型选择配置服务设施，各类设施规模应根据通用机场的实际需求建设。

（1）旅客业务用房 通用机场功能含交通运输、航空消费时，应根据机场的航空业务量需求建设旅客业务用房。旅客业务用房的空侧应确保飞机和专用设备地面运行安全、顺畅、高效以及飞机停靠的灵活性。旅客业务用房的陆侧应确保地面车辆交通方便、快捷、有序，业务用房内的工艺流程和布局应合理。旅客业务用房的环境应使建筑群体与空间景观相协调，体现以人为本和可持续发展宗旨（图4-3）。旅客业务用房除建筑本身所需的给排水、制冷、供热、供电照明以及消防等基本设施外，应配置相应的旅客服务专用设施。

图4-3 德清莫干山机场某公司旅客接待室

（2）场务机务用房 机场可根据实际需要建设场务用房，场务用房的功能，一般包括工作间、物资仓库、值班室、工具间、盥洗室、场务车库等。场务车库可与特种车库合建。机务用房包括外场工作间、资料室、设备工具间、充电间、航材库等。机务用房可与场务用房合建。

（3）机库　机库一般可分为存放机库、维修机库、展厅机库、喷漆机库，机场可根据运营方的实际需求选择建设。机库的选址原则包括以下几点：

① 机库外应具备可停放入库最大飞机的场地。

② 飞机入库或出库期间，视线应不受影响。

③ 员工进入机库宜避免穿越使用中的机场道面。

④ 不宜影响飞行区其他设施的建设或扩建。

⑤ 宜靠近机坪建设，缩短飞机进出机库的滑行距离。

（4）其他用房　通用机场行政办公用房、生活服务用房、驻场单位用房、值班用房等建设规模应根据机场的本期预测的人员数量兼顾发展需要进行配置，人均建筑面积可参照当地的相关指标规定。以上用房在满足使用需求的前提下尽量考虑集中合并建设。

### 4. 公用设施

通用机场应配置供电、给排水、供冷、供暖、燃气、通信等设施，各类设施应根据通用机场的实际需求建设，并充分利用当地市政的相关设施。

## 同步案例4-1

### 武汉汉南通用机场

武汉汉南通用机场位于中国湖北省武汉市汉南区，是湖北省首个通航机场，全国首批航空飞行营地示范工程，在国内通用机场中居领先地位。该机场于2016年9月动工兴建，2017年8月完成首次试飞，2017年10月正式投入运行。2017年11月7日，汉南通用机场作为首届国际航联世界飞行者大会举办地正式启用。

汉南通用机场前两期工程建成的跑道全长1600m，宽30m，飞行区等级为2B级，另有1条与跑道等长的平行滑行道和3条垂直联络道。随着机场三期工程完工，该机场又新建一条与现行跑道并行、长2400m、宽45m的跑道，飞行区等级由原来的2B升级为4C，可以起降波音737、空客320等系列机型。机场共设有2座机库，面积32000m²；最大机库长300m、宽78m，面积29000m，可容纳8架波音737，或者是100架小飞机；机坪设24个机位。

汉南通用机场作为武汉市重点打造的通航产业区，已经形成了包含通航制造、组装、维修、培训、运营服务和无人机试飞等产业聚集，也吸引了海燕、墨行、东鸿等多家通航企业驻场飞行，业务涉及执照培训、空中游览、试飞试验等。未来这里将打造成为中国航空运动产业中心、国际航空联合会举办"世界飞行者大会"的常态化会址、中部区域通航枢纽和未来公务机基地。

### 三、通用机场的功能作用

通用机场是通用航空的服务区，可以为通用航空器的起降、加油、维修等服务提供场地，因此通用机场的功能是举足轻重、不可缺少的。

#### 1. 为通用航空器安全起降提供保障

保障通用航空器安全起降是通用机场的基本功能。通用航空的三要素包括飞机、机场和空中交通服务，通用机场是通用航空发展通用航空产业的基础平台，是不可缺少的组成部分。通用机场的跑道、升降带以及停机坪可以确保飞机安全、准时、迅速起飞，还可以为飞机降落提供方便和迅速的地面交通连接通道。此外，通用机场还可作为临时起降点，为遇到问题的通用航空器提供紧急降落服务。

#### 2. 为通用航空器停驻提供场所和保障

为通用航空器提供停驻场所是通用机场的重要功能。通用航空器在不执行飞行任务的时候需要停驻在通用机场，并进行检查、保养、维修或者供给机油等。大型通用机场一般还建有停机坪，设有供通用航空器停放的划定位置，为停航时间较长或过夜的航空器停放以及满载滑进滑出提供场所。而通用机场中的停机库也是为飞机停驻而准备的，也方便对通用航空器进行维修。

#### 3. 为通用航空器维修提供必要的支撑

提供通用航空器维修服务是通用机场的辅助功能。通用航空器要想安全履行飞行任务，不仅须在飞行前进行检查，还须定期进行保养。当通用航空器使用时间较长时，还会出现故障和一些问题，因此需要对通用航空器进行维修。多数通用机场都会提供航线维护服务，确保飞行安全，主要包括对飞机在过站、过夜或飞行前进行例行检查、保养和排除简单故障的任务。

#### 4. 为驻场单位提供必要设施和保障

为驻场单位提供必要设施和保障是通用机场的必要功能。通用机场的日常管理和运营工作都需要行政管理部门进行组织，以保障通用机场业务的正常开展。通用机场中建设的办公区就是供机场当局、航空公司、联检等行政单位办公用的。一些大型通用机场可能还有区管理局或者省管理局等单位，共同辅助机场的管理工作。

# 4.2　通用机场的选址与规划

通用机场服务领域广泛，分类复杂，建设规模差异大，根据所使用的航空器种类不同，所对应的通用机场选址标准和要求也存在很大差异。

## 一、通用机场选址基本要求

### 1. 遵循区域通用机场布局规划及所在地的城市总体规划

选址符合所在地通用航空相关规划，与所在地国土空间规划及其他规划相协调。场址宜与主要服务对象（包括城镇、街道、农场、林区、景区等）距离适中，地面交

微课：通用机场
选址准备

通便利。场址应按近期建设和远期发展规划（如有）需求选址，场地条件（包括场地空间和地形地貌等）应满足拟使用机型安全起降、滑行、停放需求，以及生产和生活保障设施建设需求。跑道方位和条数宜使拟使用飞机的跑道可利用率不低于90%。季节性使用或非全天候使用的机场，宜分析机场拟使用时间段内的利用率。

### 2. 符合空域、机场净空及气象等安全运行的民航技术条件

场址净空条件应满足飞机安全起降要求，尽可能避免或减少净空障碍物处理量。场址空域条件，应避开各类空中禁区和危险区，宜避开各类空中限制区；场址使用空域与周边机场以及其他空域的矛盾可协调解决，运行限制可接受。场址起降方向及空中主要运行区（如训练空域、空中游览线路等）宜避开居民区、学校、医院等噪声敏感区；进离场航线及空中主要运行区宜避开城镇上空。场址附近无高压电线走廊、烟筒等超高障碍物，也无频繁的侧风、大风或雾霾等不良天气。

### 3. 避免影响机场建设发展的自然生态条件

场址应与阵地、靶场等军事设施，核电、大型油库等重要设施，易燃易爆、产生大量烟雾以及电磁干扰等设施设备保持安全距离。宜避开采矿陷落区，坝或堤决溃后可能淹没的地区，受海啸或湖涌危害的地区，有泥石流、滑坡、流沙、溶洞以及其他不良工程地质地段。宜避开发震断层。应满足生态环境及文物保护要求，宜避开鸟类生态保护区和饮用水水源地保护区，不宜压覆具有开采价值的矿藏区。

### 4. 满足机场投资运营的环境条件和工程条件

场址的区位交通、工程水文地质和地形地貌环境条件相对良好，并具备供电、供水、供气、通信、道路、排水等基础配套设施条件。场址节约用地，不占或少占耕地、林地。地形地貌简单、土石方工程量相对较少。同时航空油料供应有保障，各项条件都能够满足通用机场的正常运营要求。

## 二、跑道型通用机场选址工作流程

根据《通用机场选址技术指南》，跑道型通用机场又可以分为建设永久性设施的跑道型机场和建设非永久性设施的跑道型机场，本书主要以建设永久性设施的跑道型机场选址为例进行说明。当跑道型通用机场飞行区指标 I 为1和2，其选址工作流程包括确定机场功能定位与建设规模、场址初选、场址分析和编制场址报告（图4-4）。当通用机场飞行区指标 I 为3和4，则其选址工作流程包括确定机场功能定位与建设规模、场址初选、场址预选、场址比选和编制场址报告（图4-5）。

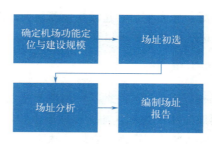

图4-4 飞行区指标 I 为1和2的通用机场选址工作流程

课件：通用机场
选址要求

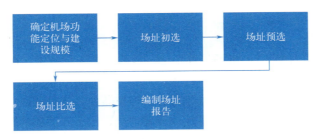

图4-5　飞行区指标Ⅰ为3和4的通用机场选址工作流程

### 1.机场功能定位与建设规模

确定机场功能定位与建设规模阶段的主要工作包括需求调查，分析并确定机场功能定位、设计机型、主要航空业务量指标、跑道长度运行方式、空域需求，以及机场主要设施的建设规模。机场功能定位和拟使用机型，宜根据主要服务对象和拟开展的业务确定。

### 2.场址初选

初选阶段的主要工作包括收集资料、图上作业、现场踏勘、初选、场址分析、确定预选或推荐场址。飞行区指标Ⅰ为1和2的机场，初选场址数量为1个或多个；飞行区指标Ⅰ为3和4的机场，除有意向场址或无其他场址可选的情况外，初选场址数量宜不少于3个。初选阶段宜收集下列资料：

① 选址区域地形图；
② 通用航空相关规划；
③ 区域国土空间规划；
④ 周边气象资料；
⑤ 需要避开的军事设施和其他重要设施资料；
⑥ 区域地质构造资料；
⑦ 需要避开的人工障碍物资料；
⑧ 周边机场资料。

### 3.预选或推荐场址分析

预选或推荐场址分析阶段的主要任务为论证说明场址技术和经济可行性。飞行区指标Ⅰ为1和2的机场对推荐场址进行分析；飞行区指标Ⅰ为3和4的机场对预选场址进行分析，预选场址数量宜不少于2个。预选场址或推荐场址分析阶段宜收集下列资料：

① 电磁环境测试报告；
② 工程地质勘察资料；
③ 场址地震资料（飞行区指标Ⅰ为3和4的机场）；
④ 场址附近道路路面结构组合及路基处理方案；
⑤ 近5年气象资料。

场址分析内容主要包括地理位置、场地条件、净空条件、空域条件、气象条件、环境条件、供油条件、交通条件、公用设施条件、土地使用情况、征迁或改建情况和主要建筑材料来源情况等。

### 4.场址比选

飞行区指标Ⅰ为3和4的机场推荐场址，需要根据工程技术、航行研究和工程经济比选确定。

工程技术比选要从地理位置、场地条件、净空条件、气象条件、环境条件、交通条件、公用设施条件、用地情况、拆迁或改建情况、土石方工程量等方面对预选场址进行比较。

航行研究比选要从净空条件、空域条件、飞机性能、飞行程序等方面对预选场址进行比较。

工程经济比选要从净空处理工程费用、场区土石方工程费用、场外交通设施工程费用、场外公用设施工程费用、征地拆迁及安置费用等对预选场址进行比较。

### 5.编制场址报告

飞行区指标Ⅰ为1和2的通用机场场址报告内容见附录3。

文件：通用机场
场址报告内容

---

**特别提示4-1**

#### 解读《通用机场选址技术指南》

2023年8月，民航局印发了《通用机场选址技术指南》（以下简称《指南》）。《指南》共分三册，对通用机场的选址工作进行分类指导；《指南》相比运输机场选址的主要区别：一是降低了选址要求。通用机场规模小，对周边环境要求低于运输机场。《指南》结合通用机场的功能定位，遵循"安全、适用、绿色、经济"的原则，对场地条件、气象、净空、环境以及报告附件等部分条件的要求适当降低。二是简化了选址程序。通用机场选址允许单一场址论证，不强制要求开展比选。对于通用机场来说，服务对象可以是单独的景区、医院、农场等，或者建设单位已有意向的场址，可仅对单一拟选场址进行论证，大大提高了部分类型通用机场选址的灵活性。三是规范了选址流程。长期以来，通用机场选址基本上是参照运输机场选址相关规范执行，各地选址流程迥异，缺乏统一的标准。《指南》的发布对通用机场选址流程进行了规范，提高了通用机场的建设效率。

---

## 三、直升机场的选址工作流程

根据《通用机场选址技术指南》，直升机场包括建设永久性设施的表面直升机场、建设非永久性设施的表面直升机场及高架直升机场，在此同样以建设永久性设施的表面直升机场选址为例进行说明。建设永久性设施的表面直升机场选址，选址工作流程与跑道型通用机场类似，也包括确定机场功能定位与建设规模、场址初选、推荐场址分析和编制场址报告。如有意向场址或无其他场址可选，选址工作可不进行场址初选，直接对该场址分析论证。

微课：直升机场
设计要素

### 1.机场功能定位与建设规模

确定直升机场功能定位与建设规模阶段的主要工作包括需求调查，分析并确定机场功能定位、设计机型、主要航空业务量指标、FATO尺寸、运行方式、空域需求，以及机场主要设施的建设规模。

机场功能定位和拟使用机型，要根据主要服务对象和拟开展的业务确定。设计机型应根据拟使用机型确定，一般选择其中全尺寸（$D$）最大的直升机和起飞全重最大的直升机。直升机的有关尺寸代码见图4-6。

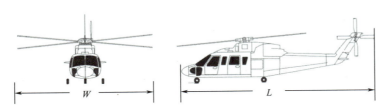

**图4-6　直升机尺寸代码**

注：直升机全长：直升机旋翼包括尾桨（如有）转动时的最大长度，用 $L$ 表示。
　　直升机全宽：直升机旋翼转动时的最大宽度，用 $W$ 表示。
　　直升机全尺寸：直升机全长和全宽中的较大值，用 $D$ 表示。

直升机场布局与场地的性质、拟使用机型、工作特性以及直升机场附近建筑物及其他物体的方位、大小和数量有关，见图4-7。

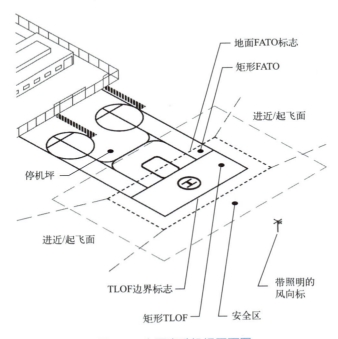

**图4-7　表面直升机场平面图**

注：FATO 表示最终进近和起飞区；TLOF 表示接地和离地区。

**课堂讨论4-1**

### 直升机场还要跑道吗？

　　背景描述：许多情况下，直升机都可以在荒郊野地里垂直起飞和降落。那为何一些专为直升机起降建设的机场还含有跑道？直升机场是不是必须有跑道呢？在实际应用现场我们发现绝大多数直升机场的确有跑道。

　　请根据上述背景，以小组形式展开讨论并回答：

　　为什么直升机场还要建跑道呢？

　　讨论要求：

　　① 小组内每位成员须积极参与，发表个人见解。

　　② 讨论中应注重逻辑性和论据支持，可引用相关法规、行业标准或历史案例作为参考。

　　③ 最后，小组须总结讨论结果，形成一致或多元化的观点，并准备向全班汇报。

#### 2.场址初选

　　初选阶段的主要工作包括收集资料、图上作业、现场踏勘、场址分析和确定推荐场址。建设永久性设施的表面直升机场，初选场址数量宜不少于3个。初选阶段同样需要收集选址区域地形图、通用航空相关规划等资料。

#### 3.推荐场址分析

　　推荐场址分析阶段的主要任务为论证说明场址技术和经济可行性。在此阶段需要收集电磁环境测试报告、工程地质勘察资料、近5年气象资料等相关资料。场址分析内容同跑道型通用机场。

#### 4.航行研究

　　主要工作包括净空条件分析和空域条件分析，可根据需要开展直升机性能分析和飞行程序设计。具有跑道型 FATO 的直升机场、仅能提供一个进近和起飞爬升面及高原、高原机场需要开展直升机性能分析。直升机性能分析主要依据飞机性能手册，对机型使用速度、最大起飞重量、上升/下降率、FATO 长度等进行分析。飞行程序设计应根据机场功能定位、运行方式和拟使用机型，设计目视飞行程序或仪表飞行程序。

#### 5.编制场址报告

　　直升机场场址报告编制内容可以参照附件3的报告内容。

## 四、水上机场的选址工作流程

　　水上机场指主体部分位于水上，全部或部分用于水上飞机起飞、着陆、滑行及停泊保障服务的区域，包含水上运行区和陆上相关建筑物与设施（图4-8）。建设水上机场除满足一般通用机场的选址要求外，其水域条件（域包括江、河、湖泊、水库、海域以及其他适用水域等）应满足水上飞机安全起降、滑行、停泊需求。建设永久性设施的水上机场，场址应与所在地通用航空、城乡和港口码头等专项规划相协调。水上运行区应满足拟使用水上飞机的最小水深要求及水上飞机浪高限制要求等。

图4-8　上海金山水上机场

水上机场选址工作流程包括确定机场功能定位与建设规模、现场踏勘、场址分析和编制场址报告。选址工作中，水域条件研究、陆域条件研究和航行研究应统筹兼顾。

### 1. 机场功能定位与建设规模

确定水上机场功能定位与建设规模阶段的主要工作包括需求调查，分析并确定机场功能定位、设计机型、主要航空业务量指标、跑道长度、运行方式、空域需求，以及水上运行区、岸线和岸上设施的建设规模。

### 2. 现场踏勘

现场踏勘的主要工作包括实地踏勘场址、调查搜集场址相关资料和评估场址的可行性。调查拟使用水域面积、形状以及水深、流速、水位变化（潮汐）、水底障碍物、水面漂浮物等情况。调查分析船舶航道和船舶运行现状及规划情况，调查场址净空现状、场址主导风向、周边学校、医院和居民区等噪声敏感区域，勘察岸线和岸上设施建设场地等。

### 3. 场址分析

主要任务为论证说明场址技术和经济可行性。场址分析阶段宜收集下列资料：

① 包含水上运行区在内的海图资料以及相关的（船舶）航行通告；

② 包含水上机场在内的地形图；

③ 需要避开的人工障碍物和活动障碍物（如船舶）资料；

④ 水文资料；

⑤ 近5年气象资料。

场址分析内容包括地理位置、水域条件、场地条件、净空条件、空域条件、气象

案例：国内最小的机场

条件、环境条件、供油条件、交通条件、公用设施条件、水域和土地使用情况、征迁或改建情况和主要建筑材料来源情况等。

#### 4. 航行研究

主要工作包括净空条件分析和空域条件分析，可根据需要开展飞机性能分析和飞行程序设计。飞机性能分析主要根据飞机性能手册开展，对机型使用速度、最大起飞重量、上升/下降率、起飞/着陆距离等进行分析，拟开展短途运输业务的机场宜论证跑道长度、航线业载等。建设永久性设施的水上机场要根据机场功能定位、运行方式、拟使用机型，设计目视飞行程序或仪表飞行程序。

#### 5. 编制场址报告

水上机场场址报告编制内容可以参照附件3的报告内容。

---

### 课堂讨论4-2

#### 绿野通用机场的规划与运营挑战

背景描述：绿野通用机场位于风景秀丽的绿野湖畔，是近年来为促进地方旅游、应急救援及农业作业而新建的一座综合性通用机场。机场占地面积约500亩（1亩=666.67$m^2$），拥有一条800m长的跑道及完善的停机坪、机库、航油供应等设施。然而，在机场即将投入运营之际，面临着几个关键挑战：一是如何平衡旅游观光飞行与应急救援任务的优先级；二是如何在保护周边自然环境的前提下，合理扩展机场设施以满足未来增长需求；三是如何制定有效的市场策略，吸引更多通航企业入驻并促进当地经济发展。

请根据上述背景，以小组形式展开讨论并回答：

① 在绿野通用机场的运营中，如何科学合理地设定旅游观光飞行与应急救援任务的优先级？是否应建立一种灵活的调度机制来确保两者之间的平衡？

② 考虑到环境保护与经济发展的双重需求，绿野通用机场应采取哪些具体措施来实现可持续发展？

讨论要求：

① 分组扮演不同角色（如机场管理者、环保部门代表、通航企业负责人、当地居民等）进行讨论。

② 小组内每位成员须积极参与，发表个人见解。

③ 最后，小组须总结讨论结果，形成一致或多元化的观点，并准备向全班汇报。

# 4.3　我国通用机场的建设与管理

## 一、通用机场的建设模式

微课：通用机场的建设管理模式

通用机场建设模式是指在规划、设计、投资、建设和运营通用机场的过程中采用的不同策略与组织形式，涵盖了政府引导下的集中统筹规划、与地方资源开发捆绑的投融资合作、公私合营或多方共建共享机制，以及通过专业化运营管理实现长期可持续发展的方法。旨在提升通用机场的建设效率、经济效益和社会价值，兼顾标准化建设与个性化需求，促进通用航空产业及区域经济协同发展。

### （一）政府主导建设模式

### 1.政府建设模式

政府建设模式主要针对的是公共服务类的通用机场项目，是由中央或省、市、县各级政府部门主导投资建设的公益性的通用机场项目。政府对通用机场投资的形式主要有国债资金、通用航空发展专项资金和地方政府投资。

① 国债资金。指中央政府为扩大内需，拉动经济增长，通过增发国债，专项用于地方加大基础设施投入等方面的资金。

② 通用航空发展专项资金。中央财政的民航发展基金推动通用航空事业发展的专项资金，但自2020年财政部下发《关于民航发展基金等3项政府性基金有关政策的通知》文件后，已取消了对通用航空机场建设和运营的补贴，仅有对通用航空企业开展通用航空作业、通用航空飞行员培训的飞行活动的补贴支持。但在地方层面，国内一些省份相继出台了相关政策文件，对包括通用机场在内的交通基础设施建设提供专项资金支持。

③ 地方政府投资。其投资包括两种：一种是对中央投资的配套资金，如为配合中央国债资金，由国务院（财政部代理）发行的地方政府债券，列入省级预算管理；另一种是地方政府直接投资或以土地出让等形式对通用机场进行补偿的形式。

通用机场的政府建设模式主要针对专业化的公共服务项目。这类通用机场的涉及面广，包括警用、林业、海上救援等专业化的通用机场项目，如国家林业部或省级林业部门投资建设的林业机场、省市公安厅投资建设的警用通用机场，也包括地方政府投资的通用机场项目。这类机场作为公共交通基础设施，建设运营的成本收益不是考虑的重点，机场业主可以通过用地划拨的方式获得机场用地。由于市场化程度低，机场的建设资金投入大，运营成本负担重。

**同步案例4-2**

### 上海高东海上救助机场

上海高东海上救助机场是由原国家计委、总参谋部批准，由交通部投资，工程从1996年开始筹建，2000年6月正式动工，于2001年9月竣工，2002

年1月正式通过华东民航管理局和交通部的联合验收，并取得机场许可使用证，是我国首座海上专用救助直升机场。飞行区建有跑道（250m×30m）、停机坪（91m×40m）和试机坪（15m×15m），航站区建有综合办公楼兼塔台指挥、候机厅、水泵站、生活楼、维修机库、消防楼、油库、危险品库、导航台、变电站、汽车库等设施。

　　该机场也是作为交通运输部东海第一救助飞行队的基地机场。东海第一救助飞行队是我国第一支专业从事海上搜救工作的空中救助队伍。高东海上救助机场建成与东海第一救助飞行队的成立，极大提高了我国东海辖区海上救助救生的能力，标志着我国海空立体救助体系的建立。

### 2.政府和企业合作的投资建设模式

　　政府和企业合作建设通用机场的模式多种多样，具体运作形式较为灵活。

　　① 公私合营模式。公私合营模式（public-private-partnership，PPP模式）是公共政府部门与民营企业的合作模式。通用机场PPP建设模式是由参与合作的政府部门和企业以特许权协议为基础进行全程合作，共同承担整个项目运行周期的责任和融资风险，双方通过协议的方式明确了共同承担的责任和风险，以及在通用机场项目中各个流程环节的权利和义务，使得通用机场项目既体现公共基础设施的属性，能够减少政府行政的诸多干预和限制，又可以使民营资本更多地参与到项目中，充分发挥社会资本在资源整合与经营上的优势，从而最大限度地发挥各方优势，并有利于降低项目建设投资的风险。

　　② 股份公司合作模式。股份公司合作模式是政府平台公司和企业合资成立通用机场建设运营股份有限公司，这样可获得地方政府在财务税收、土地政策等诸多方面的支持，也有专业化民航背景公司的技术支撑。如四川绵阳的九洲通用机场建设项目，就是由四川九洲电器集团有限责任公司、绵阳市交通发展集团公司和北川三元投资发展有限公司三家股东合资组建四川绵阳科技城九洲通用机场有限公司，通过该公司负责九洲通用机场的建设、维护及运营管理等。

## 同步案例4-3

### 珠海莲洲通用机场

　　珠海莲洲通用机场是我国典型采用增资扩股附返售权交易进行融资的机场建设项目。中国电建集团航空港建设有限公司与珠海航空城发展集团有限公司（珠海市旗下的国有企业）先期确定合作投资建设珠海通用机场项目，而后中国电建集团航空港建设有限公司全资子公司——中国水利水电第十六工程局有限公司和珠海航空城发展集团有限公司子公司——珠海莲洲通用机场建设有限公司，通过招投标方式确定合作进行增资扩股项目，并中标承建该机场项目。

③ 增资扩股附返售权交易的融资模式。这种创新模式是政府和企业合作的通用机场投资建设模式，它是指通用机场法人单位通过增资扩股附返售权交易进行融资。增资扩股附返售权交易是指具有法人资格的非金融企业通过招投标方式或交易所方式发布增资扩股信息，并确定投资方，约定在一定时限和条件下，投资方有权以约定价格要求企业回购，或要求企业控股股东购买其所认购股权的融资交易行为。

### （二）企业主导建设模式

企业主导建设模式是指国有或民营企业自行出资（独资或合资）建设和自行运营的通用机场。这一模式适合于长期在通用航空业内建设经营的实力企业，可提供"报批、建设、运营"的"一条龙"服务，并拥有从事通用航空运营的机场平台优势。有实力的大型通用机场建设运营企业正在区域或全国范围内规划建设通用机场网络体系，以实现通用机场网络化的商业价值。但这一通用机场的建设运营模式对企业的资金实力和专业技术要求高，企业的开发风险较大。另外，这一建设模式具有排他性，地方政府对通用机场的运营管理缺乏话语权，有的机场建设企业甚至倾向于在机场周边地区进行跑马圈地式的房地产开发，使得机场的公共属性未充分体现。

企业主导建设模式又可分为国有企业和民营企业两类建设方式。国有企业建设模式是由国有企业主导的通用机场或通用航空基地的建设开发，重点集中在通用航空某一专业领域，如中国航空工业集团公司的通用航空制造板块在珠海金湾、石家庄栾城、天津滨海、四川自贡等地进行机场及其产业园布局；中航通用飞机有限责任公司的爱飞客综合体模式已经相继在珠海、荆门、石家庄、天津、新疆阿勒泰等城市落地；国网通用航空有限公司为强化电力巡线专业化运营而在全国布局建设湖北仙桃、浙江德清等七大中心基地的建设。民营企业建设模式主要是指专业化的通用机场运营公司通过自建、合建以及代管等多种模式开发和运营通用机场，并承接通用机场报批报建及通用机场代管业务。

## 二、通用机场的管理模式

通用机场的管理模式是指通用机场管理机构为实现其经营目标，通过组织协调资源，对机场运营过程进行计划、组织、实施、控制和管理的基本框架和方式。由于通用机场的所有权与运营权逐渐分化，根据通用机场的运营权不同，其经营管理模式分为管理委托型、自主经营型、联合经营型等类型。根据机场管理机构的组成和特征又可以分为属地化管理模式、政企共管模式、托管模式和通用航空企业直管模式等。

### （一）通用航空企业直接管理通用机场模式

通用航空企业直接管理通用机场模式是指大型通用航空企业根据自身通用航空业务或通用航空产业发展的需求，对通用机场进行自建（或收购、租赁）、自管和自营，民航行业管理部门仅负责对机场运行安全和服务质量实施监管，这是目前我国通用机场最主要的一种建设与管理结合的模式。该模式又可以分为国有通用航空企业直管模式和民营企业直管模式。其中国有通用航空企业直管模式最为典型，包括以海上石油作业飞行业务为主的中信海洋直升机股份有限公司、南航珠海直升机分公司、东方通用航空有限责任公司等通用航空国企，以农林作业飞行为主的北大荒通用航空有限公司、中国飞龙通用航空有限公司、新疆通用航空有限责任公司等传统的国企通用航空，以电力巡线业务为主的国网通用航空有限公司等，这些国有或国资背景的企业在各自通用航空业务范围已形成规模，并基本完成了全国性或区域性的通用航空作业基地布点建设和运营管理。

民营企业直管模式是近些年来较为时兴的一种模式，对中西部地区以及地市级城市来说具有广泛吸引力。如精功集团通用航空股份公司投资建设管理的绍兴滨海新城通用机场项目等。可以预计，未来民营企业自建、自管、自营一体化模式将成为各地政府招商引资的重点推介方式。

总的来看，此种自建、自管和自营的模式优势在于其能够最大限度地满足通用航空企业自身经营的需要，充分调动通用航空企业建设管理通用机场的积极性。但这一模式对于其他通用航空企业来说具有排他性，机场的公益性和公共基础平台作用未有效显现；通用机场业主与地方政府之间的关系松散，地方政府很难对其服务质量和安全投入情况进行监管，地方政府对通用航空的公共服务诉求也难以得到满足。

## 知识拓展4-3

### 中信海洋直升机股份有限公司

总部位于深圳的中信海洋直升机股份有限公司是全国性甲类通用航空企业，现有天津、上海、湛江、浙江和海南5个分公司，并在深圳南头、天津塘沽、湛江坡头、海南东方建有直升机场，在北京、上海、浙江、福建等地设有作业基地。又如南航珠海直升机分公司全资拥有珠海九洲、湛江新塘、三亚等3个直升机场，并拥有广东珠海、海南三亚、广东湛江、辽宁兴城、湖南长沙、广东顺德等6个作业基地。

### （二）地方政府和行业内企业共同管理通用机场模式

地方政府和企业共同管理模式是指由政府与企业合资成立通用机场管理公司，共同负责对通用机场的日常运营管理以及招商引资等业务，并根据各自股权比例分享成本收益和分担风险，合作的企业通常是具有民航管理经验类的大型企业。此种模式的优点是有利于在保证满足公共服务和保证通用航空服务质量的前提下，发挥政府和企业各自的优势，提升通用机场业务水平和经营规模以及利用效率；缺点是在地方政府和企业共同管理通用机场的过程中容易产生矛盾，协调困难，需要在双方签署的协议中明确各自的责权利。

在地方政府和企业共同管理的模式中，运输机场输出管理的模式是比较特殊的类型，即支线机场管理方和通用机场管理方签订协议，支线机场通过派出高、中、低各级的专业管理人员进驻该通用机场，全方位协助通用机场进行运营管理，通用机场方则向支线机场方支付相应的管理费。这一模式由于直接引入经验丰富的运输机场运营管理人员，使得通用机场一旦竣工验收即可实现安全运行，又保证了通用机场管理权限的相对独立性。

## 同步案例4-4

### 江苏镇江大路通用机场

江苏镇江大路通用机场为镇江新区航空航天产业园的配套项目，为华东地区首个 A 类基地型通用机场。由于缺乏通用机场管理经验，该机场管理部门自建设伊始就寻求专业的管理团队负责运营管理，为此将目光投向运营已达 30 年、具有丰富的支线机场运营经验的常州机场。2014 年 3 月 21 日，镇江新区管委会和常州机场集团公司合作成立镇江新区大路通用机场管理有限公司，为通用航空活动提供全面服务，常州机场参股该公司输出管理经验，形成了常州市"一城两场"的规模，实现了运输机场与通用机场的互补。

### （三）通用机场托管模式

通用机场委托管理方式是指委托方通过支付佣金或管理费的方式，将通用机场的日常经营管理业务委托给专业化的国有或民营通用机场管理公司进行经营管理，并利用专业管理公司的先进管理团队、管理理念以及专业技术等优势来拓展通用航空业务，提高通用机场的管理效率，增加运营收入。通用机场托管模式实现了机场所有权与经营权的分离，委托方可以通过一定的制度安排确保机场的公益性，同时不涉及机场产权的转让。在双方协商的委托经营管理时间到期时，受托公司将通用机场的经营管理权转移给委托人。这种托管模式一般适用于由市、县级地方政府国有资本建设的通用机场。通用机场托管模式目前主要有辖区内的机场集团公司托管模式和专业化的通用机场管理公司托管模式两种。

#### 1. 辖区内的民航机场集团公司托管模式

民航机场集团公司委托管理模式是指由地方政府负责机场新建或改建，然后将经营权交给省级大型机场集团公司，实现辖区内的运输机场和通用机场统一经营管理的模式。此种模式可以充分利用机场集团的运输机场管理经验和专业技术，快速调配齐全通用机场运行保障资源，使得通用机场得以尽快投入运营。但通用机场业务板块并非机场集团的主要业务，托管后的通用机场有可能既得不到机场集团的投入，也得不到地方政府的再投入，从而无法实现可持续发展，累积的债务也会使机场集团自身的盈利情况受到影响。

#### 2. 专业化的通用机场管理公司托管模式

通用机场管理公司托管模式（又称代管模式）是指地方政府或通用机场业主与专业通用机场管理公司签署协议，由专业机场公司全面管理一定时期，业主交付专业公司管理费，待通用机场自身熟悉后再独立运营。实施托管的通用机场管理公司又可分为国有公司和民营公司两类。专业机场公司的托管往往是跨区域的，具有通用航空运营和通用机场管理领域的丰富经验和运营管理资源，对机场的通用航空运营业务有保障，该模式因不涉及机场产权，整体运作简单，但该模式对区域内通用机场群的一体化运营发展缺乏宏观把控。

专业化的通用机场管理公司往往归属于已建立通用航空全产业链的通用航空产业集团公司，旗下普遍设立有通用航空飞机制造或销售公司、通用航空运营公司和通用机场公司等子公司，可实现飞机制造销售、通用航空运营、机场运营三者之间的有机结合。

### 同步案例4-5

#### 内蒙古根河机场

2011年，原为林业机场的内蒙古根河机场由内蒙古民航机场集团公司委托管理，并依据《根河拓展通用航空服务领域试点机场公司运营方案》设立"根河机场管理公司"，该管理公司为轻资产的企业，主要负责机场运营管理和保障服务业务，大兴安岭林业管理局则拥有跑道、机坪、导航等设施设备的所有权，这样根河机场实现民航系统与林业系统的跨业合作，可谓是"林民合用通用机场"。另外，阿拉善左旗巴彦浩特机场、阿拉善右旗巴丹吉林机场和额济纳旗桃来机场的三个内蒙古通勤航空试点机场也采用委托经营管理模式，由阿拉善盟交由内蒙古民航机场集团公司经营管理。

#### （四）通用机场属地化管理模式

属地化管理模式是指由地方政府投资建成通用机场之后，再专门设立国有机场管理公司对通用机场进行自主运营管理的模式。属地管理模式属于通用机场自建、自管、自营模式。由于这类通用机场的建设通常作为通用航空产业园开发的配套项目，通用机场管理公司往往归属于通用航空产业园区管理委员会旗下。

此种模式的优点是全部由地方政府投资建设和运营管理，可以充分发挥通用机场的公共服务职能，使其公益性得以体现，另外，通用机场和周边地区的通用航空产业园可以统筹规划，协同发展。不足之处是通用机场的管理专业化程度较高，市县级政府旗下的国有机场管理公司往往缺乏通用航空专业人才储备和机场运营管理经验，独立开展通用航空业务的经营活动有难度。为此，市县级政府在机场建设筹备阶段便需要提前进行专业技能和运营管理业务的人才培训。

## 三、固定运营基地

固定运营基地（fixed base operator，FBO）。它起源于美国，是为通用航空，尤其是为私人飞机和公务飞机服务的产业。我国目前对FBO没有明确的定义，但业内人士一般认为，FBO是设在机场内为除航班飞行之外的小飞机，特别是公务机和私人飞机，提供加油、维修、旅客接待等综合服务的通用航空服务企业，是从属于机场管理体系的软件部分，类似于酒店业。FBO的服务也由两部分构成：一是包括公务机候机楼、与候机楼连接的停机坪、机库以及维修车间等四部分组成的综合设施及建筑物；二是为公务机运行提供停机服务、飞机及乘客地面保障服务、加油服务、机组航务及签派服务、飞机航线及维修定检服务等系列服务项目。

微课：固定运营
基地FBO

### 1.基本分类

国际上对于FBO类型的划分也没有统一的规定。一般来说，按照投资规模分类，FBO可以分为大型、中型和小型。在美国，小型FBO占总数的三分之二，经营者大多是航空业专家、机械师或是爱好者，他们从一两项业务开始进入FBO领域，随着资金和经验的积累来逐步拓展业务市场，从而不断发展壮大。

### 2.服务对象

FBO的服务对象主要是通用飞机的持有者，特别是公务机和私人飞机。如我国华北首家FBO就是由北京华彬天星通用航空有限公司与北京华彬天星机场投资管理有限公司以北京密云机场为基础建立的，其业务范围是比较广泛的，除了飞机的维护、维修外，还包括飞机销售、租赁和飞行培训等方面的综合服务，也可以为私人飞机客户提供全方位立体的服务。

## 知识拓展4-4

### 全球著名FBO连锁企业

FBO早在半个世纪前就开始了跨国连锁经营。最著名的FBO运营商之一——Jet Aviation是一家瑞士公司，1967年开始组建，在欧洲有多家连锁经营网点，20世纪80年代初进入美国市场，1991年公司将总部迁入美国。在美国取得成功后，又向世界其他地区扩展，已在吉隆坡、新加坡、布宜诺斯艾利斯、加拉加斯和莫斯科等地建立了小型业务站点。

世界上最大的FBO连锁集团则是Signature飞行保障公司，该公司自1992年开始大举并购，1999年斥资买下AMR Cobms公司旗下的8个FBO基地。目前它拥有世界范围的公务机服务网络，在美国、欧洲、南美、非洲和亚洲等地区运营着八十多个FBO基地，这些FBO基地拥有专业化的员工，包括维修工、喷漆工、电子工、供油工及其他服务和管理人员。

总部位于瑞士日内瓦的TAG Aviation，是一家有五十多年历史的商务航空服务供应商。TAG在英国范堡罗、瑞士日内瓦及瑞士锡安均设有FBO，其中TAG瑞士日内瓦FBO连续多年被选为欧洲最佳的私人商务飞机服务供应商。

### 3.业务功能

传统型FBO主要是为开展通用航空作业的航空器及其飞行人员提供服务，业务种类主要是加油、航空器及其零部件维修，而公务型FBO的业务种类几乎涵盖了传统型FBO所能提供的全部业务，如北京首都机场FBO（图4-9）。公务型FBO提供的服务内容包括以下几个方面：

① 外场服务：航空器停场、航空器加油、航空器日常服务。

② 维修服务：整机保养及维修、零部件维修、内部装饰及改装、航材销售。

③ 飞行保障服务：航线选择、航路申请及确认、政府联检、机组过站、飞机落

地许可申请等。

④ 新兴服务：航空器销售、包租机服务、飞行培训服务。

⑤ 非营利性服务：旅客休息大厅、驾驶员休息室（配有地图、气象信息、通信等）、会议室、娱乐设施。

⑥ 延伸服务：汽车租赁、酒店预订、会展、礼宾服务、各种特殊的商业或私人服务。

近20年，公务航空的发展带来了FBO服务的大变革。FBO业内人士渐渐意识到，公务航空是给他们带来丰厚利润的大客户。公务飞机客户注重效率、注重服务，因此，要争取公务客户，就要在服务上大做文章。于是，业界重新界定了FBO的业务，把它定位为"飞行保障工作"，意思是，FBO的任务是为客户使用私人和公务飞机提供保障服务，即凡是客户需要的，都是FBO的业务。

图4-9　北京首都机场FBO

## 思政园地

### 中国第一座"红色机场"

在我国红色革命圣地延安市，有这么一个机场承载着历史使命，见证了中国红色革命的峥嵘岁月，它就是延安机场。

延安机场的历史可以追溯到1936年1月，当时由国民党东北军将领张学良与17路军总指挥杨虎城率部在延安城区东关修建，这是第一座延安机场的雏形。随着时间的推移，这个机场经历了两次翻修与扩建，也拓宽了机场的面积，延安东关机场成为中国共产党整修、管理并使用的第一个红色机场（图4-10）。

图4-10　延安东关机场

延安机场不仅是红色革命的见证者,还承载了多次历史性事件。1936年4月,国民党东北军将领张学良亲自驾机抵达延安,参加了与中共中央代表周恩来同志的联合抗日救国会谈。同年12月17日,周恩来等中共代表由此乘机飞往西安,进行西安事变的和平解决工作。1945年,毛主席接到蒋介石发来的赴渝共商国是邀请,这就是历史性的重庆谈判。毛主席与周恩来总理首次乘坐飞机,于延安临时机场出发,踏上了重庆谈判的历史征程。

然而,随着时代的变迁与城市发展的需要,延安东关机场的位置逐渐变得尴尬。因周围地形高、天气差、能见度低等缺点,机场不再适应现代民航的需求。1981年,延安机场进行了第二次迁建,建立了延安二十里铺机场。延安二十里铺机场的跑道长度为2800m,宽45m,能够满足波音B737、空客A320系列以下机型的正常起降需求。然而,由于地形原因,它仍然存在一些不足。这些问题加剧了延安二十里铺机场运营的不便,最终于2018年11月7日停止使用。

延安地区的快速发展促使了新机场的兴建。2013年7月,延安南泥湾机场正式动工修建,由于延安地区地形复杂,难以找到平坦的土地来修建机场,政府和相关部门决定通过削平一座山头,为新机场提供足够的安全空间。历经辛勤努力,新机场于2018年11月8日正式投入运营。如今的延安南泥湾机场拥有3000m长、45m宽的跑道,18m宽的平行滑行道,七个机场站坪可以满足ERJ-145、B737、A320等机型的起降。延安南泥湾机场已经是一个现代化的航空港口,它为延安和周边地区的发展提供了强有力的支持。

延安机场的三次迁建和延安南泥湾机场的崛起,不仅仅是一座机场的变迁和壮大,更是中国共产党伟大事业的缩影。它见证了中国从一个弱小的国家蜕变为全球第二大经济体的过程,是一个新时代的象征。

思政感悟:＿＿＿＿＿＿＿＿＿＿＿＿＿＿＿＿＿＿＿＿＿＿＿＿＿＿＿＿＿＿＿＿

## 巩固提高

### 一、填空题

1. 我国民航局根据_____将通用机场分为A、B两类。

2. 通用机场的选址工作流程的第一步是_____。

3. 直升机场的最终进近和起飞面，其英文简称为_____。

4. 目前，政府主导的通用机场建设模式主要为_____模式。

5. _____是设在机场内为除航班飞行之外的小飞机，特别是公务机和私人飞机，提供加油、维修、旅客接待等综合服务。

### 二、单选题

1. 下列哪项不属于通用机场选址主要考虑的影响因素（　　）。

A. 空域条件　　　　B.经济发展水平　　C.自然生态条件　　　D.环境条件

2. 下述对通用机场的功能作用描述有误的是（　　）。

A. 为通用航空器安全起降提供保障

B. 为通用航空器停驻提供场所和保障

C. 为通用航空企业融资租赁提供保障

D. 为驻场单位提供必要设施和保障

3. （　　）可以定义为"一个用于或打算用于VTOL飞行器在地表、水上、高架及其相关建筑与设施进行着陆、场面运行和起飞的区域"。

A. 通用机场　　　　B.垂直起降场　　　　C.直升机场　　　　　D.水上机场

4. （　　）的主要工作包括实地踏勘场址、调查搜集场址相关资料和评估场址的可行性。

A. 机场功能定位与建设规模　　　　B.场址分析

C. 现场踏勘　　　　　　　　　　　D.航行研究

5. 下述有关通用机场PPP建设模式的描述，有误的是（　　）。

A. 由参与合作的政府部门和企业以特许权协议为基础进行全程合作。

B. 双方通过协议的方式明确了共同承担的责任和风险。

C. 双方通过协议明确在通用机场项目中各个流程环节的权利和义务。

D. 能够充分发挥政府的行政干预和管理作用。

### 三、简答题

1. 简述通用机场的概念、作用及功能。

2. 简述通用机场的基本结构。

3. 简述我国通用机场的分类。

4. 简述通用机场规划选址原则。

5. 简述跑道型通用机场选址工作流程。

6. 直升机场平面布局要素有哪些？

7. 我国通用机场的建设模式有哪些？

8. 我国通用机场的管理模式有哪些？

### 四、实践任务

选定一个具体的通用机场（可以是当地或国内知名的通用机场）展开调研，分小组完成一份通用机场调研与规划报告。

## 学习评价

参考答案

### 1.自我评价

根据个人实际情况，在相应选项前打"√"，并在空白处填写具体评价或总结内容。此表旨在帮助学生全面回顾学习过程，明确自身的学习成效与不足，为后续学习提供指导。

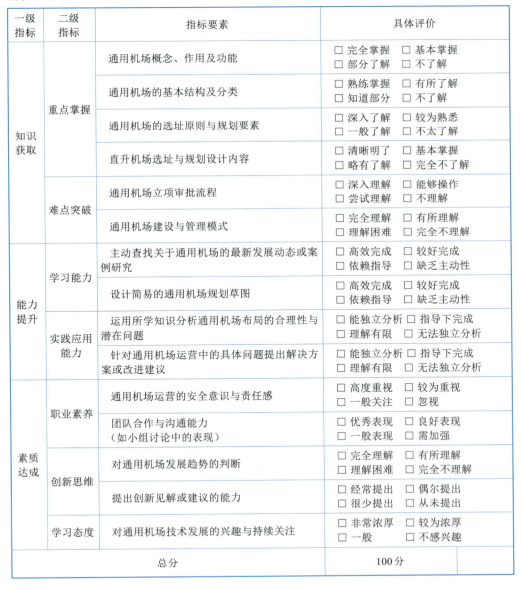

| 一级指标 | 二级指标 | 指标要素 | 具体评价 | |
|---|---|---|---|---|
| 知识获取 | 重点掌握 | 通用机场概念、作用及功能 | □ 完全掌握　□ 基本掌握<br>□ 部分了解　□ 不了解 | |
| | | 通用机场的基本结构及分类 | □ 熟练掌握　□ 有所了解<br>□ 知道部分　□ 不了解 | |
| | | 通用机场的选址原则与规划要素 | □ 深入了解　□ 较为熟悉<br>□ 一般了解　□ 不太了解 | |
| | | 直升机场选址与规划设计内容 | □ 清晰明了　□ 基本掌握<br>□ 略有了解　□ 完全不了解 | |
| | 难点突破 | 通用机场立项审批流程 | □ 深入理解　□ 能够操作<br>□ 尝试理解　□ 不理解 | |
| | | 通用机场建设与管理模式 | □ 完全理解　□ 有所理解<br>□ 理解困难　□ 完全不理解 | |
| 能力提升 | 学习能力 | 主动查找关于通用机场的最新发展动态或案例研究 | □ 高效完成　□ 较好完成<br>□ 依赖指导　□ 缺乏主动性 | |
| | | 设计简易的通用机场规划草图 | □ 高效完成　□ 较好完成<br>□ 依赖指导　□ 缺乏主动性 | |
| | 实践应用能力 | 运用所学知识分析通用机场布局的合理性与潜在问题 | □ 能独立分析　□ 指导下完成<br>□ 理解有限　□ 无法独立分析 | |
| | | 针对通用机场运营中的具体问题提出解决方案或改进建议 | □ 能独立分析　□ 指导下完成<br>□ 理解有限　□ 无法独立分析 | |
| 素质达成 | 职业素养 | 通用机场运营的安全意识与责任感 | □ 高度重视　□ 较为重视<br>□ 一般关注　□ 忽视 | |
| | | 团队合作与沟通能力（如小组讨论中的表现） | □ 优秀表现　□ 良好表现<br>□ 一般表现　□ 需加强 | |
| | 创新思维 | 对通用机场发展趋势的判断 | □ 完全理解　□ 有所理解<br>□ 理解困难　□ 完全不理解 | |
| | | 提出创新见解或建议的能力 | □ 经常提出　□ 偶尔提出<br>□ 很少提出　□ 从未提出 | |
| | 学习态度 | 对通用机场技术发展的兴趣与持续关注 | □ 非常浓厚　□ 较为浓厚<br>□ 一般　□ 不感兴趣 | |
| 总分 | | | 100 分 | |

## 2.他人评价（可由同学、助教或教师填写）

同学/助教/教师评价（针对知识掌握、能力提升、素质达成三方面）

优点：_____

建议改进之处：_____

## 3.自我总结与反思

在本项目学习中，我认为自己最大的收获是：_____

遇到的最大挑战及解决方法是：_____

对于后续学习通用航空相关知识，我希望加强的方面是：_____

# 项目5

# 通用航空产业及企业

## 学习目标

[知识目标]

① 了解通用航空产业及产业园区的类型；

② 理解通用航空企业的不同分类；

③ 掌握通用航空企业经营许可条件及审核程序；

④ 掌握通用航空企业运行合格证内容；

⑤ 熟悉通用航空经营许可和运行许可联合审定流程；

⑥ 了解通用航空企业基本组织架构；

⑦ 熟悉航空运营人运行规范和运行手册基本内容。

[能力目标]

① 能区分通用航空企业与其他行业企业组织架构的异同；

② 能根据通用航空企业经营许可项目正确判断所适用的民航运行规章；

③ 能理性思考民航主管部门"放管服"改革对通用航空营商环境的影响，并提出合理化建议。

[素质目标]

① 通过有关通用航空企业申报设立相关知识的学习，提升分析与解决岗位实际问题能力；

② 树立法治观念和安全责任意识，遵守航空法律法规；

③ 学会在监管优化中自我规范，强化服务意识。

[参考民航规章、标准]

①《通用航空经营许可管理规定》( CCAR-290-R3 )；

②《非经营性通用航空备案管理办法》；

③《小型商业运输和空中游览运营人运行合格审定规则》( CCAR-135R3 )；

④《通用航空经营许可与运行许可联合审定工作程序》( 民航规〔2022〕7号 )；

⑤《中国民用航空规章第135部运行规范的申请和颁发》( AC-135-FS-001 )。

## 案例导入

### "双证合一"联合审批让中国通航发展进入快车道

筹建一家通航公司需要多久？如果在2016年以前，这个周期可能是1～2年，在此之后到2022年前，这个周期可能是3～6个月，但是现在有了极大的变化，这个周期最短不到一个月。原因何在？

长久以来，通航公司筹建耗时长成为行业一大痛点，也是被吐槽最多的现象之一。针对这些问题，民航局本着"简政放权，放管结合"的宗旨，积极开展了通用航空管理改革试点行动，2016年6月施行的《通用航空经营许可管理规定》取消了通用航空企业经营许可的筹建阶段，同年将"通用航空经营许可"由工商登记前置审批事项改为后置，将筹建周期缩短为3～6个月。2017年2月，民航局发出《关于在东北地区开展通用航空管理改革试点的通知》，开展"双证合一"联合审批试点工作，由此，辽宁奥斯特通航、吉林山河通航、沈阳天翔飞行俱乐部等企业相继在2个月内成功获颁两项许可。从两年到两个月，甚至一个月，通用航空运行审定工作的效率取得大幅提升，"双证"联合审定，使中国通用航空发展进入了快车道。

根据上述案例内容，思考以下问题：

① 在"双证合一"审批试点前，通用航空企业筹建设立周期为何那么长？其申报审批的流程如何？

②"双证合一"审批试点具有怎样的意义？它对通用航空市场带来哪些变化？

## 项目导读

通用航空企业作为行业主体，能推动民航技术创新与服务多样化，促进低空空域高效利用，带动上下游产业链发展，加速航空基础设施建设，为社会提供个性化、高效率的航空解决方案。因此，通过本项目的学习，一是需要学生了解通用航空产业、产业园区及通用航空企业类型，掌握通用航空企业经营许可审核与运行合格审定的程序及内容，能根据通用航空企业经营许可项目正确判断所适用的民航运行规章；二是需要学生熟悉通用航空经营许可和运行许可联合审定流程，特别需要理解联合审定对推动通用航空市场发展的意义；三是需要学生了解我国通用航空企业的组织架构，熟悉航空运营人运行规范和运行手册基本内容，树立法治观念和安全责任意识，遵守航空法律法规。

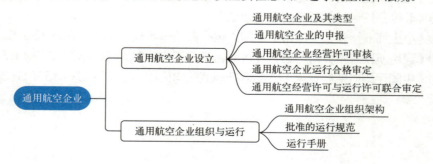

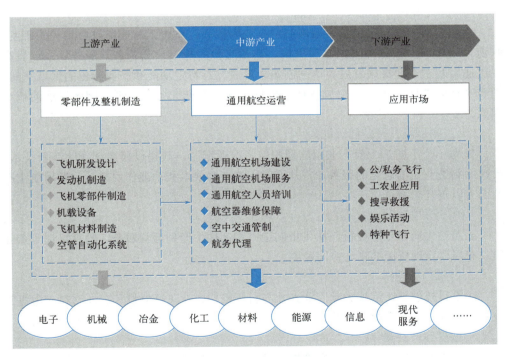 知识讲授

# 5.1　通用航空产业

## 一、通用航空产业链

通用航空产业链是以通用航空飞行活动为核心，涵盖了从通用航空器的研发制造到其运营服务以及相关保障等多个环节，形成的一个复杂而完整的产业体系。从全产业链视角，通用航空产业链可以分为上游的零部件及整机制造、中游的通用航空运营和下游的应用市场三个板块（图5-1）。按照三大板块的性质，又可以分为通用航空核心产业和关联产业。核心产业包括通用航空器制造、通航运营和运行所需的各类保障资源三大板块。关联产业则包含基础产业和应用产业。

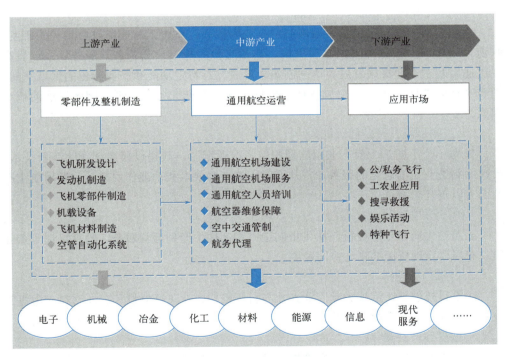

图5-1　基于全产业链的通用航空

### 1. 上游制造环节

通用航空产业链上游为零部件及整机制造，包括金属材料、航空钢材、电子元器件、橡胶、塑料等航空材料，机体类、机载类、控制系统、发动机等核心零部件。作为高端装备制造业的重要板块，航空器的研发和制造是大量技术、资金、人才的集

合，必然会催生出新技术，促进新材料、电子工程、信息科技等相关产业链上的技术进步与发展创新。

### 2. 中游运营环节

通用航空运营是通用航空企业从事通用航空飞行运行及其保障支持活动的总称，其实质是为实现通用航空企业经营目标而实施的生产过程，是通用航空系统最为核心的组成部分，具体包括通用航空机场建设、空中交通管制、机场服务、人员培训、航务代理、航空器维修保养等。一般来讲，通用机场建设主要依赖于国家及地方政策的推动。

### 3. 下游应用环节

从下游应用领域来看，通用航空应用范围较广，主要是通用航空作为生产工具或消费物品服务于国民经济三次产业。若从航空器的用途分类来看，可根据下游应用的不同大致分为公务包机、短途飞行、航空作业、飞行训练和娱乐运动五大类，分别应用于公 / 私务飞行、工农业应用、人员培训、搜索救援、娱乐活动等领域。

## 二、通用航空产业园区

通用航空产业园区是指以通用航空产业为核心，集聚了与通用航空相关的研发、制造、运营、服务等各类企业和机构，具备完善的基础设施和公共服务体系，旨在促进通用航空产业集聚发展、协同创新，形成具有特定功能和产业特色的区域空间。通航产业园的区位条件、空域条件、机场条件以及产业条件是影响园区发展的核心因素。

### （一）通用航空产业园区的特点

作为一个不同于一般产业园的通用航空产业园区，其建设需要创新的高新技术，尖端的制造业及信息化的服务业，从产业园的布局要素和功能作用来看，通用航空产业园有以下几个特点：

#### 1.产业高度集聚

涵盖通用航空全产业链，从飞机制造、零部件生产到运营服务、教育培训等企业集中布局，实现资源共享与协同发展。

#### 2.技术密集创新

注重科技创新，汇聚大量专业人才与科研机构，在飞行器设计、新材料应用等领域不断探索，推动产业技术升级。

#### 3.设施专业完备

拥有跑道、机库等专业航空设施，以及办公、生活等配套设施，满足通用航空运营及企业发展的全方位需求。

#### 4.政策支持有力

享受政府在税收、土地、空域等方面的优惠政策，为产业发展创造良好的政策环境，吸引企业和人才入驻。

**同步案例5-1**

## 浙江湖州市德清县打造华东地区通航领域"天空智城"

自2011年以来，浙江湖州市德清县围绕打造长三角通航高端装备制造基地、华东地区通航精益运营基地、浙江通航体验中心、区域性通航科技创新中心"两基地两中心"发展定位，在湖州莫干山高新区临杭产业新区以3.5平方公里为核心区域，打造通航智造小镇，于2021年入选浙江省第五批特色小镇。目前，已建成启用浙江省内7个A1类通用机场之一的德清莫干山机场，中航通飞、国网通航、海骆航空等泛通航项目纷纷落地，湖州德清保税物流中心（B型）获批运行。德清通用航空产业经过十多年发展，在通航运营、装备制造、科技创新等方面已形成一定的先发优势。接下来，德清将充分发挥通航产业平台作用，围绕通航产出、项目招引、企业数量、运营规模四个方向，实现"三年四倍增"，全力将德清通航智造小镇打造成华东地区通航领域"天空智城"。

### （二）通用航空产业园区的分类

#### 1. 按产业功能分类

（1）制造型园区　以通用航空器及零部件制造为核心，如美国的威奇托航空产业园区，是波音等飞机制造企业的重要基地，专注于通用飞机的研发与生产，拥有先进的制造技术和设备，生产的通用航空器广泛应用于全球市场。

（2）运营服务型园区　主要提供通用航空运营服务，包括飞行培训、航空旅游、航空摄影等。如珠海莲洲通用机场航空产业园区，依托机场资源，重点发展飞行培训业务，拥有多家飞行培训机构，培养了大量专业飞行人才。

（3）综合型园区　兼具制造、运营、服务等多种功能，产业体系完善。像法国的图卢兹航空航天谷，不仅有空中客车等大型飞机制造企业，还拥有众多为航空产业提供配套服务的企业，以及航空科研机构和飞行培训学校，是一个集研发、制造、运营、服务于一体的综合性通用航空产业园区。

#### 2. 按园区规模分类

（1）大型园区　占地面积大，产业规模大，入驻企业多，通常具备完整的产业链和强大的产业辐射能力。如西安阎良国家航空高技术产业基地，规划面积大，汇聚了众多航空制造、科研等企业，是我国重要的通用航空产业集聚区，对区域经济发展起到了重要的带动作用。

（2）中型园区　规模适中，具有一定的产业特色和优势，专注于通用航空产业的某几个环节。如石家庄栾城通用航空产业园区，重点发展通用飞机制造、通用航空运营等业务，在通用飞机制造领域具有一定的知名度，产品在国内市场占据一定份额。

（3）小型园区　规模相对较小，以特色业务为主，灵活性高。例如一些以航空旅游为特色的小型通用航空产业园区，依托当地旅游资源，开展空中观光、低空飞行体验等业务，为游客提供独特的旅游体验。

### 3.按地理位置分类

（1）临空型园区　紧邻机场，便于通用航空器的起降和运营，能够充分利用机场的基础设施和航空资源。如北京大兴国际机场临空经济区的通用航空产业园区，借助大兴机场的区位优势，重点发展通用航空运营服务、航空物流等产业，与机场的航空运输业务形成协同发展。

（2）内陆型园区　位于内陆地区，多依靠当地的产业基础、人才资源和政策支持发展通用航空产业。如哈尔滨平房区的通用航空产业园区，依托哈尔滨的航空产业基础和科研人才优势，在通用飞机制造、航空发动机研发等方面具有较强的实力。

（3）沿海型园区　分布在沿海地区，除了发展通用航空产业外，还可结合海洋资源开展海上救援、海洋监测等业务。如青岛通用航空产业园区，利用沿海的地理优势，积极拓展海上通用航空业务，同时发展通用飞机制造和运营服务，打造具有海洋特色的通用航空产业基地。

# 5.2　通用航空企业设立

## 一、通用航空企业及其类型

一般来说，对于通用航空企业的定义，有广义和狭义之分。广义的通用航空企业，是指通用航空上下游产业链任一环节的相关企业，包括通用航空生产制造企业、运营企业和应用企业等。狭义的通用航空企业，则是指在我国境内从事经营性通用航空活动，并依法取得通用航空经营许可的企业。在本书中，除非特别说明，我们基本采用狭义的通用航空企业定义。通用航空企业的狭义定义意味着，在我国从事经营性通用航空活动的企业，应当取得局方的通用航空经营许可。

### （一）按照企业经营项目类别划分

#### 1.载客类企业

是指使用符合民航局规定的民用航空器，从事旅客运输等经营性飞行服务活动的通用航空企业。如开展短途运输、公务飞行、海上石油服务、空中游览等经营活动。

#### 2.载人类企业

是指通用航空企业使用符合民航局规定的民用航空器，搭载除机组成员以及飞行活动必需人员以外的其他乘员，从事载客类以外的经营性飞行服务活动。如开展航空摄影、空中巡查、电力巡线、体验飞行等经营活动。

#### 3.其他类企业

是指通用航空企业使用符合民航局规定的民用航空器，从事载客类、载人类以外的经营性飞行服务活动。

**特别提示5-1**

### 开展非经营性通用航空活动怎么办

根据2022年10月1日实施的《非经营性通用航空备案管理办法》，局方对非经营性通用航空活动采用备案管理。《管理办法》规定，非经营性通用航空备案分为主体备案和活动备案，全程均网上办理。活动主体可通过通用航空管理系统线上完成主体备案，下载相关证明文件，开展飞行计划申报。活动备案则无须飞行前备案，只需在飞行活动结束后至次月4日前备案有关飞行活动信息即可。在备案材料方面，《管理办法》作了进一步简化。主体备案分单位备案和个人备案，备案仅需主体法人资格证件、有效身份信息、无犯罪记录声明、驾驶员资质能力证明、航空器信息和有效联系方式等材料或信息。其中对于个人备案的，无须提交航空器信息，以便非经营性通用航空活动个人通过租借航空器开展个人娱乐飞行。

#### （二）按照企业隶属关系划分

##### 1.国有企业

是指由国家投资，企业的所有权和经营权归全民所有的企业。也就是国务院和地方人民政府分别代表国家履行出资人职责的国有独资企业、国有独资公司以及国有资本控股公司。国家对其资本拥有所有权或者控制权，政府的意志和利益决定了国有企业的行为。如北大荒通用航空有限公司、新疆通用航空有限责任公司等。

##### 2.民营企业

我国的法律并没有"民营企业"的概念，一般是指所有的非公有制企业。除"国有独资""国有控股"外，其他类型的企业只要没有国有资本，均属民营企业。民营企业占据我国通用航空企业的多数。

#### （三）按照企业经营对象划分

可以分为传统通航公司、公务机公司、飞行员培训学校。

##### 1.传统通航公司

是指专门从事通用航空飞行作业的企业。这类企业的经营范围主要是使用通用航空器为工业、农林业和其他经济领域提供航空作业飞行。

##### 2.公务机公司

是指专门从事公务机飞行和租赁业务的公司。

##### 3.飞行员培训学校

是指专门从事飞行员培养和训练的营利企业或机构。

## 二、通用航空企业的申报审核

过去很长时间，我国通用航空业都是高度政策管制的行业，民航局对通用航空企业经营资质的准入也有严格的规定。申办这类企业，除要按照《公司法》《中华人民共和国公司登记管理条例》（简称《登记管理条例》）和相关的企业注册管理规定要求，在企业所在地进行工商管理和税务登记外，还需要根据《中华人民共和国民用航空法》（简称《航空法》）和通用航空企业管理的相关规定，进行行业审核和注册。

### （一）通用航空企业经营许可审核

随着近年来民航主管部门"放管服"改革深入推进，新修订的《通用航空经营许可管理规定》（CCAR-290-R3）进一步简化了许可条件，降低了市场准入门槛，切实为通用航空企业减负松绑，激发了通用航空市场活力。

#### 1.经营许可条件

① 从事经营性通用航空活动的主体应当为企业法人，企业的法定代表人为中国籍公民。

② 有在中华人民共和国进行登记，与拟从事的经营性通用航空活动相适应的民用航空器（包括民用有人驾驶航空器和民用无人驾驶航空器）。其中，从事载客类经营活动的，至少购买或者租赁2架民用航空器；从事载人类和其他类经营活动的，至少购买或者租赁1架民用航空器。

③ 有与民用航空器相适应，经过专业训练，取得相应执照的驾驶员。

④ 按规定投保地面第三人责任险。

⑤ 法律、行政法规规定的其他条件。

#### 2.经营许可程序

（1）申请提交的材料　申请人应当向企业住所地民航地区管理局提出通用航空经营许可申请，按规定的格式提交下列申请材料并确保其真实、完整、有效。

① 通用航空经营许可申请书；

② 企业营业执照；

③ 合法占有使用民用航空器的购买或者租赁合同；

④ 民用有人驾驶航空器的国籍登记证、适航证和装配的机载无线电台的执照，民用无人驾驶航空器在民航局"无人机实名登记系统"中的实名登记标志；

⑤驾驶员执照；

⑥ 投保地面第三人责任险的投保文件或者等效证明文件。

（2）对经营许可申请的审批　民航地区管理局应当自受理通用航空经营许可申请材料之日起20日内作出是否准予许可的决定；20日内不能作出决定的，经民航地区管理局负责人批准，可以延长10日，并应当将延长期限的理由告知申请人。

准予许可的，民航地区管理局应当自作出决定之日起10日内向申请人颁发、送达通用航空经营许可证（以下简称经营许可证），见图5-2，经营许可证持续有效；不予许可的，应当书面通知申请人，说明理由，并告知申请人享有依法申请行政复议或者提起行政诉讼的权利。

民航地区管理局应当将颁发经营许可证的相关审核材料报送民航局备案，民航局定期公告通用航空经营许可情况。取得经营许可证的申请人，应按规定继续完成运行合格审定，在审定合格后，方可开展经营性飞行活动。

微课：通用航空企业经营许可阶段准备

课件：通用航空企业经营许可申请与持续管理

图5-2　通用航空企业经营许可证

### （二）通用航空企业运行合格审定

#### 1.运行合格审定概述

运行合格审定是检验航空运营人保证运行安全的基本手段。根据中国民用航空规章的要求，从事特定通用航空飞行活动的企业在取得经营许可证之后，还须通过运行合格审定，取得运行合格证，获得运行规范的批准，才能从事经批准的相应的飞行活动。通过运行合格审定、获得运行合格证和运行规范，构成此类通航企业在中国境内实施民用航空器运行的必要条件。需要运行合格审定的通用航空企业经营项目有（详见附录4）：一是在中华人民共和国境内（不含港澳台地区）使用有人驾驶航空器申请从事载客类（通用航空短途运输、通用航空包机飞行）、载人类（石油服务、直升机引航、航空医疗救护、空中游览、跳伞飞行服务）和其他类（直升机机外载荷飞行、航空喷洒、通用航空货运、商用驾驶员执照培训）经营项目的运营企业。二是增加涉及补充运行合格审定的经营项目。

文件：需要运行合格审定的通用航空许可项目

> ## 知识拓展5-1
>
> ### 通用航空运行相关的规章知多少？
>
> 　　对通用航空运行活动予以规范及进行合格审定是保障民航安全的重要举措。2022年1月，民航局对涉及通用航空运行相关的规章进行较大幅度的修改完善。其中，《一般运行和飞行规则》（CCAR-91）作为基础规章，规定民用航空运行的一般原则与要求，并不规定具体的运行活动，故适用于所有民用有人驾驶航空器的运行；《小型商业运输和空中游览运营人运行合格审定规则》（CCAR-135R3）适用于采用小型航空器进行商业运输飞行以及进行空中游览飞行的运营人；《特殊商业和私用大型航空器运营人运行合格审定规则》（CCAR-136）适用于商业非运输运营人和私用大型航空器运营人审定、航空器代管、农林喷洒作业、直升机机外载荷作业飞行等；《民用航空器驾驶员学校合格审定规则》（CCAR-141R3）适用于商业非运输运营人训练飞行，也即飞行航校运行；针对无人机运行则新出台了《民用无人驾驶航空器运行安全管理规则》（CCAR-92）。

**2.运行合格审定基本程序**

运行合格审定的基本程序分为五个阶段，分别为预先申请阶段，正式申请阶段，文件审查阶段，验证检查阶段和颁证阶段。

其中，预先申请阶段，通用航空企业通过与局方的咨询沟通，确定是否具有申请资格，如有则填写申请意向书等；正式申请阶段，要按局方要求，准备必备的审查文件；文件审查阶段，局方对照民航规章要求，深入审查申请人提交的各类文件，以确定其是否符合适用的规章和安全常规，并做出批准或者拒绝的决定；验证检查阶段，主要工作是验证申请人对手册中制定的程序和规章制度是否有效落实和安全运行，管理人员是否按手册要求指导员工履行各自职责和遵守手册规定的程序，以及管理的有效性；颁证阶段，经过局方合格审定小组严格审查，认为申请人的运行规范已经符合法规，通过检验确实可行，局方将为申请人颁发商业非运输运营人运行合格证和运行规范。

**3.运行合格证的内容**

运行合格证是一份批准文件，该文件含有商业非运输运营人的名称、商业非运输运营人批准运行的概括性阐述和生效日期等信息。没有现行有效的合格证，商业非运输运营人不得进行运行。运行合格证（见图5-3）包括的主要内容如下：

（1）商业非运输运营人的名称　必须填写商业非运输运营人的法定全称，商业非运输运营人不得使用不同于合格证上的其他名称进行通用航空作业飞行运行。

（2）商业非运输运营人的地址　必须填写主运营基地的实际地址，不得填写与主运营基地的实际地址不同的邮政信箱地址。

（3）合格证的颁发日期和生效日期　按照CCAR-91部、CCAR-135部规章运行的商业非运输运营人，除被放弃、暂扣和吊销外，其合格证长期有效。按照CCAR-141部规章运行的民用航空器驾驶员学校运行合格证有效期为2年。

（4）批准的运行种类　说明经审定，该合格证持有人符合规则的相应要求，批准其按照所颁发的运行规范实施运行。

（5）合格证颁证单位和签字人　合格证由民航地区管理局制作并颁发，因此，颁证单位是民航地区管理局，签字人是民航地区管理局局长或经授权代表民航地区管理局局长的人员。

当申请人满足所有规章要求，运行规范准备完毕之后，可由负责审定的主任运行监察员和申请人或其授权人员分别签字，然后将运行合格证和运行规范颁发给申请人。

**（三）通用航空经营许可与运行许可联合审定**

为优化通用航空市场营商环境，民航局持续深化审批制度改革，不断降低制度性成本。2022年3月，民航局印发《通用航空经营许可与运行许可联合审定工作程序》（以下简称《工作程序》），《工作程序》提出，通用航空企业只需通过一次申请、一次联合审定，可以同步获批两项许可。此举将经营许可和运行许可审定方式由"串联式"改为"并联式"，极大地简化了审批流程，提高了审批效率，持续优化通用航空营商环境。联合审定的工作流程见图5-4。

图5-3    通用航空企业运行合格证（样例）

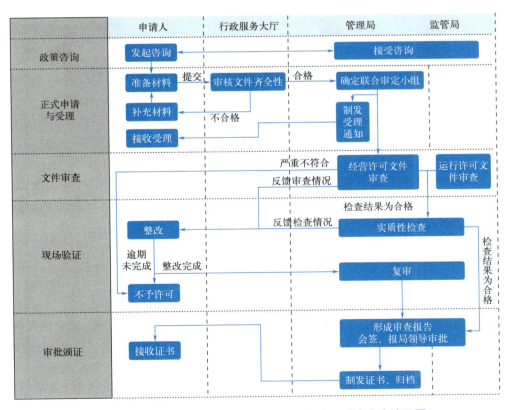

图5-4    中南地区通用航空经营许可与运行许可联合审定流程图

### 1.联合审定的申请

通用航空企业可向地区管理局咨询了解民航相关法规政策和本程序有关联合审定的流程要求、拟开展经营项目与运行资质能力的对应关系、须提交的申请材料及注意事项等内容。根据申请人诉求，地区管理局联合审定工作小组应及时答复申请人的政策咨询，对申请人的筹建工作予以指导，与其协商确定联合审定相关事宜。

申请人应当按照许可有关要求，准备联合审定申请材料，并通过纸质或电子文件向地区管理局提出联合审定正式申请。申请人提交纸质文件申请的，应将相关申请材料提交地区管理局行政审批服务大厅。申请人提交电子文件申请的，应按照材料清单要求分别在通用航空管理系统、民航飞行标准监督管理系统（简称FSOP）上传所需材料（图5-5）。

图5-5　中国民航飞行标准监督管理系统（FSOP）

### 2.联合审定的实施

联合审定工作程序由申请受理、文件审查、现场验证、审批颁证四个阶段组成。

（1）申请受理阶段　地区管理局联合审定工作小组收到申请后，重点对申请材料以下要点进行形式审查：

① 申请事项是否适用联合审定工作程序；

② 申请书内容是否规范完整（见附录5）；

③ 申请材料是否齐全、有效，是否符合法定形式。

经初步审核，如申请人提交的申请材料通过形式审查的，地区管理局应当受理其申请，并向申请人出具经营许可与运行许可联合审定申请受理通知书。经初步审核，如申请人提交的申请材料不符合形式审查的，地区管理局应当场或在五日内一次性告知申请人需要补正的全部内容；逾期不告知的，自收到申请材料之日起即视为受理。

（2）文件审查阶段　联合审定工作小组成员根据协商确定的审定工作进度和职责分工，对申请材料进行审核。联合审定工作小组成员中，通用航空市场监察员负责经营许可文件审查，飞标监察员、适航维修监察员负责运行许可文件审查。

文件：联合审定
申请书

审定过程中，如发现申请人所提交的申请材料内容不符合规章设定的许可条件，监察员应当以书面形式通知申请人对申请材料的相关内容作出修订；修订后仍不满足许可条件的，联合审定工作小组终止审查，作出不予行政许可的决定，并以书面形式通知申请人。

（3）现场验证阶段　结合申请材料审查情况，联合审定工作小组对申请人开展实质性审核，现场验证申请人的文实相符情况和实际运营能力。联合审定工作小组经内部沟通并与申请人协商后，确定现场验证的时间、地点、参与人员、审定方式和审定事项等。现场验证由联合审定工作小组或由其授权的监管局（运行办）成员完成。必要时，航空器投入运行前检查，可由联合审定工作小组适航维修监察员提前完成。

现场验证过程中，如发现申请人不能按照民航规章要求实施安全运营的，应当以书面形式通知申请人对运营缺陷进行纠正；纠正后仍不满足条件的，联合审定工作小组终止审查，作出不予行政许可的决定，并以书面形式通知申请人。

（4）审批颁证阶段　现场验证结果符合许可条件的，联合审定工作小组向地区管理局提出同意颁证意见，由地区管理局作出准予颁发经营许可证和运行合格证的决定。

联合审定工作小组应当自作出决定之日起十日内向申请人同时颁发通用航空经营许可证和运行合格证。

## 同步案例5-1

### 全国第一家试点通用航空经营许可与运行许可联合审定的通航企业

2017年开始，民航东北局率先在该辖区试点通用航空经营许可与运行许可联合审定。辽宁奥斯特通航作为全国第一家试点企业，刷新了当时一家通用航空企业从申报设立到颁证运营的最快纪录。2017年9月13日，辽宁奥斯特通航向管理局行政审批大厅递交申请材料。当日，管理局受理了许可联合审定申请，向辽宁监管局和辽宁奥斯特通航宣贯许可联合审定办法。9月15日，管理局发出开展许可联合审查的电报，开展文件审查/航空器投入运行前检查。9月20、21日，管理局开展文件集中审查和现场验证审查，发现问题22项，要求企业开展整改。10月23日，辽宁奥斯特通航提交许可联合审定发现问题整改情况报告。11月1日，联合审定小组对整改情况进行复审，审查结果正式上报管理局。11月6日，经管理局2017年第15次局长办公会研究，同意向辽宁奥斯特通航颁发两项许可。整个联合审定过程，为期55天，相比以往的审定时间大大缩短，极大地提高了审批效率，其经验做法受到民航局的高度肯定和大力推广。

# 5.3 通用航空企业组织与运行

## 一、通用航空企业组织架构

### （一）基本组织架构

一般来说，不同资本结构、不同规模和经营业务的通用航空企业，其组织结构或多或少存在一些差异，但就其基本构成来说，应包括下述内容（见图5-6）。

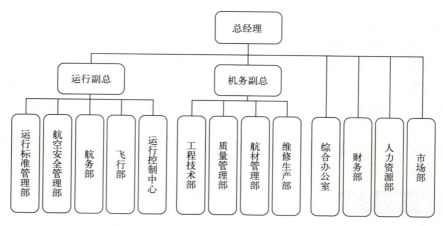

图5-6 典型通用航空企业的基本组织架构

### （二）部门主要职能

### 1.办公室

公司办公室是负责公司行政事务、公共关系事务以及人事、劳资、安全、教育等综合业务的职能机构，隶属于公司总经理领导。协助公司领导处理生产、技术、经济、外事、行政等日常工作；组织技术、经济、行政等工作的计划报告总结；根据公司领导意图开展工作、发挥参谋助手作用；组织协调机关办公，为上级机关、公司领导、各业务处室和基层服务。

### 2.运行控制部

负责公司的安全运行工作，组织落实SMS 管理，组织开展航空安全教育训练，组织安全检查和评估，降低公司运行风险，保障飞行安全。

### 3.飞行部

拟定公司的运行计划，向军民航及空中交通管制部门申报飞行计划，按申报的飞行计划布置飞行任务，组织公司内、外（机场）飞行的各项协调和保障工作，掌握本公司飞机的飞行动态，落实风险控制措施，保证飞行安全和正常运行。

### 4.机务工程部

全面组织领导和负责机务工程部的生产、技术、质量控制等管理工作，负责编制飞机梯次使用计划，掌握飞机状态，组织实施机务保障工作，及时解决存在的各种问

微课：通航公司
的组织架构

题。全面负责飞机、发动机、电气、无线电的维修工作安排，确保维修任务的按时完成，负责组织落实飞机的大修。负责组织编制、购置年度用航材、油料、工具、设备计划，并对公司批准的计划认真组织落实。

### 5. 安全监察委员会

负责公司安全监察工作，掌握公司安全情况，分析安全形势，将识别的风险因素及时提交管理层，组织落实制定风险控制措施并进行相应的跟踪反馈工作。如发生不安全事件或事故征候须立即上报民航地区管理局和安全监督管理局，同时，要迅速深入事故现场了解情况，协助公司领导做好善后工作。

### 6. 其他职能部门

如市场部负责公司业务拓展、宣传企划、客户公关与营销、网站推广维护等；人力资源部负责公司人力资源招聘与培训、薪酬管理、绩效管理等事宜；财务部负责健全公司财务管理体系，确保资金正常运转和办理公司对外融资、投资等事宜，负责公司资金、财务等的日常及预算控制管理工作，组织财务部内部审计和工程审计管理工作，合理控制公司的资金成本。

## 课堂讨论5-1

### 湖南某通航企业组织架构

背景描述：湖南某通用航空公司实行总经理负责制，按公司业务职能分工，下设飞行运营部、市场开发部、安全保卫委员会、办公室及航空安全委员会。其中，飞行运营部又分设飞行部和机务工程部等两个二级部门，在该二级部门下又划设飞机训练室、运行控制室、质量室、生产室和技术室等5个科室。安全保卫委员会下划设安保办；公司办公室下划设人力资源部、行政办公室和财务部等；航空安全委员会下设安全监察室。

请根据上述背景，以小组形式展开讨论并回答：

① 通用航空企业组织架构与其他行业企业有何不同？

② 随着企业发展和业务调整，案例中的通用航空公司组织架构可以有哪些变化？

讨论要求：

① 小组内每位成员须积极参与，发表个人见解。

② 讨论中应注重逻辑性和论据支持，可引用相关法规、行业标准或历史案例作为参考。

③ 最后，小组须总结讨论结果，形成一致或多元化的观点，并准备向全班汇报。

### （三）基于飞行运营的组织架构

现代通用航空的飞行组织工作，是按专业化分工进行组织的。具体地，就是将职能相似的工作群组织在一起，形成专业化的功能模块。例如应将市场开发与维护、交易处理等工作集中在一起，组织成专业机构，相应还有机务、飞行基地网络开发与维护、航材采购与管理、飞行技术标准制定与飞行员管理、飞行运行调度与指挥等功能模块（图5-7）。此外，由于飞行安全是通用航空企业维持正常运营和良好声誉的前提条件，因此质量管理及其控制、航空安全监察、风险评估与管理等要独立设置，以发挥其管理、监督和评价职能。

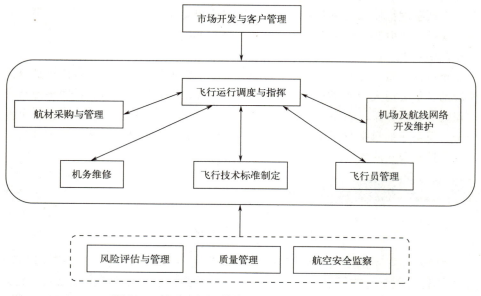

图5-7　基于飞行运营的通用航空企业组织架构

## 二、批准的运行规范

运行规范是局方审定小组在完成审定工作，认为申请人提交的资料和实施的运行检查符合相应规章运行合格审定规定后，向航空运营人批准颁发的执行文件（图5-8）。如航空运营人按批准的CCAR-135部规章运行，则其运行规范包括运行基地、主要管理人员、运行范围、航空器清单、特殊运行、偏离和豁免、特殊批准、运行管理、维修管理、机组训练规范、计划维修要求、偏差放行规范、载重平衡管理规范及地面结冰条件下运行规范等内容。航空运营人在批准后的飞行运行工作中应保证每个参与运行的人员都熟知运行规范中适用于该人员工作职责的有关规定并遵照执行。

局方批准的运行规范随时可能发生变化，

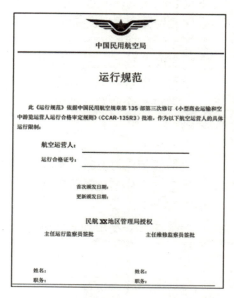

图5-8　CCAR-135部运行规范标准格式（首页）

每一部分的批准生效日期不尽相同，因此企业取得的运行规范一般要求以活页形式装订，以便修改补充。下面以CCAR-135部批准的运行规范为示例。

【例1】C.运行范围

批准合格证持有人实施以下种类和限制的运行：

短途空中游览飞行（a类运行）

| 制造商/型号/系列 | 起降点类型 | 起降点名称 | 范围 | 异地起降观光 |
| --- | --- | --- | --- | --- |
|  |  |  |  |  |

对于上述空中游览飞行：

起降点类型为：固定/临时；范围为：不限定区域/限定区域-仅限规划航线；异地起降观光为：＿＿＿＿＿＿ 至 ＿＿＿＿＿＿。

【例2】Ⅰ.维修管理

ⅰ.合格证持有人按照本运行规范的运行批准基于如下维修管理机构：

| 维修工程管理部门 | 维修实施部门/机构 |
| --- | --- |
|  |  |

ⅱ.批准合格证持有人按如下手册作为具体实施维修管理的规范：

| |
| --- |
| |

合格证持有人可根据维修管理需要持续修订更新，并报合格证管理局指定的主任维修监察员（PMI）批准后实施。

## 三、运行手册

### （一）运行手册的含义

运行手册是通用航空企业根据CCAR-135部、CCAR-136部及CCAR-141部等规章的具体要求，结合企业实际情况和各项政策自行制定的，能够体现企业整体运作体系和方案，指导企业飞行运行的各项工作程序和要求的规范性文件。

运行手册是企业申请运行合格审定的必备文件，按照国际民航组织和中国民航局的要求，通用航空企业要依据本企业自身特点和运行规律制定相关的制度和程序来履行企业义务，达到遵守国家法律法规的目的。

### （二）运行手册的主要内容

运行手册的制定根据企业的大小有所不同。大型企业为满足局方合格审定的要求，详细规范企业的运行程序，将设置若干本与运行相关的手册；而小型企业，由于业务和人员较少，机构比较简单，有时一本运行手册就囊括了所有的运行规范。以中型通用航空企业为例，运行手册主要包含的内容如下。

微课：通航企业
运行手册

### 1. 总则

主要讲述企业概况，运行管理政策及程序，基地及设施设备的情况等。

### 2. 管理体制

讲述本企业的组织机构、管理原则、管理程序和运营组织指挥体系。

### 3. 组织结构和管理职责

规范和制定企业高级管理人员职责、企业各部门职责、主要专业人员（飞行、维修人员）的技术能力及资格授权。

### 4. 飞行运行

制定本企业航空器运行的一般规定；批准的运行区域、运行种类、航空器、机组人员组成；航空器重量和平衡限制；事故报告程序；飞行前、飞行中、飞行后不正常情况的处置程序；驾驶舱检查单；基地及非计划维修地点维修实施管理程序；最低设备放行清单；航空器签派放行程序；飞行操纵与控制；飞行记录与保存；航空器加油、清除燃油污染、防火程序；航空器检查大纲（检查单）。

### 5. 航空安全管理

包括总则、航空安全管理机构、航空安全管理制度、航空器地面安全管理制度、安全检查与教育、安全报告程序等。

### 6. 飞行签派管理

签派工作职责；航空器放行天气标准和气象资料收集；航行情报的使用；签派通信设备和通信规定；航空器控制及性能管理；备降机场选择原则；航空器失踪或未按预定时间到达指定位置的处置程序等。

### 7. 工程与维修的一般规定

工程与维修；维修机构的合格审定；工程与维修系统；维修单位手册；维修方案；维修工作程序；维修设施；工具、设备和器材；维修、检验和管理（监督）人员；放行人员；人员技术档案及培训记录；适航资料和技术文件管理；维修记录和证明；不适航情况的报告；使用和维修信息报告。

### 8. 应急处置程序

主要包括应急处置程序的启动和管理、应急处置有关部门或人员的职责、应急处置的原则、应急撤离程序、应急处置报告等。

### 9. 空防安全（安全保卫方案）

空防安全概念；安全保卫管理；安全保卫机构（人员）设置及职责；飞行区安全管理；航空器地面监护；航空器在飞行中的安全控制；空防安全检查制度；空防安全事件的报告和处置程序。

### 10. 特殊作业项目的运行规则

在以上手册内容的基础上，各通用航空企业的运行手册还应该根据企业作业内容的性质，按照要求包括或分别设置各项飞行作业的运行规则。

## 思政园地

### 中国通航飞行部荣获中央企业先进集体荣誉称号

2019年9月，中央企业先进集体和劳动模范表彰大会在人民大会堂举行，时属中国航空器材集团有限公司的中国通用航空有限责任公司（现划归海南省国资委）飞行部获得中央企业先进集体荣誉称号。

中国通用航空有限责任公司是国内最早从事通用航空作业的专业性公司，国内最早的甲类通用航空企业，国内最早通过CCAR-91部和CCAR-135部运行合格审定的通用航空企业。公司前身可以直接追溯到1952年成立的民航第二飞行总队。1982年民航第二飞行总队整建制改为"中国民航工业航空服务公司"。1989年更名为"中国通用航空公司"，成为当时高中低空机型最全的通航企业。1998年，与东航集团联合重组，实行专业飞行与运输飞行分离，通航板块在天津成立"东方通用航空公司"。2017年底，在国有企业深化改革、通航产业亟待发展的大背景下，在国资委和民航局的支持和指导下，公司整体划转到矢志发展通航产业的中国航空器材集团旗下。2022年12月，为推动海南通航产业高质量发展，中国通用航空有限责任公司正式无偿划转至海南省国资委，并于2024年1月正式落户海南三亚。

中国通用航空有限责任公司飞行部（以下简称通航飞行部），是一支具有优良传统的飞行队伍，开创了我国首次直升机航空护林、首次海上石油直升机后援服务、首次航空探矿、首次航空摄影开展国土资源调查等先河，并成为民航抗震救灾的重要代表。1966年开始，通航飞行部就在国内率先开展航空护林作业，在东北、西南等多个林区开展航空灭火，多次受到国务院、国家林业部的表彰。1976年起，通航飞行部先后在我国渤海、南海和东海地区为中国海洋石油公司、英国BP公司等多家公司石油项目提供石油平台航空服务保障。通航飞行部率先完成国内首次采用航空地球物理勘探技术进行航空探矿，采用航空摄影技术开展国土资源调查、国家概貌普查等。2008年，通航飞行部在汶川地震救灾中成为唯一一支担负危险品运输的民用领域飞行团队，先后飞赴13个重灾区执行救灾任务，救灾飞行量占到全民航飞行任务的三分之一，运入各类救灾物资占到总数的一半以上，运出各类人员占到总数的三分之一以上，为胜利完成抗震救灾任务做出了积极的贡献，也受到了国家和社会各界的高度评价。

思政感悟：_____

_____

## 巩固提高

### 一、填空题

1. 从全产业链视角，通用航空产业链可以分为_____、_____和

_____三个板块。

2．按照企业经营项目类别划分，通用航空企业可以分为_____企业和_____企业。

3．通用航空经营许可与运行许可联合审定由_____、_____、_____、_____四个阶段组成。

4．_____是局方审定小组在完成审定工作，认为申请人提交的资料和实施的运行检查符合相应规章运行合格审定规定后，向航空运营人批准颁发的执行文件。

5．_____是企业申请运行合格审定的必备文件。

**二、单选题**

1．按照新修订的《通用航空经营许可管理规定》，从事载客类经营活动的通航企业，至少购买或者租赁_____架民用航空器；从事载人类和其他类经营活动的通航企业，至少购买或者租赁_____架民用航空器（　　）。

A．1，1　　　　　　B．1，2　　　　　　C．2，1　　　　　　D．2，2

2．下列哪项不属于通用航空经营许可申请提交的材料（　　）。

A．企业营业执照　　　　　　　　　B．驾驶员执照

C．运行手册　　　　　　　　　　　D．投保地面第三人责任险的投保文件

3．从事下列哪项通用航空飞行活动的企业在取得经营许可证之后，无须通过运行合格审定（　　）。

A．通用航空短途运输　　　　　　　B．航空医疗救援

C．空中游览　　　　　　　　　　　D．体验飞行

4．按（　　）分类，通用航空产业园区可以分为制造型园区、运营服务型园区和综合型园区。

A．产业功能　　　B．园区规模　　　C．地理位置　　　　D．融资方式

5．通用航空经营许可与运行许可联合审定的（　　）阶段，联合审定人将对申请人开展实质性审核，现场验证申请人的文实相符情况和实际运营能力。

A．申请受理　　　B．文件审查　　　C．现场验证　　　D．审批颁证

**三、简答题**

1．简述通用航空产业园区的特点及分类。

2．简述通用航空企业分类有哪些。

3．简述通航企业经营许可条件。

4．简述通航企业运行合格证的内容。

5．需要运行合格审定的通用航空企业经营项目有哪些？

6．简述通用航空经营许可与运行许可联合审定的基本流程。

7．简述通用航空企业的基本组织架构。

**四、实践任务**

选择本地一家具有代表性的通用航空企业开展调研，分小组完成一份通用航空企业经营模式分析报告。

参考答案

## 学习评价

### 1.自我评价

根据个人实际情况，在相应选项前打"√"，并在空白处填写具体评价或总结内容。此表旨在帮助学生全面回顾学习过程，明确自身的学习成效与不足，为后续学习提供指导。

| 一级指标 | 二级指标 | 指标要素 | 具体评价 | |
|---|---|---|---|---|
| 知识获取 | 重点掌握 | 通用航空产业及产业园区分类 | □ 完全掌握　□ 基本掌握<br>□ 部分了解　□ 不了解 | |
| | | 通用航空企业的分类 | □ 完全掌握　□ 基本掌握<br>□ 部分了解　□ 不了解 | |
| | | 通用航空企业经营许可条件及审核程序 | □ 熟练掌握　□ 有所了解<br>□ 知道部分　□ 不了解 | |
| | | 通用航空企业运行合格证内容 | □ 完全掌握　□ 基本掌握<br>□ 一般了解　□ 不太了解 | |
| | | 航空运营人运行规范和运行手册基本内容 | □ 清晰明了　□ 基本掌握<br>□ 略有了解　□ 完全不了解 | |
| | 难点突破 | 通用航空经营许可和运行许可联合审定流程 | □ 深入理解　□ 能够操作<br>□ 尝试理解　□ 不理解 | |
| | | 通用航空企业基本组织架构 | □ 完全理解　□ 有所理解<br>□ 理解困难　□ 完全不理解 | |
| 能力提升 | 学习能力 | 主动查找关于通用航空企业相关的最新资料或案例 | □ 高效完成　□ 较好完成<br>□ 依赖指导　□ 缺乏主动性 | |
| | | 制作通用航空经营许可和运行许可联合审定思维导图 | □ 高效完成　□ 较好完成<br>□ 依赖指导　□ 缺乏主动性 | |
| | 实践应用能力 | 运用所学知识分析通用航空企业的运营策略及定位 | □ 能独立分析　□ 指导下完成<br>□ 理解有限　□ 无法独立分析 | |
| | | 针对通用航空企业联合审定中的具体问题提出解决方案或改进建议 | □ 能独立分析　□ 指导下完成<br>□ 理解有限　□ 无法独立分析 | |
| 素质达成 | 职业道德 | 通用航空企业运营的行业规范与责任感 | □ 高度重视　□ 较为重视<br>□ 一般关注　□ 忽视 | |
| | | 团队合作与沟通能力<br>（如小组讨论中的表现） | □ 优秀表现　□ 良好表现<br>□ 一般表现　□ 需加强 | |
| | 创新思维 | 通用航空企业创新发展的多元思考 | □ 完全理解　□ 有所理解<br>□ 理解困难　□ 完全不理解 | |
| | | 提出创新见解或建议的能力 | □ 经常提出　□ 偶尔提出<br>□ 很少提出　□ 从未提出 | |
| | 学习态度 | 对通用航空企业未来发展的兴趣与关注 | □ 非常浓厚　□ 较为浓厚<br>□ 一般　□ 不感兴趣 | |
| 总分 | | | 100分 | |

## 2.他人评价（可由同学、助教或教师填写）

同学/助教/教师评价（针对知识掌握、能力提升、素质达成三方面）

优点：＿＿＿＿＿＿＿＿＿＿＿＿＿＿＿＿＿＿＿＿＿＿＿＿＿＿

建议改进之处：＿＿＿＿＿＿＿＿＿＿＿＿＿＿＿＿＿＿＿＿＿＿

## 3.自我总结与反思

在本项目学习中，我认为自己最大的收获是：＿＿＿＿＿＿＿＿＿＿

遇到的最大挑战及解决方法是：＿＿＿＿＿＿＿＿＿＿＿＿＿＿＿＿

对于后续学习通用航空相关知识，我希望加强的方面是：＿＿＿＿＿＿

# 项目6

# 通用航空飞行活动

## ◄ 学习目标

[知识目标]

① 熟悉通用航空飞行实施的基本程序；

② 掌握工业航空概念及典型作业类型；

③ 掌握农林航空概念及作业流程；

④ 熟悉公务航空的概念和运行模式；

⑤ 掌握空中游览的概念、分类与实施要点；

⑥ 掌握航空医疗救护的概念、分类及实施条件；

⑦ 熟悉民用无人机的应用领域。

[能力目标]

① 根据农林航空作业流程设计一份农林喷洒作业飞行保障方案大纲；

② 能区分空中游览与短途运输、体验飞行的异同；

③ 根据空中游览航线设计因素设计一份旅游景区的空中游览路线；

④ 能区分航空应急救援和航空医疗救护的异同。

[素质目标]

① 强化安全至上的职业理念，确保将安全放在首位；

② 在掌握传统作业流程的基础上，积极探索新技术、新方法在通用航空领域的应用；

③ 理解通用航空在国家经济发展、公共安全、环境保护等方面的重要作用，激发学生服务社会、贡献国家的热情，树立正确的行业价值观。

[参考民航规章、标准]

① 《通用航空飞行组织与实施安全指南》（IB-FS-OPS-002）；

② 《一般运行和飞行规则》（CCAR-91R4）；

③ 《小型商业运输和空中游览运营人运行合格审定规则》（CCAR-135R3）；

④ 《特殊商业和私用大型航空器运营人运行合格审定规则》（CCAR-136）；

⑤ 《空中游览和体验飞行》（AC-91-FS-033R2）。

## 案例导入

### 传统通航步履稳健　亟待破圈实现更快发展

回顾2023年我国传统通航发展，可谓步伐稳健。从京津冀水灾救援、大兴安岭灭火救灾，到新疆无人区失踪人员搜救，还有已不再是新闻的各地常态化航空医疗救护，航空应急救援已成为民生保障能力建设的标配。与此同时，中国民航"干支通、全网联"航空运输网络建设成效显著。2023年，霍林郭勒—通辽、库车—阿拉尔、建德—横店等多条短途运输航线相继开通，全国运营的通用航空短途运输航线达130余条。

传统通航发展可圈可点，但我们也要看到，与风头正旺的新通航相比，传统通航略显寂寞。传统通航作业将在很大程度上被无人机替代，这是不能回避的现实，但这并不意味着传统通用航空将被无人机取代。事实上，无人机取代不了传统通航，因为自发展伊始，通用航空就带有浓烈的人类情感，她关乎到人类的飞行梦想和航空激情，驾驶飞机像鸟一样自由飞行是人类亘古以来的飞行梦想，而这正是通用航空能吸引大众参与并得以持续百年发展之本源。

根据上述案例内容，思考以下问题：

① 如案例所描述，传统通航包含哪些飞行活动形式？

② 为什么说无人机等新通航的崛起代替不了传统通航？

## 项目导读

通用航空飞行活动是通航产业发展的核心。通用航空飞行活动对强化国家应急响应，推动农林、工业、医疗等领域现代化，促进偏远地区发展以及提升国民生活质量，都具有重要作用，是经济社会发展的空中引擎。因此，通过本项目的学习，一是需要学生熟悉通用航空飞行实施的基本程序，了解并掌握工业航空、农林航空的典型作业类型、作用和要求，能据此设计一份飞行作业保障方案大纲；二是需要学生掌握公务航空、空中游览、航空医疗救护等飞行活动的概念、类型和实施条件，能区分这些通航飞行活动的异同；三是需要学生了解新技术、新方法在通用航空领域的应用，理解通用航空在国家经济发展、公共安全、环境保护等方面的重要作用，激发学生服务社会、贡献国家的热情。

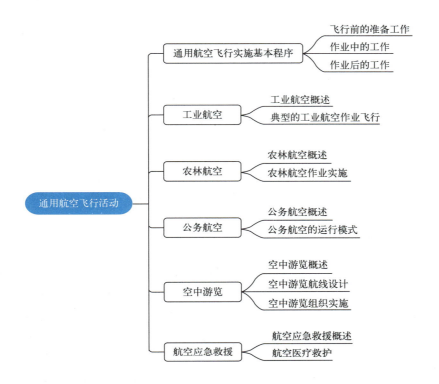

知识讲授

# 6.1　通用航空飞行实施基本程序

通用航空接到生产任务后，如何操作与实施是完成生产任务的核心。通用航空作业的操作与实施，一般包括飞行前的准备工作、作业中的工作和作业后的工作。

## 一、飞行前的准备工作

通用航空在组织飞行前，需要进行大量的准备工作。准备工作做得好，是保证飞行任务完成的前提。准备工作具体包括以下几个方面。

### 1. 通用航空飞行任务的确定

通用航空的飞行任务，一般由通用航空公司生产管理部门来确定。通用航空公司在确定任务之前，生产管理部门要召集有关部门开会，共同研究本次飞行属于何种性质的任务，与以往飞行有哪些特点和不同，在飞行过程中有哪些技术要求，飞行的地区属于军民航哪家单位所管辖的区域，飞行区域地形地貌有哪些特点，作业区的机场在哪里，是否具有飞行条件，离作业区多远。此次飞行飞机的状态如何，当地的气象条件如何，哪个飞行队具有完成此次任务的能力，以及各种保障措施等。这些都要统筹安排，全盘考虑。飞行部门要根据任务安排好机组和飞行人员；机务维修部门要准备好飞机；航务部门要联系好机场和有关空域；财务部门要做好飞行的预决算。在安排通用航空任务时要留有余地，如对此次任务的地形、机场或其他条件没有把握时，必须与飞行中队共同研究，确定飞行方案，必要时还要派出有经验的飞行干部、技术人员进行现场勘察和空中视察，确定可以保证飞行安全时，方可承担任务，签订合同。

通用航空如果承担的是国境线附近或其他特殊地区的飞行任务，在进行作业之前，必须上报中国民航局和中央军委有关部门，由中国民航局和有关部门经过协商批准后，方可实施。

对于作业飞行时使用新药剂、剧毒药剂及新作业项目的试验，必须按照有关规定和程序，报中国民航局或地区管理局。

### 2. 临时机场的选定和布置

临时机场是指为某一特定目的、任务需要在短期内使用且符合有关修建规范的机场。临时机场的选址应本着安全、方便且不影响其他机场和航线飞行的原则，并应不影响附近公众的生产和生活，同时对环境无害。临时机场宜选在开阔、无障碍物（或少障碍物）的平坦地带，同时还要避开行人行车的道路、山洪行洪道及架空的线路等。跑道方向、进离场方向的确定要考虑气象因素和机场与日出日落的关系。尽可能利用现有的基础条件，如废弃的机场、废弃的公路或农村的场院。临时机场布置的主要工作是场道的整备和标志的设置。场道的整备质量应根据作业的机型要求进行，同时考虑季节等因素。设置的标志主要是跑道方向、进离场方向和滑行路线的标志。机场的通信导航设备安装调试也属于机场布置的一项重要工作。

临时机场经验收后方可正式使用，验收工作应在调机前三天完成。临时机场在使用前应制定机场使用细则，其主要内容包括以下几个方面：

① 机场的地理坐标，与附近城镇及其他显著地标的位置关系；
② 机场标高和距跑道中心半径5000m以内高大障碍物的位置；
③ 跑道方向、长度、硬度及安全道的资料；
④ 最低天气标准、气象特点和盛行风方向；
⑤ 通信导航设备情况；
⑥ 机场的位置和管理规定；
⑦ 特殊情况的处置方法和备降机场资料；
⑧ 标画的起降地带和跑道、场界标志的规格、间距、颜色；
⑨ 特殊要求和规定的说明。

### 3. 调机飞行

通用航空的作业飞行多数在临时机场和作业区进行，航空器通常需要从基地机场调机到临时机场。由于临时机场的场道、设备条件比较差且周围的环境条件比较复杂，不为机组所熟悉。因此，由基地调往临时机场前，必须进行认真准备。

执行通用航空任务的航空器，在具备下列条件后方准调机：机组的飞行准备工作已经完成，有关的航行资料和其他文件及备用物品携带齐全；航空器及专业设备情况良好，并且准备好必要的工具设备和备份器材；临时机场已经修建完工，机场标志已经画好，并且取得可靠资料；油料已经运到临时机场；临时机场电台已经开放；使用单位准备工作就绪。

## 二、作业中的工作

飞行作业任务的环境与条件大多数是比较复杂的，飞行人员对地形地物往往不了解。作业的种类和科目也随用户需求的不同而不同。况且，低空飞行时航空器受地表影响，飞行中常常颠簸，难以保持飞行高度；额外的设备降低了飞行性能，给飞行人员操纵航空器增加了难度，因此，执飞过程需要保持高度安全警惕，并严格按照生产标准执行。

### 1.作业前的工作

机组到达临时机场后，应进行下列工作：

① 机长亲自检查机场的修建质量和场面布置是否符合规定的要求；了解航路、作业区有无靶场、射击和爆炸作业场所；使用航空器单位的作业准备工作是否就绪等。

② 在熟悉场地飞行时，了解机场附近的地形和障碍物；根据机场附近及跑道延长线上的明显地标，确定低能见度进场方法，修订机场使用细则，检查无线电高度表是否准确。

③ 视察飞行时，校对作业区地形图和障碍物的位置、高度，选择低能见度条件下进场可以利用的明显地标和可供迫降的场地。

④ 视察飞行后，拟定作业飞行方案；对不符合安全规定的地区，应放弃飞行。如果机长认为须进一步摸清某些地段的情况时，还应进行地面视察。根据视察结果，制定保证飞行安全的措施。

### 2.作业飞行

通用航空作业飞行是极具艰难且有挑战性的工作，它涉及的面极宽，每一方面出现的问题都有可能使任务进行不下去。因此，必须做好可能发生各种情况的准备，从最困难的情况出发，朝最好的方向努力。

① 在安排作业飞行时，应尽量做到有两套计划：天气稳定时，在复杂地区或较远地区作业；天气不够稳定时，在简单地区或近距离地区作业。根据作业区距离、地形和天气特点，研究确定飞行计划和作业飞行方法。

② 作业飞行的开始和结束飞行的时间应根据任务性质、作业地区地形确定。只有在能够清楚看到地标和能够目视判断作业飞行高度的情况下，方可起飞，但不得早于日出前30min（山区日出前20min）；着陆时间不得晚于日落时间（山区日落前15min）。

③ 作业飞行中，密切注意天气变化，当出现危险天气或在超低空飞行有下降气流时，应立即停止作业。清晨在沿海、湖滨多雾地区作业时，应保持有足够去备降机场的油量。如果作业区距离机场较远，必须与机场电台保持联络。

④ 两架以上航空器在同一地区作业飞行时，如果作业区邻近，必须制定安全措施，及时通报情况，正确调配间隔；在飞行中，航空器之间必须保持通信联络。

⑤ 在国境地带作业飞行时，必须严格按照飞行计划实施；准确报告进入、飞离国境地带的时间和方位；未经批准，禁止飞越国境线。

### 三、作业后的工作

通用航空作业完成后，还要对通用航空作业的质量进行检验，看是否达到了通用航空作业质量的要求。通用航空作业的质量检查主要包括两个方面的内容：一是看作业区域是否达到了作业要求，二是看对其他不需要作业的区域是否产生了危害。对没有达到质量要求的作业还要进行重新飞行。对产生危害的作业还要进行赔偿。通用航空任务完成后，还要与生产单位的人员办好交接手续，清理好所带的物资和设备，最后返回通用航空的基地。

---

**课堂讨论6-1**

#### 晨光航空俱乐部周末短途观光飞行计划

背景描述：晨光航空俱乐部计划于本周六组织一次短途观光飞行，目的地为附近风景秀丽的蓝湖山。此次飞行任务由经验丰富的机长张伟带领，预计上午9点从俱乐部自有的小型机场起飞，飞行时间约1h，期间将进行低空飞行，让乘客充分欣赏沿途的自然风光。飞行结束后，计划于10点30分左右返回原机场。

请根据上述背景，以小组形式展开讨论并回答下列问题：

为了确保此次短途观光飞行的安全顺利进行，晨光航空俱乐部应如何制定详细的飞行计划？在飞行前，需要完成哪些关键的安全检查和准备工作？请列举并说明这些步骤的重要性。

讨论要求：

① 小组内每位成员须积极参与，发表个人见解。

② 讨论中应注重逻辑性和论据支持，可引用相关法规、行业标准或历史案例作为参考。

③ 最后，小组须总结讨论结果，形成一致或多元化的观点，并准备向全班汇报。

---

# 6.2 工业航空

## 一、工业航空概述

### （一）工业航空的概念

工业航空是使用通用航空器进行与工业生产相关的各种飞行活动的总称，如航空摄影、航空物探、海上石油服务、航空遥感、航空巡线、空中吊挂等，它是通用航空作业飞行的重要组成部分。工业航空在高空进行作业，能够进行人类在地面无法完成的各种生产活动，因而在工业生产建设中发挥着重要的功能作用，具体如下：

① 探测功能，具体包括航空探矿、航空遥感等。

② 巡视功能，具体包括航空巡线、环境监测、海洋监测等。

③ 生产功能，具体包括空中吊挂、航空测绘、带电作业等。

④ 服务功能，具体包括为城市建设提供引水作业、海上石油服务、广告宣传等。

### （二）工业航空的优势

与地面作业相比，工业航空作业活动具有以下诸多优点。

① 灵活性强。航空器可以在三维空间自由移动，不受地面交通、地形限制，能够到达地面作业难以接近的地点，如高山、海岛、偏远地区等，执行航空摄影、航空物探等特殊任务。

② 效率高。由于空中作业的高速度和广覆盖，完成同样任务所需的时间远少于地面作业。例如利用航空器快捷、机动性高的特点从事航空探矿、航空遥感，其工作的效率和准确性可以是在地面进行这类工作的几十倍甚至上百倍。

③ 安全性高。在某些高风险环境中，如电力线路巡检、矿产勘探等，使用航空器可以避免人员直接接触危险环境，提高作业安全性。

④ 技术集成度高。现代工业航空作业常配备高科技传感器、GPS 导航、自动驾驶系统等，能够实现精准作业，提高数据收集和分析的准确性，为决策提供支持。

课件：工业航空

## 二、典型的工业航空作业飞行

工业航空作业飞行活动种类多样，限于篇幅，下面仅介绍几种典型的工业航空作业活动。

视频：航空摄影

### （一）航空摄影

航空摄影又称"空中摄影"，是指借助架设在通用航空器（飞机、气球等）上的专用航空摄影设备，从空中对地面或空中目标所进行的摄影方式，见图6-1。航空摄影能减少野外作业量，减轻劳动强度，并且不受地理环境条件的限制，具有快速、精确、经济等优点，因此广泛用于测绘地图、地质、水文、矿藏和森林资源调查，农业产量评估及大型厂矿和城镇的规划，铁路、公路、高压输电线路和输油管线的勘察选线、气象预报和环境监测等。

#### 1.基本介绍

航空摄影始于19世纪50年代，纳达尔是首位实现航拍的摄影师和气球驾驶者，他于1858年在法国巴黎上空拍摄。当时从气球上用摄影机拍摄的城市照片，虽只有观赏价值，却开创了从空中观察地球的历史。1909年美国的莱特（W.Wright）第一次从飞机上对地面拍摄相片。此后，随着飞机和飞行技术，以及摄影机和感光材料等的飞速发展，航空摄影相片的质量有了很大提高，用途日益广泛。

#### 2.航空摄影的分类

按摄影的实施方式分类，航拍可分为单片摄影、航线摄影和面积摄影。

单片摄影是指为拍摄单独固定目标而进行的摄影，一般只摄取一张（或一对）

相片。

航线摄影是指沿一条航线，对地面狭长地区或沿线状地物（铁路、公路等）进行的连续摄影，为了使相邻相片的地物能互相衔接以及满足立体观察的需要，相邻相片间需要有一定的重叠，称为航向重叠（图6-2）。航向重叠一般应达到60%，至少不小于53%。

面积摄影（或区域摄影）是指沿数条航线对较大区域进行连续摄影。面积摄影要求各航线互相平行。在同一条航线上相邻相片间的航向重叠为60%～53%。相邻航线间的相片也要有一定的重叠，这种重叠称为旁向重叠，一般应为30%～15%。实施面积摄影时，通常要求航线与纬线平行，即按东西方向飞行。但有时也按照设计航线飞行。由于在飞行中难免出现一定的偏差，故需要限制航线长度，一般为60～120km，以保证不偏航，避免产生漏摄。

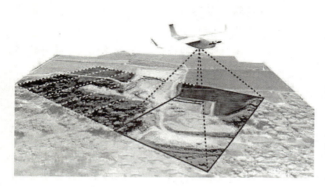

图6-1　航空摄影

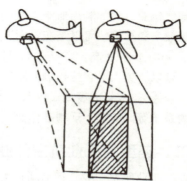

图6-2　航向重叠示意图

### 3.飞行基本要求

航空摄影的工作准备至关重要，直接关系到飞行安全、拍摄成本和质量，具体如下：

① 起飞前，摄影者要与飞行员、领航员、地面指挥员到现场观察地形，对要拍摄的景物作详尽了解。有条件者可先试拍一次，将照片放大，使空勤人员了解拍摄意图，确立拍摄方案。

② 掌握天气动态，随时与气象台（站）保持联系，对风向、风速、能见度都要做到心中有数。

③ 重视航拍时的通信联络。飞机在航行中噪声大，除了按地面规定的航线外，要改变角度时，就要及时与飞行员沟通联系。

④ 在飞机上拍摄，紧张而又忙乱，乘坐直升机时，经常是打开舱门拍照，风力随着飞机的速度不断加大。在南方盛夏季节还会遇到气流使飞机颠簸。摄影者必须系好安全带，摄影器材要分类固定好，确保人身、器材的安全。

⑤ 航拍时，摄影者身体不能紧靠在飞机上，应与发动机保持一定的距离，以免震动过大影响相片的清晰度。

⑥ 在升空前，用酒精棉球把飞机窗玻璃擦拭干净，以免影响相片的清晰度。

### （二）航空物探

航空物探是物探方法的一种。它是以航空器为平台，采用专用物探仪器在航行过程中探测各种地球物理场的变化，研究和寻找地下地质构造和矿产的一种物探方法。目前已经应用的航空物探方法有航空磁测、航空放射性测量、航空电磁测量（航空电法）等。航空物探具有速度快，不受地面条件（如海、河、湖，沙漠）的限制，大面积工作精确度比较均一，可在一些地形条件比较困难的地区工作等优点。特别是随着自动控制和电子计算技术的发展，航空物探不断向集成和综合化方向发展，航空物探观测数据的计算和整理的速度及解释推断的水平得到了显著提升。

视频：航空物探

#### 1. 基本介绍

航空物探开始于20世纪30年代。1936年，苏联用旋转线圈感应式航磁仪进行航空物探，灵敏度约达100纳特。第二次世界大战中，美国发明了灵敏度近1纳特的磁通门式航空磁力仪，在海上侦察敌国的潜艇，1946年开始用于地质勘探。1948年，加拿大首先试验航空放射性法成功，美国和英国同年也完成了类似的试验。1950年，第一台航空电磁仪在加拿大试用成功。1955年，瑞典和美国相继试验成功新类型的航空电磁仪，各种航空物探方法相继迅速发展。我国航空物探开始于1953年，首先应用航空磁法，之后陆续增加了航空放射性法等方法，通过几代航空物探人的追梦探索，目前我国的航空物探技术装备已实现从进口到国产的飞跃，航空物探规模和效率都位于世界前列。

#### 2. 航空物探方法

主要方法有航空磁法、航空放射性法、航空电法、航空重力法等。常用的是前两种方法。航空磁法主要用来勘探具有磁性的矿藏，如磁铁矿。探矿时的飞行高度一般为50~200m。航空放射性法是用航空能谱仪等测量地球放射性射线强度（如 γ 射线），以寻找放射性元素矿藏。飞行高度一般为30~120m。

#### 3. 航空物探平台

航空物探所用的航空器平台主要为小型桨状固定翼飞机和直升机，如空中国王、运系列（Y-12、Y-5）、Cessna208（塞斯纳）、DHC-6（双水獭）等固定翼飞机，AS350（小松鼠）直升机及彩虹无人机等。其中，直升机平台相对于固定翼飞机，测量精度和异常分辨率更高。直升机物探测量系统分为吊舱式图6-3（a）和硬架式图6-3（b）两种。吊舱式直升机测量系统一般由电磁系统、磁力仪、数据收录系统、GPS导航定位系统、高度测量系统、模拟记录仪、电源系统等组成。硬架式直升机测量系统由航空磁力仪、航磁补偿仪、GPS导航定位设备、GPS差分定位设备、数据显示设备等组成。

无论采用直升机还是固定翼飞机作为平台，航空物探测线飞行都是沿地形起伏飞行，测量总精度取决于测线距、导航定位精度、飞行高度、测线偏航距。相对于固定翼飞机，直升机在爬升率允许的范围内升降自如，非常适合目的性比较强的小规模精细探测。另外，由于直升机转弯灵活，也可以多次重复飞行，直到得到满意结果为止。

(a)吊舱式　　　　　　　　　　(b)硬架式

图6-3　直升机物探测量系统

## （三）海上石油服务

微课：海上石油
服务

海上石油服务简称海上飞行，是指使用直升机担负海上石油钻井平台、采油平台、后勤供应船平台与陆地之间的运输飞行，见图6-4。其主要任务包括：运送上下班的职工、急救伤病员、运输急需的器材、设备及地质资料、在台风前运送人员紧急撤离、发生海难事故后进行搜索与援救，以及空中消防灭火等。海上飞行具有如下特点：飞行区域离海岸较远；导航设备较少，缺乏气象资料，天气变化不易掌握；着陆平台面积小，距障碍物近，给领航和起飞、着陆带来一定困难。

图6-4　海上石油作业飞行

为了保证海上飞行的安全，从事海上石油服务还有一些特殊要求，例如航空器必须安装浮筒，必须携带可供飞行人员、工作人员使用的救生衣、救生艇、药剂、驱鲨剂、应急电台、信号枪等防备物质；飞行人员必须达到规定的飞行标准，飞行时间不得少于20h，有一定的海上飞行经验；海上飞行一定注意天气的变化，按照规定的飞行标准飞行；带好充足的油料等。

### 1.飞行前准备工作

相对陆上石油服务，海上石油服务飞行条件更为复杂，风险更高。因此，在执行海上飞行之前，必须做好充分的准备工作，主要包括以下几个方面：

① 了解着陆点的天气实况和天气预报，与调度员研究飞行方案，进行领航计算，

提出需要的导航设备和开放时间，办理离场手续。

② 根据航程，检查携带油量是否符合规定，飞机的设备是否齐全，并对飞机进行认真检查。

③ 检查和校对各种飞行文件是否齐备。

④ 装载货物时，分配一名驾驶员检查货物固定情况和重心位置。

⑤ 了解移动式钻井船平台的位置、面积、距水面的高度以及船平台与障碍物的位置，研究在不同风向的起降方法。

⑥ 了解海岸着陆点的情况和飞行方向。

⑦ 在航图上标出基地、海岸着陆点至各船平台的航向、距离以及各检查点与着陆点的无线电方位，到备降机场的航向与距离。

⑧ 了解本机场、海域和备降机场的有关规定等。

### 2.海上飞行实施

空勤组在飞行过程中，必须严格遵守规章制度和操作规程，确保安全高效地完成任务。

① 开车、起飞前的检查，必须严格按照检查单进行。当能见度小于5km时，应收到导航台信号后方可起飞。

② 除有培训计划外，起飞、着陆都应由机长操纵。高度到达50m后方可交给副驾驶操纵。

③ 进入海上飞行前，应对飞机、发动机工作情况进行检查，确定其工作正常，做好进海准备后方可进入海上飞行，并向基地指挥调度部门报告。

④ 在低空或超低空飞行时，应当使用无线电高度表。

⑤ 在船平台着陆前，应询问降落条件。在没有通信设备的船平台着陆时，要根据风向袋或海面上的波浪、浪花判断，按风向建立起落航线，尽量逆风着陆。

⑥ 第一次在船平台着陆前，应大于经济速度通过平台，看清平台情况后方可着陆。当两架飞机在同一船平台着陆时，前机应尽量靠一边着陆，并要特别注意旋翼与障碍物的距离。

⑦ 当需要在船平台关车加油时，应按操作程序进行，特别要注意燃油质量。关车后，风速超过10m/s时，应系留旋翼、尾桨。

⑧ 船平台起飞重量要严格遵守规定。飞机离开船平台后，必须经过悬停检查，确定飞机、发动机工作正常后再增速。船平台起飞按无地面效应操纵，禁止增速掉高度。

⑨ 在整个飞行中，应建立可靠的通信联络，通常每隔15min向基地报告一次飞行情况。

### 3.海岸着陆点的保障工作

当基地离海岸线较远时，为保证飞机载量，应在海岸线附近设固定着陆点，以补充燃油。海岸着陆点的保障设备应有导航台、通信电台、风向风速仪和风向袋、储油、加油、灭火以及系留设备和飞机启动电源。当使用海岸着陆点时，还应根据需要配备气象员（按要求将天气实况报告基地和着陆船平台）、无线电机务员和通信员、油料员（负责保管油料和给飞机加油）。必要时，还须配备负责维持场面秩序的警卫人员。

### （四）直升机吊挂

直升机吊挂又称吊挂作业，是直升机最为常见和重要的运行作业形式之一，通过使用电动绞车和外吊挂设备来实现对直升机机外人员或者货物的吊运。

#### 1.直升机吊挂作业分类

根据直升机不同吊挂载荷的作业形式，直升机吊挂运行可以分为A级、B级、C级和D级四类旋翼航空器-装载组合，在此基础上再根据不同的吊挂运输对象，还可以细分为有人外吊挂和无人外吊挂。

①A级：外部载荷物不能自由移动和投放，且不能低于起落架而触地。典型的运行是在直升机起落架上安装固定的货篮或者货架，以运送人/货物。见图6-5（a）。

②B级：外部载荷物可以被投放，在作业飞行期间载荷物可从地面或水面被自由吊起。典型的运行是直升机通过吊挂接头吊挂消防吊桶进行消防作业，或使用电动绞车进行人员营救。见图6-5（b）。

③C级：外部载荷物可被投放，在作业飞行期间外部载荷物与地面或水面保持接触。典型的运行是用直升机高空铺设电缆或救援海上遇难船舶。见图6-5（c）。

④D级：适航当局特别批准的不同于A、B和C级外挂载重类型。典型的运行是直升机吊挂引航员引导外来船舶停靠海港（外来船舶第一次去某港口不知道如何停靠）。见图6-5（d）。

(a)直升机货篮吊挂

(b)直升机人员营救

(c)直升机高空铺设电缆

(d)直升机吊挂引航

图6-5　直升机吊挂作业

### 2.直升机吊挂作业要求

直升机吊挂飞行，其吊挂重量不等、形状各异，且要求定点释放或准确对接，特别是山区飞行，地形及天气条件复杂，飞行难度较大。因此，在组织与实施吊挂飞行中，必须遵循积极、稳妥的方针，在确保飞行安全的前提下，严格操纵要求，提高服务质量。

① 凡开展直升机吊挂飞行的单位，必须组织飞行人员对吊挂飞行进行严格训练。

② 吊挂飞行（不含往返作业基地的调机）的天气标准，按目视飞行规则进行。

③ 直升机在执行吊挂（含拉线）飞行任务时，必须认真计算吊挂重量和重心位置，检查吊挂物的紧固情况以及是否影响应急释放装置，认真分析飞行吊挂物有可能产生的摆动、旋转和其他危险姿态，采取相应措施。严格按机型飞行手册的要求，禁止超载吊挂。

④ 直升机进行吊挂作业前应进行空中或地面视察。根据视察结果，空勤组、地面施工人员以及指挥人员要共同制定飞行方案、安全措施以及特殊情况下的处置方法。未经空中或地面视察的地段禁止进行吊挂作业。

⑤ 吊挂飞行往返作业地点的飞行高度应根据飞行距离、天气情况和地形条件决定。在平原地区吊挂物距障碍物不得少于50m；在丘陵、山区和较大的水面、森林、城市上空，吊挂物距障碍物不得少于100m。

⑥ 凡两架以上直升机，使用一个作业基地往返作业点进行吊挂飞行时，均必须保持目视飞行和直升机之间的通信联系。往返作业点采取统一制定的同方向运行的圆圈航线。两机在同一航向时必须保持一分钟以上的纵向飞行距离。

⑦ 吊挂飞行路线必须认真研究，合理选择，一般应避开人口稠密区，拥挤的航路和繁忙的机场附近。

⑧ 各单位在执行吊挂飞行中，必须搞好空、地通信联络，密切协作配合，要利用小型通信设备，辅助手势、旗语等协调动作。

⑨ 吊挂飞行遇有特殊紧急情况，允许机长应急投放吊挂物和临时选场着陆。

### （五）直升机电力巡线

直升机高压电力巡检作业，是指利用直升机和直升机上装载的陀螺稳定光电观测系统、高倍防抖望远镜、防抖照相机等高科技设备，在机载巡检人员和飞行员的默契配合下，及时发现输电线路本体和线路走廊存在的缺陷和障碍，有效减少输电线路恶性事故的发生，是一种科技含量高、巡视效率高、缺陷和故障发现率高、不受地域影响，且方便、快捷、可靠的输电线路巡检作业方式。

### 1.巡线任务

① 红外成像检查：利用红外成像仪对线路上的导线接续管、耐张管、跳线线夹、导地线线夹、金具、防震锤、绝缘子等进行拍摄，分析数据，判断其是否正常。见图6-6（a）。

② 可见光检查：在航巡中运用望远镜、照相机、机载可见光镜头检查记录基础杆塔、导地线金具、绝缘子等部件的运行状态、线路走廊内的树木生长、地理环境、交叉跨越等情况。见图6-6（b）。

(a)红外成像检查　　　　　　　　　　　(b)可见光检查

图6-6　巡线任务

### 2.巡线优势

与人工巡线相比，直升机巡线具备以下三大优势：

一是巡线效率高，是人工巡线的10倍以上。

二是巡检质量高，配备的先进巡检设备可以近距离观察，能及时发现断线、发热等缺陷，甚至可以发现肉眼、地面巡检无法发现的设备缺陷。

三是巡检安全性高，减少巡线途中恶劣环境对人员造成的伤害。

## 知识拓展6-1

### 直升机电力巡线近况

早在20世纪50年代，发达国家就已采用直升机巡线，迄今，直升机巡线已占其半壁河山。目前国内外直升机电力作业主要有以下形式：直升机巡线、直升机带电水冲洗、直升机等电位作业、直升机激光三维空间扫描，以及直升机电力施工等。

欧洲的国家及日本、以色列等国虽广泛采用了直升机电力作业和直升机带电水冲洗，但他们只把直升机作为运载工具使用，没有进行直升机等电位带电作业。而自20世纪80年代起，美国、加拿大和随后的澳大利亚由直升机输电线路巡线、检修发展到直升机等电位带电作业。

我国从80年代开始进行直升机作业的尝试，华北、东北、华中、华南都进行过直升机巡线的试验飞行，取得了一定成果。但是限于当时经济实力、空管模式及技术条件的限制，直升机巡线工作沉寂了较长时间。

直到20世纪末，我国对通用航空的限制放宽，电力部门重新开始了直升机巡线的实践，目前开展较好并转入常态运作的是华北电力集团公司，他们与首都通用航空公司合作，使用EC-120直升机对其所辖河北、辽宁、内蒙古、山西4省和北京、天津两市的22条2740km，500kV线路进行巡视和检修。

### 3.适用机型

理想的巡线用直升机应具有安全性高、飞行性能先进、作业能力强、经济性好等特点，具体应考虑直升机起降灵活性、飞机是否平衡、空中定点悬停、载重量、装载巡检设备的方式等。目前，适合电力巡线的直升机主要机型有MD-500、Bell-206、EC-120、AS350B及国产直-11直升机。以上几种机型中，美国的Bell-206和MD-500直升机已经通过了等电位、过电压试验，适合于带电作业。

# 6.3　农林航空

## 一、农林航空概述

### （一）农林航空概念

农林航空是我国通航运营领域的特有概念，通常包括农业航空、航空护林和人工降水等三大方面，其中，农业航空占主体地位，且增长速度相对稳定。

农业航空，是使用通用航空器在农业、林业、牧业、渔业生产活动过程中，开展的如农作物播种、化学除草、施肥、喷洒生长调节剂、防病、草原播种等飞行作业活动。见图6-7。农业航空可以极大地提高劳动生产率，在防御自然灾害和防治有害生物、改善人类生活环境和生态平衡方面发挥重要作用。尤其对于我国北方大面积露地农业，农业航空作业是土地能够真正实现规模化生产的必要条件，更是提高土地规模化生产效率的保证。

课件：农林航空

图6-7　农业喷洒

航空护林，是指利用飞机保护森林资源的飞行作业。其范围主要包括林区巡逻、火情侦察、机降灭火、林区照相、资源勘探、森林病虫害防治、野生动物保护以及火烧迹地播种造林等。航空护林一般包括日常巡查、机降灭火（图6-8）和空中消防等活动。日常巡查通常采用成本较低的固定翼飞机，机降灭火和空中消防则多采用大型直升机，近年来还出现采用无人机进行实时图像监控的技术。

人工降水是指当地方降水条件不足，利用飞机在云中飞行扰动和搅拌空气，并播撒催化剂，促进云中冰晶或云雾滴迅速形成，进而达到雨雪下降。人工降水飞机对深厚层状云系播撒催化剂，可增大降水量10%～20%；对旺盛浓积云催化，可增大降水量1～2倍。除缓和农牧区旱情外，在林区还有降低火险等级和灭火的作用，见图6-9。

图6-8　机降灭火

图6-9　人工降水

### （二）农林航空的作用

农林航空的作用主要体现在以下几个方面。

#### 1.农业航空作业能够提高田间管理质量，保障稳产高产

农作物持续的高产和稳产依赖于田间管理，而作物中后期田间管理水平偏低是目前我国农业生产面临的主要问题。诸如作物病虫害防治、叶面施肥、促进作物早熟、等技术措施，都是在作物生育的中后期进行，但该时期作物长势繁茂，田间郁闭，劳动强度大，采用机械作业极易趟倒或压倒植株，还可能压伤植物根系，在一个较大的区域内很难达到统一防治和迅速控制的目的。而使用飞机进行航化作业就不受其影响，其作业效果好，且不破坏土壤物理结构，不影响作物后期生长，起到地面机械和人工无法替代的作用。

#### 2.农林航空作业突击能力强，能够防御和控制重大生物灾害

突发性生物灾害具有发生时间集中、蔓延迅速、危害严重等特点，不仅受害的农田要立即进行防治，而且部分非农田的公共地带也必须进行统防统治，这样才能从根本上控制其危害。如草地螟、东亚飞蝗和黏虫等，都曾因为人工防治速度慢而造成极大危害，采用航化作业，飞机作业机动性强，作业半径大，在防治农作物病虫害方面显示了很强的突击能力。同时，飞机作业效率高，作业效果好，在严重春涝、夏涝的雨涝年份更能显示其优越性。

#### 3.农林航空作业效率高，能够逐步实现土地规模化生产

航化作业效率高、速度快、对病虫害控制效果明显。此外，航化作业用药量少，最低仅为人工喷洒的十分之一，成本低廉。以水稻为例，水稻生长期需要施药2～3次，人工喷洒每亩用药500mL，人工成本35元/亩左右。而航化喷洒仅需100mL

药量，喷洒成本6～8元/亩，航化作业可以节省80%的用药量，人工成本可以节省58～81元/亩，具有巨大的经济效益。

### 4.农林航空能够为农业生产节本、增效并降低农药残留

飞机航化作业采用超微量喷洒法，作业时间短，还可以实现立体防治，即利用飞机飞行产生的气流吹动植物叶片，使叶片正反面均能着药着肥，喷洒雾滴小、喷洒均匀，能有效地黏着在植物体和害虫表面，被植物和害虫吸收后既能杀灭植物体内的病原菌和害虫，也能杀灭空气中流动的病原菌和害虫，从而可以全面抑制病原菌的侵染和蔓延，显著提高防治效果。另外，在作物生产的关键阶段，通过叶面施肥、喷施微量元素，而不是简单地人工扬撒或拌入土中，增产效果也明显提高。

### （三）农林航空发展概况

航空器装上喷洒系统，可进行森林、草地和农作物的病虫防治、施肥和除草；装上播撒系统，可飞播造林、植草、播种等，还可进行护林防火。早在1911年，德国人就提出了用飞机喷洒化学药剂，以控制森林害虫的计划。1918年美国用飞机喷药防治牧草害虫取得成功，随后加拿大、苏联等国相继将飞机应用于农业。

第二次世界大战后，各种杀虫剂、杀菌剂和除草剂大量问世，要求用高效能的喷洒机具来满足工作的需要；与此同时，大量军用飞机和驾驶员转向农业，遂使农林业航空迅速发展。20世纪50年代开始设计制造专用和多用途农业飞机。50年代末，直升机也加入农业航空行列。至1983年，全世界拥有农用飞机约32000架，作业总面积56.25亿亩，约占世界总播种面积的25%。

我国从1951年开始用飞机参加防治东亚飞蝗、护林防火和播种造林等工作，几十年来农航作业获得了长足的发展，逐渐从单一的治蝗扩展到水稻、小麦防病，美国白蛾、旱蝗统防统治，草原播种、灭鼠等多个业务种类，是我国通用航空产业中最重要的组成部分。但是，受我国农业经营者规模小、经营分散的影响，农林航空作业的增长速度不高，处于一个持续稳定增长的状态。目前，我国处于经营状态的通航企业中，具有农林作业资质的企业占很大比例，农林航空作业也构成我国通航企业的重点业务来源之一。

## 二、农林航空作业实施

按照先后顺序，农林航空作业实施按下列三步完成：农艺准备、作业飞行和作业后维护保养。

### （一）农艺准备

农艺准备包括作业区调查、作业区划、飞机及设备调试、机场设施及地面后勤保障工作、人员准备等。

#### 1.作业区调查

接受作业任务后，要调查了解作业区的分布情况、地理位置、地形地貌、高度变化、地块面积、与机场的距离、气候特点、飞行障碍物（高压线、高大建筑、树木等）分布情况及动植物分布点等自然情况，对飞播作业地区还要调查土壤、植被等情况。要对作业区进行踏勘或空中观察。将调查情况标注在作业区地图上。

微课：农林航空
作业实施

### 2.作业区划

根据对作业区的调查及每架次可能的作业面积等合理编制作业计划，划分作业区，确定飞行路线和作业飞行方式，绘制作业区图，制定作业计划和飞行方案。农林飞行作业中，最重要的依据就是作业地图。绘制作业地图要根据地形、地物、作业项目、渠道、林带等情况，将作业区划分为若干个作业小区，并标出作物种植面积、地块长和宽，附近敏感作物种类、作业顺序和架次。

### 3.飞机及设备调试

按规定的维护要求对飞机进行维护保养和航前检查，做好配套设备的检查调试，保证设备各部完好，并按照设备使用手册及喷施量、播量要求进行地面调试。

### 4.机场设施及地面后勤保障工作

检查作业区机场及设施状况。做好地面加药、加种、加肥、加油等准备工作；在作业区设立警示牌；准备通信设备的调试及配件等必备航材。应准备向作业区派出通信指挥车或给现场指挥人员配备通信设备，以便随时与机组和基地保持联系。

### 5.人员准备

按照作业需要配备地面辅助人员。主要有：相关专业技术人员（如农化作业要有农业技术人员到场；林业作业要有林业技术人员参加）、机场配药及加药人员、加种人员、搬运人员、作业区地面信号队等。

### （二）作业飞行

### 1.作业前天气检查

作业前，要了解当天的气象情况。对于除草作业，当出现风速超过5m/s、下风头有忌避作物、空气相对湿度低于60%、大气气温高于28℃、4h内有降雨等情况时，就要取消当天的作业。

### 2.起飞前准备

按作业计划，监控天气条件，控制进出起飞、着陆场地的通道，监督喷剂的添加和使用，确保所有现场人员有个人防护装备。

### 3.飞行指挥

作业负责人与飞行员保持沟通，解决作业期间出现的任何问题。

### 4.飞行作业

在能看清障碍物和目视判断作业飞行高度的情况下，准许在日出前30min（山区20min）开始作业，通常在日落前30min着陆。当大气温度高于35℃和湿度低于60%时不准作业，以减少药剂蒸发和漂移损失。

在狭长地段上作业，采用分段穿梭法，将所载的药物一次喷完，如果作业地段过长，可以分若干地段喷洒。在两个位置大致平行、面积基本相等的地段上作业，应采用包围作业法。在小块地段分散作业时，如果两个地段在一条直线上，可以串联喷洒作业（三种方法分别见图6-10）。侧风喷洒农药，飞机作业方向和风向垂直，第一个喷幅在下风头作业，然后顶风移动到下个喷幅。

严格按照喷剂规定要求操作，控制飞行速度和高度。以运5飞机为例，该机在喷粉时，航高保持在5～7m，风速在5m/s以内，喷幅为60～70m；在喷液时，航高同样保持在 5～7m，风速在 5m/s 以内，喷幅则为 40～50m。

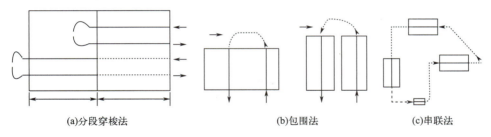

图6-10　农林航空作业飞行方法

### （三）作业后维护保养

作业结束后，飞机和相关机具内部和外表面都必须再进行清洗。清洗飞机和喷雾机具所得的废液应该喷洒到该农药登记注册的作物上。

常规喷雾作业结束后，采用"少量多次"办法进行清洗，即每次用少量的清水清洗 3～4 次。如果喷洒超低量油剂，就不能用水清洗，必须用适量的溶剂来清洗喷雾系统。

喷雾作业完成后，必须做好施药机具存放的准备。喷雾药液箱的内部和飞机的外表面都必须彻底冲洗，对于整个喷雾系统必须充分清洗，以保证所有的管道和软管干净清洁。为避免飞机部件的损坏，对飞机构件的清洗特别重要，所有飞机控制部件表面都必须干净，适当时还要加润滑油润滑。

# 6.4　公务航空

## 一、公务航空概述

### 1.公务航空的概念

公务航空一般是指使用公务机按单一用户（企业、事业单位、政府机构、社会团体或个人）确定时间和始发地、目的地，为其商业、事务、行政等活动提供的无客票飞行服务。公务机中大多数为喷气式公务机，部分公务机也使用涡桨发动机。公务飞行能够按照客户的需要执行，为客户设定专门的航线，在约定的时间内，向旅客提供包机飞行业务，不受航班时间和目的地的限制，具有定期航班无法比拟的优点。

### 2.公务航空的特点

由于公务机强大的性能优势等带来的便利，公务航空对于客户而言，具有安全可靠、灵活、省时、高效率、隐私性强、彰显尊贵等特点。

（1）安全性　无论是飞机的性能、维修水平还是飞行安全记录均显示，公务机是目前世界上最安全的交通工具之一，其安全系数超过定期航班飞机。

（2）高效性　与定期航班不一样，公务飞行通过减少经停和起降节点数来节约时间，大大提高生产效率。客户只需提供包机合同和相关身份证明即可登机，不必花费时间浪费在订票、候机、检票、通关等程序上。

（3）灵活性　客户可以根据工作计划自行决定起飞时间，根据需要定制航班时间表。公务机的优越性能可以保障其能飞达很多定期航班无法起降的机场，到达地点尽可能地接近目的地。

（4）隐秘性　公务飞行可以为客户提供高度的隐秘空间，保护个人行踪和商业机密。减少了旅行的曝光度，有效避开大众的关注。客户可以方便地在飞行途中进行资料处理、召开会议、会见重要客人等，不必担心信息泄露。

（5）提高企业形象　乘坐公务机是企业运营良好的表现，提升了企业形象。如邀请客户乘坐公务机，能给客户留下深刻的正面形象，无形中起到广告宣传的作用，而且能够提高企业的信誉度和知名度。

（6）个性化服务　根据不同的客户需要制定有针对性的服务方案。在饮食上，有专业的配餐人员为客户奉上符合个人口味的食品、饮品。全程无缝隙地与客户对接，听取客户意见，尊重客户感受，做到让客户满意、放心。

## 二、公务航空的运行模式

从公务机使用者的角度来说，公务机运行有私用和商用两类。私用运行方式包括个人或企事业单位的私用自驾飞行、航空器托管运行、合伙联合购机运行、航空器干湿租交换、公务机时间分享、航空器部分产权项目（产权共享）等；商用方式就是直接由包机公司来提供运输服务的运行方式，其中在商用方式中包机公司也可以将自己管理的个人或企事业单位托管的飞机用于商业包机飞行服务。私用和商用两种类型在政府行政管理、法规要求、运行方式和管理模式等方面都具有显著的不同。

### 1. 个人或企事业单位的私用公务机自驾飞行

一般选择这种方式的驾驶者是航空和飞行爱好者，他们出于个人对航空的爱好来购机自驾飞行，所选择的飞机往往是载客量不大的、较为低端的小型单发飞机或小型直升机，飞机的航程性能不是很远，实际只能在一定范围内自由飞行。

企事业单位自己购买或租赁飞机，一般选择比较高端的涡轮发动机飞机，组建自己的航空公司，自己雇佣专业的飞行人员来负责运行，提供本单位的航空运输服务。这种方式的优势在于以下几个方面：

① 单位对飞机有最大程度的使用控制权，飞行员和其他保障人员都是自己的员工，所有的事情都按自己单位的计划来保障，可以做到随时出发。

② 飞行人员是雇佣的专业飞行员，飞行技术有保障。

③ 公司稳定的内部运行人员，也能保证私密和安全。

这种方式的不足就是：机型比较单一，飞机的性能不能全方位地满足出行的需要，存在航程的限制或载客量的限制等问题。

### 2. 飞机托管运行

飞机托管运行的定义是飞机所有权人将自己购买或租赁的飞机按协议委托给专业

的航空器代管人，由航空器代管人向飞机所有权人提供飞机管理和航空专业服务。这些飞机所有权人由于对飞机运行不熟悉，或是为了安全和方便，不想直接介入到飞机的运行管理中，所以将自己的飞机委托别人来管理，来满足自己对飞行的需求。航空器代管人（或管理公司）则要提供相应的服务，主要包括：提供空勤人员培训，进行飞机和机组排班计划；飞机维修管理；运行保障和运行控制及监督。

通常来说飞机托管运行有两种费用：管理公司收取的管理费用（服务费用），一般按月支付；运行飞机所产生的运行成本。这两种费用都需要在约定的期限内由个人或企事业单位支付给管理公司。

### 3.时间分享方式

公务机时间分享方式就是航空器托管人或航空器运营人将自己管理的飞机在自己不用的时间段内，将飞机提供给其他客户使用，来共同分享飞机的飞行时间，客户只支付相应的运行成本，这种提供的方式实际可以理解为租赁的关系。

这种模式表面上很像是商业包机服务，但实际只是航空器运营人将自己飞机的剩余飞行时间提供给别人私用，客户只支付相应的运行成本，航空器运营人没有从中获取商业利润，所以并不属于商业包机的范畴。但这种分享只是局限于一些特殊的客户，比如说飞机所有权人的朋友，也可能是重要的合作伙伴或客户。

## 同步案例6-1

### 中国第一家公务机运营商

北京JL公务航空有限公司成立于1995年，作为亚洲公务航空领域的翘楚，是国内从事专业公务机租赁、私人飞机托管、公务机地面代理和维护以及私人飞机购买咨询等服务的专业运营商，是中国公务航空行业的开创者和引领者。该公司针对客户的需求，建立了从托管前期的飞机购买咨询、融资租赁咨询，到飞机托管中的运营、飞机维护、定制配餐、资产保险、费用结算、机库租赁，到旧飞机处置的"一条龙"服务产品链。

目前，该公司运营和管理着亚洲最大的公务机机队，涵盖湾流、达索、庞巴迪、空客ACJ、波音BBJ等机型，可管理和运营如中国（B注册）、美国（N注册）、百慕大（VP-B注册）、开曼岛（VP-C注册）、阿鲁巴（P4注册）、圣马力诺（T7注册）、根西岛（2注册）等全球热门注册地的公务机，为全球客户提供从飞机资产交易到飞机托管引进的一站式服务。

### 4.公务机产权共享

公务机产权共享是航空器代管人管理航空器的一种组织方式，就是个人或企事业单位从航空器代管人那里可以按一定比例购买航空器的全部或部分产权（比如购买一架飞机的1/8的产权），也可以说是很多个人或单位一起拥有一个机队的产权，并且其中至少一架飞机由不止一个所有权人拥有。所有部分产权所有权人之间签订多年有效的部分产权项目协议，共同约定包括部分财产所有权、部分产权项目的代管服务和代管航空器干租交换协议等方面的内容。

部分产权项目在我国的法规中归类在航空器托管的范畴里面，也是私用方式的一种，不可以进行以获利为目的的商业活动，所以只能以航空器代管人的角色来进行部分产权项目的开展，但这种方式对参与者没有要求，个人或企事业单位都可以，运行需要满足CCAR-91部的要求。

### 5.商业包机

商业包机就是航空器运营人利用公务机进行的包机运输服务，主要是进行不定期的包机航空服务，是进行商业取酬的航空运输服务。在我国行政管理方面，从事公务机商业包机的公司需要获得通用航空经营许可证，在运行方面需要通过CCAR-135部的审定，并需要获得民航局颁发的运行审定合格证和运行规范后才可以进行商业包机服务。

综合性的公务机航空公司是公务机运行发展的主要方向和趋势，托管业务和商业包机服务业务相结合的运行方式在资源利用上有巨大的优势，在飞行员共享、维修资源共享、飞机资源共享、人力资源共享、信息资源共享等情况下，通过规模经营和有效的管理，产生规模经济效应，这将大大降低运行成本，给飞机的所有权人、飞机代管人以及运营人都带来不错的收益。

# 6.5 空中游览

## 一、空中游览概述

### （一）空中游览的定义

根据民航局2022年新修订的《小型商业运输和空中游览运营人运行合格审定规则》（CCAR-135部）规定，所谓空中游览，是指以取酬为目的，在航空器中实施的以观光游览为目的的飞行活动，包括异地短途观光，见图6-11。

(a)阳朔直升机空中游览　　　　　　　　(b)八达岭长城直升机空中游览

图6-11　空中游览

微课：换个角度
看世界——空中
游览

局方在判断某一飞行活动是否属空中游览时，会同时考虑：

① 是否出于个人意愿实施以取酬为目的的空中游览飞行；

② 是否为参加空中游览飞行的乘客提供解说，解说应当包括飞行路线所涉及的地面（或水面）上有观赏价值的区域或地点；

③运行区域和游览路线；

④ 运营人实施此类飞行的频次；

⑤ 空中游览飞行是否作为团体或个人观光内容的一部分；

⑥是否因旅游景点附近的能见度太差，无法达到观光游览目的，而取消已计划的空中游览飞行；

⑦ 是否允许乘客对航空器进行飞行操纵体验；

⑧ 局方认为适用的其他任何因素。

课件：空中游览

## 课堂讨论6-2

### 空中游览是什么？

短途运输，又叫通航包机飞行，是指通航企业使用30座以下航空器，按照与用户所签订文本合同中确定的时间、始发地和目的地，为其提供的不定期载客及货邮运输服务。短途运输不公开售票，没有固定频次，按CCAR-135部规章运行。

体验飞行，指不以观光旅游为目的，而是以熟悉、体验航空活动，特别是驾驶舱感受为目的，单次旅客不超2人，同一地点起降，是弘扬航空文化、普及航空知识的常见活动形式。

请根据上述定义，以小组形式展开讨论并回答：

① 短途运输属于空中游览吗？为什么？

② 体验飞行属于空中游览吗？为什么？

讨论要求：

① 小组内每位成员须积极参与，发表个人见解。

② 讨论中应注重逻辑性和论据支持，可引用相关法规、行业标准或历史案例作为参考。

③ 最后，小组须总结讨论结果，形成一致或多元化的观点，并准备向全班汇报。

微课：体验飞行
是空中游览吗

### （二）空中游览活动类型

#### 1.根据飞行距离和起降场地分类

（1）长途空中游览飞行　是指起降点之间直线飞行距离超过40km的空中游览飞行。我国部分省份幅员辽阔、景点分散、路途遥远、交通不便，使用航空器作为旅游的交通工具，既能够从空中俯瞰景点，又能有效节约时间。

（2）短途空中游览飞行 短途空中游览又分为两种情况：一是在同一起降点完成，并且航空器在飞行时距起降点的直线距离不超过40km；二是在两个直线距离不超过40km的起降点间实施的空中游览飞行。

#### 2. 根据空中游览的观赏对象分类

视频：北京八达岭长城空中游览

（1）城市型游览 主要是对城市建筑（如北京鸟巢、水立方，纽约自由女神像）、地标性景观（如上海黄浦江等）和城市夜景（如日本东京）的空中游览，但城市运行会带来噪声和安全方面的问题。

（2）景区型游览 主要是在自然景观地，使用航空器开展空中俯瞰或穿越飞行，由于景区往往远离城市因此噪声影响不大，但路途比较遥远。如北京八达岭长城直升机空中游览项目。

（3）旅游交通型 以通用航空短途运输的方式连接两个人口密集区，沿途赏景。如新疆开通的第一条空中游览航线——富蕴至喀纳斯航线，从富蕴出发，乘坐通航飞机只需1小时10分钟就可到喀纳斯看星空。

## 二、空中游览航线设计

### （一）航线设计的影响因素

#### 1. 观赏点时空特征

景区范围内的观赏点时空特征影响着该区域内空中游览航线的整体布局和潜在价值。观赏点的空间布局直接影响航线空间结构及其平面线形。具体航线设计中，根据光学特性来确定观赏点的最佳观赏视角和视程，根据游客心理特征来确定观赏点之间飞行时间间隔，根据空中游览区域内景点空间布局来设计航线空间结构。

#### 2. 游客心理

从旅游心理学角度分析，一条空中游览航线上所设置的观赏点数，以及航线的主题是否鲜明，是否有统一感、层次感和变化感，都会对空中游览航线的价值产生影响。通常情况下，空中游览航程以10~20min为宜，过长就会增加旅游疲劳度。航程设计应有鲜明的阶段性和空间序列变化的节奏感，由起景开始、发展到高潮、结束，逐渐引人入胜，富有节奏和韵律，动静相宜。

#### 3. 气象要素

空中游览对气候条件要求较高，一般情况下，空中游览的飞行高度在600m以下，甚至在200m以下进行超低空飞行。低空中变幻莫测的天气和复杂的地形，给飞行带来困难，甚至发生事故，因此气象条件是影响空中游览航线设计中的重要因素，实施空中游览的所在地点的可飞天数应比较多。如三亚气候适宜，除台风季节之外基本可飞。部分山区景点雾气较大（如黄山、庐山），难以常态性开展游览业务。

#### 4. 其他社会经济要素

无论是在城市旅游区，还是在自然景观区，空中游览所使用的航空器产生的噪声难免会影响到附近居民和游客的宁静生活，尤其是夜间飞行。因此，空中游览航线设计要充分考虑到各级法规的规定，必要时要召开居民和游客听证会，并根据相关法规和居民与游客的诉求，尽量避免产生干扰。

### （二）航线设计步骤

#### 1.收集相关资料

主要包括观赏点布局及其位置坐标、景区地形资料、景区常年（10年左右）的气象数据。

#### 2.初步确定飞行航迹

确定航迹（入景坐标、航高等）及其上观赏点数；确定航迹的空间结构；计算每条航线长度。

#### 3.初选航迹技术评估

选择执飞的航空器；沿预设航迹进行勘察飞行；对旅游视觉效果、航迹保护区范围进行评估等。

#### 4.航线经济效益评估

预期收入测算（年可飞天数、价格弹性）；成本测算（小时成本）；收益率、投资回报期测算。

## 三、空中游览组织实施

#### 1.飞行前准备

在起飞前，机长应确保每位乘客已获悉下列安全简介的内容：

① 固定和解开安全带的程序；

② 禁止吸烟；

③ 不得在飞行期间抛撒物体；

④ 打开出口和离开航空器的程序；

⑤ 灭火设备的位置及使用方法。

在起飞前，机长应做到以下几点：

① 实际指出和解释正常出口、紧急出口以及飞机上的任何安全装备的操作方法；

② 针对安全装备的使用以及正常出口和紧急出口情形做出示范；

③ 如果做示范不切实际，比如演示漂浮用具的实际膨胀效果，飞行员就应尽可能真实地模拟这个操作动作。

#### 2.人员要求

（1）驾驶人员　对于运行旅客座位数（不含驾驶员）10人（含）以上航空器实施空中游览的驾驶员，应具有至少100h本机型机长经历，还应有必要训练。

（2）乘客　了解乘客安全简介；对于患有心脑血管疾病、精神疾病、严重平衡器官功能异常等不适合空中飞行的疾病，以及受酒精、药物影响的乘客不得进行空中游览；乘客的登机、离机应遵照空中游览运营人工作人员的引导；在航空器运行期间，不得殴打、威胁、恐吓或妨碍在航空器上执行任务的机组成员，不得擅自触碰航空器的操纵系统或其他设备开关；航空器运营人认为应告知乘客的其他事宜；乘客登机前须向运营人提供身份信息并进行登记；为了简化安检手续，乘客登机时不得携带任何行李；乘客不得携带任何运营人认为可能干扰运行安全的设备，运营人负责对乘客携带的个人物品进行检查。

### 3.航空器要求

开展空中游览活动需要使用小型轻便、成本低廉、平稳安全、适于低空慢速飞行的航空器，其中城市型、景区型游览以4～6座级单发直升机和西锐SR20等下单翼固定翼飞机为主，交通型游览则以塞斯纳-208、皮拉图斯PC-12、运-12E等19座以下固定翼飞机为主。

### 4.运行场地要求

在空中游览飞行中，可以使用有跑道的机场或直升机场，不建议在特别繁忙的运输机场实施空中游览运行。直升机和自由气球可以选择野外场地实施起降，但由于野外选址进行飞行的运行环境复杂，须满足如下要求：获取当地的气候条件以及盛行风向风速等相关信息；实施空中游览时须配备对空电台，用于地面指挥人员与机组的通信联络。

---

**特别提示6-1**

### 不得用于空中游览的航空器

根据《空中游览和体验飞行》（AC-91-FS-033R2）咨询通告要求，以下航空器不得用于空中游览：

① 持有初级类航空器特殊适航证、限用类航空器特殊适航证、运动类航空器特殊适航证的航空器；

② 滑翔机；

③ 仅持有特许飞行证的航空器。

---

# 6.6 航空应急救援

## 一、航空应急救援概述

### 1.航空应急救援概念

航空应急救援是应急救援的一种方式，特指采用航空技术手段和技术装备实施的一种应急救援，其在救援的目的和对象上同其他应急救援方式相比没有本质区别。但其独特之处在于所使用的技术条件和组织管理与其他救援方式存在区别。航空应急救援使用了科技含量非常高的装备，需要通过特定的救援主体实施救援，并需要贯彻专业化的救援原则。航空应急救援充分体现了应急救援必须快速反应的原则，其在人类应急救援发展史上发挥的作用难以估量。

### 2.通用航空与应急救援的关系

一般来说，现场航空应急救援中通用航空飞行器是绝对的主力，尤其是救援直升机。直升机发明后首先就被应用在医疗救援上，至今仍是航空应急救援的主体。随着航空技术的发展，救援航空器更多地涵盖了包括飞艇、热气球在内的浮空器和无人飞行器，这些都是通用航空飞行器的一部分。可以说，没有通用航空产业的发展便谈不上航空应急救援产业的发展，通用航空产业的发展水平直接决定了航空应急救援产业的发展水平。

微课：空中
120——航空医
疗救护

国际上，最早使用直升机应急救援是在20世纪50年代，经过几十年的发展，目前主要发达国家和部分发展中国家已形成比较完善的直升机应急救援体系，具有很强的应急救援能力。关于直升机在应急救援中的突出作用，美国西科斯基飞机公司创始人西科斯基先生有一句堪称经典的描述："如果一个人正亟待救援，喷气式飞机能做的只是飞过他的头顶，撒下花瓣，而垂直起降的直升机却能挽救他的生命。"从直升机的技术特性来看，其垂直起降、空中悬停、前后左右飞行，且不受机场和跑道限制等优势，相比其他类型的航空器，更适合承担复杂的救援任务。

当然，从另一角度来说，航空应急救援产业的发展也推动了通用航空技术的进步和发展。航空应急救援产业的逐步建立和完善，为通用航空产业的发展开辟了空间，以更加具体实际的需求带动了通用航空产业的发展，使航空应急救援成为通用航空的重要市场增长点之一。因此，可以说航空应急救援与通用航空产业的发展好似鱼和水的关系。通用航空产业的健康发展为航空应急救援产业的发展提供了可能，而航空应急救援产业的发展也为通用航空产业的发展提供了庞大的市场空间和应用环境。

## 二、航空医疗救护

航空医疗救护作为一种反应迅速、专业化程度高的救护手段，成为现代社会不可或缺的公共服务，越来越受到社会各界的关注。根据《通用航空经营许可管理规定》（CCAR-290部）的定义，航空医疗救护是指"使用装有专用医疗救护设备的民用航空器，为紧急施救患者而进行的飞行活动"。

课件：航空医疗
救护

医疗救护是我国应急救援体系的组成部分，二者之间既有联系又有差异。航空应急救援是指发生大面积自然灾害、重大事故或重大公共事件时，利用航空器进行的救援活动，一般由政府主导，参与主体多元化，政府能够调动各种社会资源实施救援；而航空医疗救护主要针对的是常态化的救护，主要服务于高速公路事故、野外搜救、病患救助等其他日常情形，参与者为机构或个人。因此，应急救援一般定位为公共物品，由政府主导承担，而航空医疗救护在很多国家定义为准公共品，存在商业化运作的空间。

### 1.适用对象

① 适用于危重、疑难疾病由县、市级向省级、专科医院转诊的患者；

② 适用于转运途中需要提供优质高效的医疗救护来维持患者生命体征的患者；

③ 适用于高速公路等偏远开阔地区，救援不适应颠簸的患者，以及处于黄金救

援期的患者；

④ 适用于周边地区的危重病人转院至市区的患者；

⑤ 适用于突发事故或疾病而导致病情危重，如车祸的创伤、休克、急性心梗、脑梗死、肺栓塞等情况患者。

### 2. 分类和特点

（1）按救护任务发生的阶段不同划分　按救护任务发生的阶段不同，常态化的航空医疗救护主要可以分为院前急救和院间转运。"院前急救"是指通过航空器将医护力量送达现场并采取一些必要措施，直至通过地面交通工具或航空器将病员送达医院急诊室之间的这个阶段；"院间转运"则指病患在一个医院经过救治稳定后，通过航空器向其他医院转运的活动。

（2）按使用航空器不同划分　按使用航空器不同，又可以分为固定翼（图6-12）和直升机（图6-13）医疗救护，其中固定翼主要用于转运，直升机可广泛用于各种类型的救援。其中，5座及以下直升机由于空间限制，不太适合改装和执行常态的医疗救护任务，而重型直升机由于成本高，不经常用于医疗急救。

图6-12　固定翼医疗救护

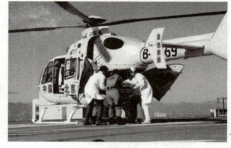

图6-13　直升机医疗救护

### 3. 航空医疗救护的实施条件

（1）企业资质要求　由于航空医疗救护一般在两点或多点间飞行，一般要求运营企业具有CCAR-135部资质，并在经营许可中有"医疗救护"项目。

（2）航空器要求　航空医疗救援主要使用直升机和固定翼两类航空器，其中，院前急救主要使用直升机，院后转运主要使用固定翼飞机。具体来说，在航空器选型方面主要考虑以下几个方面：一是性能与安全，良好的性能与较高的安全性是任何航空器选型都重点考察的内容。二是空间与设备，要有充裕的空间，足够的设备和合理的构型；三是考虑价格和成本的平衡；四是对飞行计划与航线的要求；五要考虑对专业人员的要求；六要考虑对机载医疗设备的要求（图6-14）。目前主流的救援机型有意大利阿古斯塔公司生产的AW139、AW119系列，美国贝尔直升机公司生产的贝尔Bell 412，空客直升机公司生产的H145、H175系列。

（3）起降场地的要求　院前急救一般使用的直升机起降点，既包括专门的楼顶高架直升机场，也包括操场、停车场、公路等改造的临时起降点。从布局上，既包括以医院为基地的模式，也包括以人群集中的社区为基地的模式。根据国外经验，单一基地可服务半径在60～90km范围内的区域。由于医疗救护需求的突发性，往往还对夜航能力提出要求。

院后转运一般使用固定翼医疗专用飞机，转、接诊医院所在地都需要设有机场，一般使用运输机场、公务机专用机场或跑道级别较高的通用机场。

呼吸机 汉密尔顿T1
Hamilon T1 产地：瑞士

除颤监护仪 卓尔X
ZollX-Series 产地：美国

注射泵 贝朗Space
B.Braun Space 产地：德国

吸引器 维曼
ACCUVAC Rescue 产地：德国

图6-14 机载医疗设备

# 6.7 民用无人机应用

2010年前，无人机主要应用在军事领域。在此之后，无人机在民用领域应用越来越广泛，其作为工具的属性越来越明显，在领域中创造需求，在需求中发展进步，逐渐形成了"无人机＋"的领域应用态势，目前已经应用的领域包括农业、电力、环保、石油、抢险救灾、林业、气象、国土资源、警用、海洋渔业、水利、测绘、城市规划等行业，其他行业的潜在需求也正逐步显现。

一种具有革命性的新工具出现，首先必然让大多数行业发现已有业务活动多了一种实现的可能，并且这种实现可以带来明显的生产力提升；其次，这种工具可以激活行业的新需求，实现本来无法或者很难实现的业务功能。时代赋予无人机技术爆炸式发展的机会，当前各行业都在尽可能快地接受这一工具，探索各种有价值的行业应用方式和相应的应用工艺。虽然在发展过程中也屡屡出现问题，但是作为新生事物，引导扶持比限制应用更加明智。因此，我们可以预见未来将会有更多的设备搭上无人机这个"顺风车"，有更多行业加入到"无人机＋"的大家庭中来。

根据无人机的功能作业分类，无人机的行业应用领域主要分为两个方面：一是基于无人机运载功能的应用；二是基于无人机承载设备功能的应用，见图6-15。

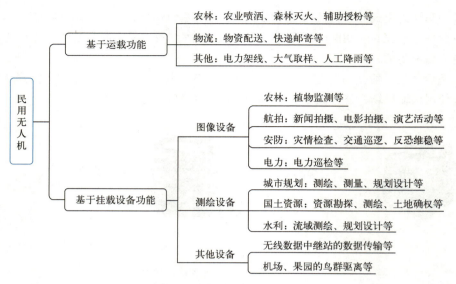

图6-15　无人机领域应用分类

## 一、基于无人机运载功能的应用

　　无人机作为一种空中运载工具，可以弥补一些难以用陆上或水上运载工具进行作业的工作。比如农林业中的喷洒作业，空中运载受地形地势的限制更小，可以到达陆上机械化运载工具难以到达的地方；再如电力部门要在高山悬崖上架线，运输只能靠人工，即人拉肩扛将电线搬运上去，如果采用无人机辅助搬运，则劳动强度将会大大降低，工作效率也会大大提高。对于物流行业来说，无人机非常适用于偏远地区和紧急件的派送，同时能有效提高配送效率，减少人力、运力成本。

### 1.植保无人机

　　农田药物喷洒是农用无人机最为广泛的应用，与传统植保作业相比，植保无人机具有精准作业、高效环保、智能化、操作简单等特点，为农户节省大型机械和大量人力的成本，全国各地不少地区已使用植保无人机进行药物喷洒作业，受到了人们的肯定。按照国家18亿亩耕地的红线估计，农业植保领域将会有千亿市场空间。

　　我国2004年开始由科技部863计划、农业部南京农业机械化所等开始植保无人机的研究和推广，2007年开始无人机产业化探索，2010年第一架商用无人机进入市场，掀开了中国植保无人机产业化的序幕。至今采用无人机进行植保等农林业管理已经成为一个不断发展、成熟的市场。据统计，2018年植保无人机市场保有量已突破3万架，飞防总作业面积突破3亿亩次。这也预示着中国航空植保产业发展进入全新时代。到2021年仅病虫害专业防治服务组织的植保无人机就已超12万架，作业面积突破10.7亿亩次，有超过20万名飞手活跃在田间地头。从全球范围看，我国正在引领无人机行业高速发展，在飞行控制、超低空施药等技术和产业化水平上，我国已居世界领先地位，已出口到欧美、日本、东南亚等20多个国家和地区，无人机已成为中国农业的科技招牌。

植保无人机最吸引人的地方就是效率。如图6-16所示的农田喷洒场景，以起飞重量为14kg的无人机为例，20亩农田喷洒农药15分钟左右就可以完毕，日喷洒面积在300～500亩；而依靠人力喷雾器，每天仅作业10余亩，即使是地面机械中效率最高的高架喷雾器，无人机的效率也是其作业效率的6～8倍。采用无人机作业，具有节约50%的农药使用量、90%的用水量的潜力。此外，人们远距离遥控无人机，还可以避免作业人员暴露于农药环境的危险。

图6-16　无人机喷洒与人工喷洒场景

### 2. 无人机物流

无人机物流利用无人机替代人工投送快递，通过无线电遥控或程序自主控制来操纵无人机运载包裹，自动送达目的地，旨在实现快递投送的信息化、自动化、无人化，提升快递的投递效率和服务质量，以降低运营成本、仓库成本、人力成本等，提升行业竞争力，使快递的投送更加安全、可靠、快捷，如图6-17所示为无人机物流的应用场景。

图6-17　无人机快递

纵观全球，2013年6月，美国Matternet公司最早在海地和多米加共和国测试了无人机网络，无人机能够携载2公斤物体飞行9.7公里。2013年12月，亚马逊测试了一个叫作"Prime Air"的无人机快递项目，通过使用8桨遥控无人机实现鞋盒包装以下大小货物的配送，所有订单从发货开始会在30分钟内送达1.6公里范围内的客户手中。2014年8月，谷歌公布了已悄然实施两年的"翼计划"送货无人机研发项目。2014年10月，DHL宣布将在德国实现无人机送货。该公司的四旋翼无人机可运载1.2公斤的货物，飞行时间可达45分钟，时速最高可达65千米。2019年4月23日，美国联邦航空局宣布，向谷歌母公司"字母表"旗下的无人机配送公司"翼航空"发放美国首个无人机配送许可。

我国的无人机物流发展也很迅速，考虑到城市人口密集、建筑等地形复杂，及农村送货成本达到5倍与城市等情况，山区、偏远乡村成为无人机送货的主要目的地。2013年9月，顺丰自主研发的用于派送快件的无人机完成了内部测试，在局部地区试运行，由此拉开了国内物流无人机研发应用的序幕。2016年9月19日，国内初创公司迅蚁无人机与中国邮政浙江安吉分公司联合开通了中国第一条无人机快递邮路，也就是"杭垓镇—七管村"无人机邮路。2024年7月，据广东省邮政管理局发布的最新数据，广东快递行业企业建成快递无人机运营基地7个，配备无人机153架，配送站点72个，飞行线路258条，覆盖深圳、中山、珠海、东莞、湛江等地，每日飞行800架次、运输快件1.7万件。无人机快递已在医疗物资配送、跨海跨城配送、机场航空快件联运等方面展开应用。

## 同步案例6-2

### 大疆创新助力黄山旅游开辟低空货运航线

黄山，那座屹立在中华大地的仙境，地貌奇险、雄伟、陡峭、秀丽，可谓山岳型景区的典型代表。然而，正如一句古语所说："黄山归来不看岳"，这座美丽的山峰背后，隐藏着一个不可忽视的难题——物资运输。黄山地势崎岖，险峻的山路蜿蜒而上，物资运输一直是个天大的难题。在过去的时间里，黄山景区一直采用传统的物资运输方式，主要依靠挑山工和缆车。目前景区挑山工队伍平均年龄达57岁，由过去高峰期的300～400人下降至现在130人，平均每年人数下降10%。就在黄山的物质运输陷入困境的时候，无人机的出现彻底改变了现状。自2023年5月起，黄山风景区联合大疆开始进行无人机运输常态化试点工作。至当年9月份，无人机每天能够运输的最大量可达2000斤，累计运输各类物资已经超过19.315万余斤，基本涵盖了景区日常经营所需的各种物资。而在运输效率方面，无人机也表现出色，一条直线距离约3.2公里的运输航线上，双机运输模式下，往返运输含上下货仅需17分钟。在黄山，无人机不仅仅解决了运输难题，还为景区的发展带来了新的机遇。放眼未来，除了以黄山为代表的山地场景的应用，无人机在其他领域也有着广阔的市场前景。

## 二、基于无人机承载设备功能的应用

无人机更广泛的应用，是可以为各种挂载设备提供一个有效的空中作业平台，例如为相机或摄像机等图像设备提供了方便的鸟瞰拍摄维度，有利于寻找新奇的视角，拍出壮美的场景。无人机已经颠覆了航空摄影领域，逐步替代传统的吊机、直升机和航空飞机，成为影视广告新的标配工具。

### 1.无人机电力巡线

传统输电线路巡检的主要方式为人工沿线路步行或借助交通工具，使用望远镜和红外热像仪等对线路设备和通道环境进行近距巡视和检测。随着线路里程不断增加，人均运维长度逐年增加，人工巡检方式低效愈发明显，特别是在高山、沼泽等复杂地形以及雨雪冰冻和地震等灾害条件下人员难以到达，难以发现杆塔上部设备缺陷等缺点。

如果采用无人机安装可见光检测仪与成像仪、热红外等设备，可以高效从事架空输电线路大范围巡检筛查，发现人工巡检在地面视角无法发现的细小缺陷，不仅能够发现杆塔异物、绝缘子破损、防震锤滑移、线夹偏移等缺陷，还能够发现金属件锈蚀，开口销与螺栓螺母缺失，闪络故障点及电网设备某个部位温度异常。无人机还可以通过悬停、定点拍照等功能，将电力设施设备状况、线路通道等画面实时传送到地面控制台，实现前后方"零距离"协同作业。无人机巡检提高了电力维护和检修的速度和效率，使许多工作能在完全带电的环境下迅速完成，确保了用电安全，降低了劳动强度，其效率比人工巡检高出数十倍，避免了因线路事故产生的停电，可挽回高额的停电费用损失，如图6-18所示为无人机电力巡检的应用场景。

图6-18　无人机电力巡检

鉴于无人机应用的这些优势，2009年1月，国家电网公司就立项研制无人直升机巡检系统。2013年3月，国家电网公司出台《国家电网公司输电线路直升机、无人机和人工协同巡检模式试点工作方案》。目前，国家电网公司系统已全面推广应用直升机、无人机和人工巡检相互协同的输电线路新型巡检模式。

### 2.无人机遥感测绘

常规的地形测绘、地理信息的获取主要依靠人工作业，大量的外业测绘需要测量者常年野外奔波，跋山涉水，在大面积的作业区、高低起伏的外表面、形状不规则的堆场等恶劣的自然环境中工作。人工测量劳动强度大、复杂费时、成本高。而随着科技的发展，测绘行业对于地理信息数据的精确性、时效性要求越来越高，传统测量方式的人工成本和时间成本难以满足行业的需求。

以无人机为空中平台的遥感技术可快速对地质环境信息和过时的GIS数据库进行更新和修正，相比于传统地面人工测绘具有简便、高效、经济、准确等优势；与卫星遥感相比，卫星遥感因为过境时间、过境轨道固定，不能保证在某个准确时刻抵达目标，并且受限于云层等条件，相关费用也高，而无人机作业可以低飞，对天气要求低，可飞天气多，可云下飞行，显得更加灵活；与有人飞机相比，有人驾驶飞机飞行高度在3000～4000米，对空中管制和气象条件要求非常苛刻，对起降场地的要求也更高，而小微型的多旋翼或固定翼无人机可以工作在近地面200米左右的空间，飞行审批手续较简单，航线规划更灵活，适用性越来越广，在工程设计、监测、监理、监察、验收、运营等方面的应用越来越得到重视，大有取代传统遥感技术的趋势。

## 思政园地

### 高原电力巡检——为了守护万家灯火

电影《中国机长》讲述了民航机长的感人故事，获赞无数，在南方电网电力巡线一线，也有同样优秀的"中国机长"。

2022年1月25日，南方电网通航公司B-70VU直升机机组保障春节期间千家万户平稳供电的故事被媒体报道。故事主人公史星波为该直升机机长，有着11年丰富的飞行经验，2021年在公司各机组中业绩排名第一，是名副其实的"明星飞行员"。

在直升机作业类型中，高原直升机电力巡线工作时间长，工作环境"冬冷夏热"，复杂多变，作业难度和危险系数大，甚至有中暑、缺氧、坠机、颠簸、失能……的风险，对机长的驾驶技术提出了更大考验。

作为一名从业超过十年的"老司机"，史星波常年在云南、贵州等地形、气候复杂多变的高原地带进行直升机电力巡线。作为一名党员，史星波乐于奉献，忠于职守，主动承担起了绝大部分的急难险重任务。春节期间他常常作为后备机组承担冰灾灾后巡检保障任务。"云南是电力巡线最难的地方，地形落差急剧，气候变化复杂，云南的大风天气经常给飞行带来很大隐患，最危险的地方一般是我来负责。我在山里悬停直升机的时候，大风形成的下沉气流很容易把直升机'拍'到地面上，我对此很有经验，一般会增速重新飞一遍，不要硬来。"史星波说道。

在夏季，机舱内的温度可达46摄氏度，目前由于条件限制，直升机内尚未加装电风扇和空调，高温时长时间作业常常面临着中暑等风险。尽管史星波已经在作业时做好了"全副武装"，但高原强日光辐射还是不可避免会晒伤。即便面临这种"冰火两重天"的考验，史星波从未缺席任何一次机巡作业。

以史星波为代表的南方电网直升机机长们在平凡的岗位上兢兢业业，为确保西电东送大通道安全稳定运行以及春节期间安全可靠供电默默奉献力量，只为守护万家灯火，实现对千家万户的承诺。

思政感悟：＿＿＿＿＿＿＿＿＿＿＿＿＿＿＿＿＿＿＿＿＿＿＿＿＿＿＿＿＿＿

＿＿＿＿＿＿＿＿＿＿＿＿＿＿＿＿＿＿＿＿＿＿＿＿＿＿＿＿＿＿＿＿＿＿＿＿

＿＿＿＿＿＿＿＿＿＿＿＿＿＿＿＿＿＿＿＿＿＿＿＿＿＿＿＿＿＿＿＿＿＿＿＿

## 巩固提高

### 一、填空题

1. 通用航空作业的操作与实施，一般包括＿＿＿＿＿＿、作业中的工作和作业后的工作。

2. 农林航空作业实施一般按＿＿＿＿＿＿、＿＿＿＿＿＿和＿＿＿＿＿＿等先后顺序完成。

3. ＿＿＿＿＿＿是指以取酬为目的，在航空器中实施的以观光游览为目的的飞行活动，包括异地短途观光。

4. 按救护任务发生的阶段不同，常态化的航空医疗救护主要可以分为＿＿＿＿＿＿和＿＿＿＿＿＿。

5. 无人机的行业应用领域主要分为＿＿＿＿＿＿和＿＿＿＿＿＿两方面。

### 二、单选题

1. 下列有关临时机场的选定，描述有误的是（　　　）。

A. 临时机场宜选在开阔、无障碍物（或少障碍物）的平坦地带

B. 跑道方向、进离场方向的确定要考虑气象因素

C. 可以靠近行车道、山洪行洪道及架空的线路

D. 尽可能利用现有的基础条件，如废弃的机场、废弃的公路或农村的场院

2. 下列哪项不属于工业航空项目（　　　）。

A. 航空物探　　　　　　　　　B. 海上石油

C. 空中游览　　　　　　　　　D. 电力巡线

3. 下列有关农业航空的作用，描述有误的是（　　　）。

A. 农业航空作业突击能力强，能够防御和控制重大生物灾害

B. 农业航空作业效率高，能够逐步实现土地规模化生产

C. 农业航空虽能为农业生产增效，但成本较高

D. 农业航空节省了人力成本，降低了作业风险

4. 按照新的规章要求，通航企业开展空中游览活动必须按照（　　　）规章进行运行合格审定。

A. CCAR-91部　　　　　　　　B. CCAR-121部

C. CCAR-135部　　　　　　　　D. CCAR-141部

5. 下述有关航空医疗救护的描述，有误的是（　　　）。

A. 常态化的航空医疗救护主要可以分为"院前急救"和"院间转运"

B. 院前急救主要使用直升机，院后转运主要使用固定翼飞机

C. 航空医疗救护一般定位为公共物品，由政府主导承担

D. 航空医疗救护和航空应急救援既有联系又有区别

### 三、简答题

1. 简述通用航空飞行实施的基本程序。

2. 简述工业航空的概念与作用。

3. 典型工业航空活动有哪些？

4. 海上石油服务作业注意事项有哪些？

5. 简述农林航空概念及内涵。

6. 简述农林航空作业实施流程。

7. 公务航空特点是什么？我国公务航空运营管理模式有哪些？

8. 简述低空旅游运行和保障条件。

9. 简述航空医疗救援的特点和开展条件。

10. 简述无人机在民用领域有哪些应用。

### 四、实践任务

根据通用航空的应用领域（如农业喷洒、空中摄影、空中游览、紧急救援等），选择一个具体主题，分小组设计一份模拟通用航空飞行活动的策划与执行方案。

## 学习评价

### 1. 自我评价

根据个人实际情况，在相应选项前打"√"，并在空白处填写具体评价或总结内容。此表旨在帮助学生全面回顾学习过程，明确自身的学习成效与不足，为后续学习提供指导。

参考答案

| 一级指标 | 二级指标 | 指标要素 | 具体评价 | |
|---|---|---|---|---|
| 知识获取 | 重点掌握 | 通用航空飞行实施的基本程序 | □ 完全掌握　□ 基本掌握 | □ 部分了解　□ 不了解 |
| | | 工业航空概念及典型作业类型 | □ 熟练掌握　□ 有所了解 | □ 知道部分　□ 不了解 |
| | | 农林航空概念及作业流程 | □ 完全掌握　□ 基本掌握 | □ 一般了解　□ 不太了解 |
| | | 公务航空的概念和运行模式 | □ 清晰明了　□ 基本掌握 | □ 略有了解　□ 完全不了解 |
| | 难点突破 | 空中游览与其他类似飞行活动的异同辨析 | □ 深入理解　□ 能够理解 | □ 尝试理解　□ 不理解 |
| | | 航空医疗救护的实施 | □ 完全理解　□ 有所理解 | □ 理解困难　□ 完全不理解 |

续表

| 一级指标 | 二级指标 | 指标要素 | 具体评价 |
|---|---|---|---|
| 能力提升 | 学习能力 | 主动查找关于通用航空飞行相关活动最新资料或案例 | □ 高效完成　□ 较好完成<br>□ 依赖指导　□ 缺乏主动性 |
| | 实践应用能力 | 运用所学知识设计一份旅游景区的空中游览路线 | □ 能独立分析　□ 指导下完成<br>□ 理解有限　□ 无法独立分析 |
| | | 根据农林航空作业流程设计一份农林喷洒作业飞行保障方案大纲 | □ 能独立分析　□ 指导下完成<br>□ 理解有限　□ 无法独立分析 |
| 素质达成 | 职业道德 | 飞行作业实施的安全意识与责任感 | □ 高度重视　□ 较为重视<br>□ 一般关注　□ 忽视 |
| | 团队精神 | 团队合作与沟通能力<br>（如小组讨论中的表现） | □ 优秀表现　□ 良好表现<br>□ 一般表现　□ 需加强 |
| | 学习态度 | 主动寻求新知识、新方法以优化飞行组织实施流程 | □ 经常考虑　□ 偶尔考虑<br>□ 很少考虑　□ 从未考虑 |
| 总分 | | | 100分 |

## 2.他人评价（可由同学、助教或教师填写）

同学/助教/教师评价（针对知识掌握、能力提升、素质达成三方面）

优点：_____

建议改进之处：_____

## 3.自我总结与反思

在本项目学习中，我认为自己最大的收获是：_____

遇到的最大挑战及解决方法是：_____

对于后续学习通用航空相关知识，我希望加强的方面是：_____

## 项目7

# 通用航空文化活动

### 学习目标

[知识目标]
① 熟悉通用航空文化的基本内涵、主要特征及作用;
② 掌握各类动态航空文化活动及特点;
③ 掌握各类静态航空文化活动及特点;
④ 熟悉通用航空文化建设目标及途径。

[能力目标]
① 能区分跳伞运动与滑翔运动的异同;
② 现场观摩一次航空展会,根据展会主题设计一份观展指南;
③ 根据学校或家庭所在地区航空资源条件设计一条航空研学主题线路;
④ 制作一份数字博物馆的讲解词。

[素质目标]
① 通过参与通用航空文化活动,增强文化认同与职业自豪感;
② 加深对通用航空在社会经济发展中所扮演角色的理解,培养社会责任感;
③ 激发对通用航空事业的兴趣和创新思维。

[参考民航规章、标准]
①《一般运行和飞行规则》( CCAR-91R4 );
②《人员降落伞组件和部件》( CTSO-C23f );
③《固定翼滑翔机与动力滑翔机的型号合格审定》( AC-21-AA-2009-07R1 )。

## 案例导入

### 航空文化如何推动通用航空启动消费市场？

　　一个成功的产业一定是一个能够卷入大量人口的行业，值得庆幸的是通用航空除了工具属性和交通属性之外，还有消费属性，正是因为有这个属性，才与中国这个庞大人口群体形成的市场有了一个接口，而能够承载这个接口的就是航空文化。

　　消费市场是需要培育的，而培育市场是需要大量投入的。但对通航消费市场来说，用巨大的投入来培育市场也是不太现实的，那有没有更好的办法呢？机遇就藏在航空文化中。中国要发展通航，不能等着航空文化自然产生，那就意味着要等上10~20年，等着飞机、从业者、爱好者的数量跟美国差不多了，然后才有强大的航空文化自然产生，这不是我们所希望的。对我国来说，具有现实意义的一定是通过发展航空文化，让更多"航空盲"以最低的成本变成"航空热"，进而把大量的人口圈进通航里，形成基础消费市场，进而推动通航的发展。

　　根据上述案例内容，思考以下问题：
　　① 通用航空文化的表现形式有哪些？
　　② 通用航空文化培育的途径有哪些？

## 项目导读

　　通用航空文化是航空文化的一部分，是人们在通用航空社会实践中产生的物质文化和精神文化的总和，是以自由飞行为核心的价值观念、行为方式和社会氛围等文化要素及其相互作用的结果，包含动态和静态通用航空文化部分。因此，通过本项目的学习，一是需要学生熟悉通用航空文化的基本内涵、主要特征及作用；二是需要学生分别掌握以各类航空体育活动为主的动态航空文化活动，及以航空文学艺术为表现的各类静态航空文化活动，能据此设计航空展会观展指南，制作数字博物馆讲解词等；三是需要学生通过观展、参与航空研学等实践活动，增强文化认同与职业自豪感，激发对通用航空事业的兴趣和创新思维。

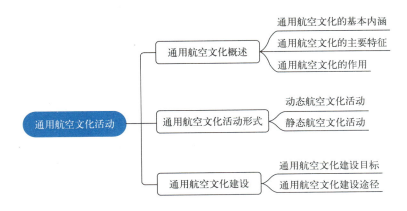

知识讲授

# 7.1 通用航空文化概述

文化只有根植于人民，才能枝繁叶茂，与航空行业文化、职业文化相比，我国的通用航空文化尚不够发达，不够普及。实现航空强国的战略目标，必须大力发展大众通用航空文化。

## 一、通用航空文化的基本内涵

### 1.通用航空文化的定义

航空文化源远流长，航空精神薪火相传。广义而言，航空文化是人类在航空实践中创造的物质文化和精神文化的总和。狭义而言，航空文化是具有航空特色的思想、意识、观念等意识形态和行为模式，以及与之相适应的组织体系和制度。

通用航空文化也是航空文化的一部分，是人们在通用航空社会实践中产生的物质文化和精神文化的总和，重点是以自由飞行为核心的价值观念、行为方式和社会氛围等文化要素及其相互作用的结果。人类最早的航空活动就属于通用航空的范畴，在西方发达国家，自从有了航空活动，通用航空文化就逐渐兴起，很快就蔚然成风，热爱飞行、驾驶飞机甚至参与飞机制造成为很多人的爱好和时尚。在我国，通用航空活动主要是在工业和农林作业领域，面向个人的航空运动和飞行训练刚刚兴起，公务飞行已经出现，个人驾驶飞机的私人飞行还只是在起步状态。因此可以说，我国的通用航空文化也仅仅处在起步-成长阶段。

知识拓展7-1

### 中国古代航空思想与实践

追溯航空发展的历史，中国的航空先人早就有翱翔蓝天的梦想并延续了数千年之久。他们在中国早期航空科技发明和航空活动中取得的辉煌成就表现在航空业的许多方面，甚至出现了一些航空器的雏形，走在了当时世界各国的前列。

在世界最大的航空博物馆——美国的华盛顿航空博物馆里，有一幅醒目的大字写着：人类最早的飞行器是中国的风筝和火箭。这句话诠释着中国古代航空思想与实践在世界航空思想与实践中的地位与贡献。事实也的确如此。

4000多年前，华夏民族已学会在实际生活中利用空气动力，制作了船上的帆和舵，相关的发明还有扇子、风扇、风车等。

微课：中国古代
航空思想与实践

2100多年前，中国出现了风筝，它是世界上第一种重于空气的飞行器，并已得到世界的公认。

2000多年前，中国出现了松脂灯（孔明灯），它用加热后的空气托起灯笼，是最早的热气球雏形。随后，利用燃气驱动叶轮制成的走马灯则成为流传至今的民间花灯。

1000年前，中国出现了竹蜻蜓，它是利用空气的反作用力托升重物的成功典范，对螺旋桨和直升机发明有直接的借鉴意义。

500年前，即中国明朝时期，出现了"神火飞鸦"，它可以利用4支绑在其上的火箭飞向目的地。

中国还发明了磁罗盘、陀螺、平衡环，均对世界航空的发展有重要意义。

### 2. 通用航空文化的外在表现

文化的内容丰富多彩，表现形式多种多样，涵盖人类社会生活的方方面面。通用航空文化也是一个内容丰富的庞大体系，既包括思想观念、价值标准和行为导向等一些隐性的文化内涵，也包括社会环境、舆论氛围和文化产品等一些显性的文化表现，渗透在通用航空活动的全过程及与之有关的方方面面。一架飞机，一个航展，一次讲座或论坛，一次飞行活动，一个飞机模型，一本航空图书或音像制品，一件飞行文化衫，甚至一枚飞机图案的胸针，都凝结着通用航空文化的内涵，都是通用航空文化的体现。尽管通用航空文化的表现形式如此之多，但是从通用航空文化的本质上，可以从三个层面进行理解。

① 对个人来说，通用航空文化是个人的航空知识、飞行愿望、飞行技能以及与飞行相关的航空活动；

② 对群体和社会而言，通用航空文化则是热爱飞行的群体共同的爱好和兴趣，是群体和社会浓厚的飞行活动氛围以及便利的飞行保障条件；

③ 对于国家和民族而言，通用航空文化的内核则是追求进步、向往自由以及生生不息的进取精神。正是因为如此，通用航空文化才能够成为一种先进的文化，使个体向着自由和全面发展，使国家和民族走向进步和强盛。

### 3. 通用航空文化的层次

文化具有一定的层次结构，根据文化洋葱模型（图7-1），通用航空文化可以从物质、制度、行为、价值观等四个层面进行划分。

（1）物质文化层　就通用航空文化而言，物质文化层包含了航空器、航空设施与设备、航空科学技术等。其中，航空器在物质文化层中占据核心地位。人类在一百多年的通用航空实践中，创造了巨大的物质文化，航空器推陈出新，从最早的"飞行者1号"到快捷舒适的现代飞机，航空器的研制生产不断地实现了新的跨越，推动了航空技术的整体发展，同时也带动了相关科技的快速发展，如冶金、电子、机械、纺织等多个领域，并催生了相关产业的繁荣发展，与通用航空产业相关的各种文化产品更是不一而足。从某种意义上说，航空物质文化是通用航空文化的"引擎"。

课件：通用航空文化的基本内涵

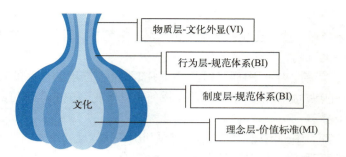

图7-1　文化洋葱模型

（2）制度文化层　通用航空文化是人们在通用航空实践中的各种社会规范，如空域及飞行管理的相关法规、制度等等。自由从来是相对的，自由飞行也不是没有任何限制的随心所欲的飞行，而是通过开放空域，建立完善的空中管制和地面服务系统，来保证飞行活动的便利进行。美国在二战后开放了天空，随之建立起了与通用航空灵活、便捷的特点相适应的分级管理制度和相关管制系统，地面的各种服务如机场、加油、维修等设施也得以完善，形成了通用航空制度文化的健全体系。我国当前发展通用航空，最为关键和缺乏的，就是满足自由和便捷飞行需要的制度法规体系。

（3）行为文化层　通用航空文化是人们在通用航空实践中的行为规范的活动表现，如通用航空活动、通用航空运动等。驾驶飞机必须取得相应的飞行执照，符合空中交通管制规定等。当前，我国在通用航空领域，学习飞行驾驶和私人飞行刚刚起步。在美国等西方发达国家，私人飞行早已经成为一种普遍现象。由于相对比较简单，航空体育运动近年来在我国发展较快，滑翔、跳伞、航空模型和模拟飞行等正在逐步普及。通过航空运动，满足了人们张扬个性、增强体质以及高端休闲的需求，促进了人们对通用航空产业的了解和通用航空文化的形成，为通用航空的深入发展打下了基础。

（4）价值观文化层　通用航空文化是由人们在通用航空实践和意识活动中形成的思想观念、价值取向、精神追求等构成的。价值观文化又可以进一步细分为政府的思想观念和服务态度、公民的航空意识及参与热情、社会的舆论氛围和支持环境等。价值观文化直接影响人们的行为，是通用航空文化的核心部分。通用航空文化建设，重点是价值观文化建设。在我国，通用航空文化缺失的根源是价值观文化的缺失。向往自由飞行、崇尚航空运动、热爱航空科技的价值观念没有确立起来。建设通用航空文化，首先要进行价值观塑造，转变思想观念，牢固树立起空域的资源意识、开发意识和服务意识，激发老百姓从事通用航空活动的意识和热情，以良好的社会舆论氛围和保障条件支持通用航空的发展。

通用航空文化的四个层次结构，缺一不可，互为支撑。其中价值观文化是"灵魂"，物质文化是"引擎"，制度文化是"守护神"，行为文化则是"标志性动作"。发展通用航空文化，这四个层次一个都不能少。

## 二、通用航空文化的主要特征

任何一种文化都有其显著的特征，是此文化区别于彼文化的标志。通用航空文化是一种特征鲜明的文化，正是由于这种特征的鲜明性，往往让人一看便知，过目不忘。

### 1.充盈着"飞行"元素

飞行是一切航空活动的目的，不管是设计飞机、制造飞机，还是进行航空科学技术研究，目的只有一个，都是让航空器飞起来；不管是用画笔描摹航空的壮美，还是用诗歌抒发蓝天情怀，都离不开两个字——"飞行"。"飞行"是"航空"内涵中最核心的部分。因此，通用航空文化必须具有"飞行"元素。作为对象指称、文化创造工具和文化创造成果的文化符号——无论是一架飞机，还是一个知识单元、一个画面、一个LOGO——必须让人们联想到飞行。没有或缺少"飞行"元素的文化，不是通用航空文化。

### 2.具有复合性

如前所述，文化有四层结构，即物质文化、制度文化、行为文化、价值观文化。世界上有许多种文化可能更加偏重某一结构层，或某两个结构层，比如我们讲汽车文化，它偏重物质文化特性；宗教文化偏重的是价值观文化特性。通用航空文化是一个复合的文化系统，物质、制度、行为、价值观一个都不能少。没有航空器，如何飞起来？若没有各种制度的规范，任何航空活动都是不着调的"瞎飞"。行为就更不用说了，与通用航空相关的任何行为，几乎都是职业行为中最严格、最规范、最有特点的。价值观是通用航空文化的灵魂，是最能体现航空文化魅力的所在。

### 3.体现科学性

航空器是科学技术发展到一定阶段的产物，人类借助于科学的力量才实现了飞行的梦想，没有科学便没有航空。因此，科学精神是通用航空文化与生俱来的品格和气质。从大的方面讲，航空活动属于一种科技活动，在人类的科技活动中，遵循这样的规律：技术环境决定技术原理，技术原理决定其技术特征，而技术特征又往往转换成文化特征。航空飞行是人们借助航空器，利用空气静力（浮力）或空气动力，克服了地球引力而实现的。如何更好地利用空气静力（浮力）或空气动力，是航空活动的永恒话题，也是航空文化中最能体现科学性的所在。

### 4.充满自由精神

恩格斯说"文化上的每一个进步，都是迈向自由的一步"，马克思说"人类的特性恰恰就是自由的自觉的活动"。人类的天性就是不断地追求更大的自由，从远古时期关于飞行的神话传说，到莱特兄弟"飞行者1号"的艰难一跃，从李林塔尔冒死飞越大西洋，到耶格尔上尉突破声障，人类追求自由的脚步在通用航空文化中化作了一个个美妙的瞬间。通用航空文化是人类不断追求自由的结果。

## 三、通用航空文化的作用

### 1.促进文明进步

航空文明是人类文明史上最夺目的篇章之一，因为它代表了新的科技文明、新的时空文明、新的军事文明和新的精神文明。航空文明主要通过通用航空文化的方式，为社会所了解，被大众所接受，进而促进了整个社会文明程度的提高。借由通用航空文化，人们得以充分地感受自然、理解自然，进而热爱自然、掌握自然规律；借由通用航空文化，人们得以充分地感受科学、理解科学，进而热爱科学、掌握科学；航空事业的每一次进步都是对自然、技术和人类生理心理极限的挑战，第一次飞越大西洋、第一次飞越极地、第一次环球飞行……，航空与探索共生，与冒险共存，而探索与冒险恰恰是推动人类进步最伟大的原动力。

### 2. 丰富人民生活

航空科技代表了先进生产力，航空文化是先进生产力的结晶。推广和繁荣通用航空文化，可在一定程度上满足人民群众日益增长的物质和精神文化需求。在物质文化层面上，人们可以通过航空文化获取先进的航空科技知识，掌握先进生产手段和生产工具；在精神文化层面上，丰富多彩的通用航空文化，可以让人们获得身心的愉悦，思想的启迪，精神的振奋，生活质量的提高，乃至幸福指数的提升。

## 课堂讨论7-1

### "天空之舞"——国内通用航空嘉年华活动纪实

背景描述：在一次为期三天的"天空之舞"通用航空嘉年华活动中，来自全国各地的通用航空爱好者、企业家、飞行员以及普通民众齐聚一堂，共同见证了通用航空文化的魅力。活动现场，不仅有各式各样的通用飞机静态展示，包括私人飞机、运动飞机、直升机乃至复古飞行器，还举办了飞行表演、航空知识讲座、模拟飞行体验、航模制作与竞赛，以及航空主题文化市集等活动。特别值得一提的是，活动还邀请了多位通用航空领域的先驱人物分享他们的飞行故事，激发了无数人对通用航空的向往与热爱。

请根据上述背景，以小组形式展开讨论并回答：

① 从活动中的不同环节（如飞行表演、知识讲座、文化市集等）出发，分析它们如何共同构成了通用航空文化的多元面貌，并举例说明。

② 通用航空文化如何促进公众对航空领域的认知与兴趣，对推动航空科普教育、激发青少年科技梦想、促进地方经济发展等方面的积极作用。

讨论要求：

① 小组内每位成员须积极参与，发表个人见解。

② 讨论中应注重逻辑性和论据支持，可引用相关法规、行业标准或历史案例作为参考。

③ 最后，小组须总结讨论结果，形成一致或多元化的观点，并准备向全班汇报。

### 3. 普及航空知识

文化的意义在于教化，而教化不仅是道德教化，也包含了知识的传承、传播与普及，通用航空文化在普及航空知识方面，有着不可替代的独特作用，因为它寓教于乐、寓教于"飞"、寓教于"生动"。"随风潜入夜，润物细无声。"人们在享用通用航空文化的同时，获得了有益的航空知识，岂不乐哉？

### 4. 强化航空意识

黑格尔说，一个民族有一些关注天空的人，他们才有希望。一个民族只关心脚下的事情，是没有未来的。关注天空，是一种空天意识，而航空意识是空天意识的重要组成部分。

在我国当代，强化国民的航空意识，不仅异常重要，而且十分迫切。我们之所以要强化国民的航空意识，是因为天空"并不宁静"，来自天空的威胁现实而又严重；我们之所以要强化国民的航空意识，是因为天空中有着"无穷的奥秘"，蕴藏着"财富"，亟待我们去探索、去发掘；我们之所以要强化国民的航空意识，是因为天空中写着"民族的未来"、写着"复兴的希望"，谁拥有了天空，谁就把握住了自己的命运，把握住了自己的未来。

### 5. 营造发展氛围

航空事业是一项崇高的事业，航空产业属于国家战略产业、高科技产业，发展航空事业、发展航空产业，需要全社会的关注、理解和支持，需要广泛地调动社会资源，甚至需要强大的国家意志。因此，营造利于航空发展的社会氛围，培植航空发展沃土，争取更多的社会支持，对于航空事业可持续地健康发展，至关重要。

# 7.2　通用航空文化活动形式

## 一、动态航空文化活动

动态的航空文化活动主要是以"飞行"为核心的各类动态飞行活动，包括飞行表演和各类航空体育运动。其中，飞行表演是自飞机出现以来，由人类与生俱来的天空飞翔的欲望驱动产生的。飞行表演自莱特兄弟开始便已成为航空业界展示成果的重要手段。飞行表演队通过精彩绝伦的飞行表演以及与民众（尤其是青少年）的深入交流，展示飞行风采，宣传航空文化，对提振国民士气、获取民众支持具有不可替代的作用。

航空体育运动是利用飞行器或其他器械在空中进行的体育运动。它是伴随着飞行器的诞生和航空科技的发展而开展起来的。现代航空体育运动项目有跳伞运动、滑翔运动、航空模型运动、热气球运动、飞行竞赛和特技飞行等。

### （一）飞行表演

飞行表演，它是以飞机为舞台，以蓝天白云为背景，用惊险的特技和美妙的队形演绎出的航空大戏。它独具魅力，令人如痴如醉；它惊险绝伦，使人荡气回肠。飞行表演，是最能打动人、最受大众欢迎的航空文化形式。

#### 1. 飞行表演的历史

第一次具有轰动效应的飞行表演是 1909 年 8 月在法国兰斯举行的航空博览会上。

微课：飞行表演

在那次盛会上，众多飞行家现场献艺，场面十分壮观，观众惊叹飞机的神奇，完全被飞行的魅力所折服，情绪激昂，万人空巷。后来在欧洲大陆及北美相继举行了类似的盛大集会，无一不取得巨大成功。其中，以英国人格雷厄姆·怀特在英国伦敦的亨登机场举办的航空展览会最为出色，每逢星期四、六、日以及节假日都进行飞行表演，深受伦敦人喜爱，亨登机场后来也成为英国皇家空军举行飞行表演的固定地点。

早期从事飞行表演的人成分很杂，有飞机设计师、工程师，也有民间人士，有的立志发展航空事业，有的纯粹为了养家糊口。活跃于20世纪二三十年代的"飞行马戏团"就属于后者，他们驾驶着各种各样的飞机，表演各种惊险刺激的飞行特技，成为那个时代的奇观，对于大航空文化的形成与传播，功不可没。

### 2.飞行表演的种类

从目的性看，飞行表演发展至今，可以归结为三类：

第一类是以显示国威军威、展示训练水平和军队风采为目的的仪仗飞行。通常由军队的正规表演队来实施，场面宏大，队形整齐。

第二类是以展示精湛的飞行技艺为目的的表演飞行。以民间表演队居多，他们以惊险刺激的动作和充满悬念的编排吸引观众的目光。

第三类是以展示航空科技成就、推销最新产品为目的的展示飞行。往往以单机表演为主，经常会做出一些令人惊叹、出人意料的创新动作。

### 3.飞行表演的奥秘

飞行表演成功与否，最主要的因素有两个：合适的表演用飞机和技术精湛、勇敢无畏的飞行员。而飞行表演怎样才能做到扣人心弦、引人入胜，就在于其艺术语言设计：一个是特技，另一个是队形。若要提高飞行表演的效果，还要在动作编排和气氛营造上下功夫。

飞行表演实际上是由一系列飞行特技组合而成的，特技是飞行表演的灵魂，所以有人将飞行表演称为特技飞行表演。1989年，苏联飞行员普加乔夫驾驶苏-27飞机完成"眼镜蛇机动"，曾轰动世界，见图7-2。

图7-2  普加乔夫眼镜蛇机动示意图

整齐而多变的飞行队形是现代飞行表演的另一种艺术语言。飞行队形是由飞机之间的间隔、距离、高度差决定的。从观瞻效果考虑，飞行表演的队形越密集、越整齐，就越富有感染力。

飞行表演的动作编排也是影响整体表演效果的关键环节，既要考虑技术因素，又要考虑艺术因素。从技术方面考虑，要充分展示表演机特有的飞行性能，还要保证表演机在观众的视野范围（一般为1km²）内完成全套表演动作，每个动作都要有出彩之处。从艺术方面考虑，动作编排要新颖、流畅，要惊险刺激、引人入胜，还要富有韵律。更重要的是，一定要体现出表演队和表演机的风格及个性，必要时甚至穿插一定的情节和寓意。意大利"三色箭"表演队的"丘比特之箭"（图7-3），就给人们留下难忘的印象。表演气氛的渲染是十分必要的，渲染气氛常见的有三种手段：华丽而富有表现力的飞机涂装、喷施彩色烟带、适时抛放红外诱饵弹。"法兰西巡逻兵"表演队往往在表演高潮喷施象征法国国旗颜色的红、蓝、白三色烟带，蔚为壮观（图7-4）。我国空军"八一"飞行表演队作为世界四大第三代超音速飞行表演队之一，常采用六机编队飞行，在国际舞台上展示我国空军风采，传递中国自信，见图7-5。

图7-3　意大利"三色箭"表演队的"丘比特之箭"

图7-4　"法兰西巡逻兵"表演队

图7-5　中国空军"八一"飞行表演队

### （二）航空体育运动

#### 1.跳伞运动

跳伞运动是指跳伞员乘飞机、气球等航空器或其他器械升至高空后跳下，或者从陡峭的山顶、高地上跳下，并借助空气动力和降落伞在张开之前和开伞后完成各种规定动作，并利用降落伞减缓下降速度在指定区域安全着陆的一项体育运动。它以自身的惊险和挑战性，被世人誉为"勇敢者的运动"。

微课：跳伞运动

（1）跳伞运动的发展　跳伞运动的源起是受到一位名叫拉文的囚犯用一把雨伞越狱的启发。1785年，法国的白朗沙尔受拉文冒险越狱的启迪，把狗和重物运上半空，然后乘降落伞下降获得成功。1797年，法国的一位飞行员乘气球升上高空，使用自己的降落伞下跳成功。从18世纪末开始，跳伞在欧美各国迅速发展，并逐渐流行于世界上许多国家。1926年，美国率先将跳伞运动正式列为空中比赛项目。20世纪50年代，跳伞由起初的救生和用于军事，发展成为一项国际性体育竞赛项目。1951年在南斯拉夫举行了第一届世界跳伞锦标赛，该竞赛从1954年起，每两年举行一次。如今，跳伞运动已经成为全球最为普及的航空体育项目之一，也成为年轻人最时尚的极限运动之一，甚至被发展成为一种技巧高超的体育活动。

（2）跳伞运动赛项　按载人器具分类，跳伞运动包括从飞机、直升机、滑翔机、飞艇、气球等各种航空器上跳伞和地面伞塔跳伞。国际上分为伞塔跳伞、氢气球跳伞和飞机跳伞三种。其中，飞机跳伞是我国开展跳伞运动的主要形式。飞机跳伞竞赛项目很多，国际上开展的项目有定点跳伞［图7-6（a）］、特技跳伞［图7-6（b）］、造型跳伞［图7-6（c）］、踩伞造型跳伞和表演跳伞［图7-6（d）］。

(a)定点跳伞

(b)特技跳伞

(c)造型跳伞

(d)表演跳伞

图7-6　跳伞运动赛项

（3）跳伞运动的主要装备　为了保证跳伞安全和成功，背带、容器、主伞盖、备用伞盖是跳伞人的必备装备，见图7-7。此外，为了确保整个系统正常工作，还有以下装备：

① 固定开伞索和挂钩（仅限固定开伞索跳伞）或主开伞索，用于打开主伞盖。

② 切断手柄，用于使主伞盖与跳伞人分离。

③ 备用手柄，用于打开备用伞盖。

④ 前后升降器，用于操纵伞盖。

⑤ 自动激活设备（ADD）。该设备是一种大气压设备，不断分析周围的压力，确定高度以及下降的速度。当高度低于984ft（300m）、垂直速度超过每秒125ft（38m）时，该设备将激活，打开备用伞盖。

⑥ 高度计，用于在跳伞时测量高度。

⑦ 护头装置，用于在坚硬的地面上着陆时保护跳伞者的安全。要求坚固轻便，内部有缓冲点，为减少阻力，应具流线外形，视野开阔，尺寸要与头型吻合。初次跳伞的人可能要使用坚硬的头盔。经验丰富一些的跳伞人可能希望使用皮质的帽子，尽管保护性能差些，但是更加灵活。

⑧GPS卫星定位仪。GPS除能准确确定飞行中的位置外，其最有用之处是可以将飞行航线以程序形式输入仪表，在空中进行飞行指示，显示飞行平均速度和到达下一站的预计时间，对在比赛和长途越野飞行中寻找目标转弯点，准确控制飞行航线有很大帮助。因此，国际航联才批准将GPS应用于航空运动中。

⑨ 服装，用于防寒保暖、防潮、防水、伪装等。

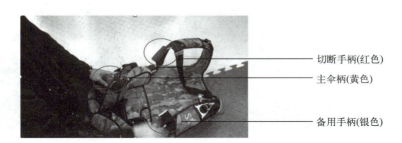

切断手柄(红色)

主伞柄(黄色)

备用手柄(银色)

图7-7　跳伞包

## 2.滑翔运动

滑翔运动是指飞行员搭乘重于空气的航空器械，主要依靠重力为前进动力，巧妙利用风力的变化所进行的各种飞行活动。滑翔运动由于其独特的刺激性，在欧美国家广泛普及，其中尤以滑翔伞运动为盛。在我国，滑翔运动也已成为广大航空运动爱好者向往和追求的体育运动。中国航空运动协会滑翔伞委员会正式注册的选手已达8000多人，经常飞行的爱好者无法计数，滑翔伞运动俱乐部已有二百多家。

（1）滑翔运动起源　滑翔运动最初是起源于阿尔卑斯山区登山者的突发奇想。1978年，一个住在阿尔卑斯山麓沙木尼的法国登山家贝登用一顶高空方块伞从山腰起飞，成功地飞到山下，一项新奇的运动便形成了。1984年，来自沙木尼的费龙

微课：滑翔运动

（Roger Fillon）从勃朗峰上飞出，滑翔伞在一夕之间声名大噪，迅速在世界各地风行起来。

（2）滑翔运动类型　滑翔运动所依赖的航空器械主要有：滑翔伞、动力滑翔伞、悬挂滑翔机（三角翼）、滑翔衣（翼装）和滑翔机等。

滑翔伞是目前全球最流行的滑翔运动器具，它价格低廉、便于携带，飞行乐趣也多，见图7-8。滑翔伞由伞翼、吊袋和备份伞组成。它一般在山坡上起飞，找到热气流或动力气流后盘旋上升，气流好时可升至2～3km，这也是滑翔伞运动与跳伞运动的最大区别。滑翔伞可以在山坡上起飞，借助气流盘旋上升，而跳伞则是一个自高到低的过程。随着滑翔伞性能及飞行员技术的提高，滑翔伞比赛种类也越来越多，大致有：滞空、定点着陆、定时赛、折返赛、距离标杆、指定路线、指定路线的自由飞行、开放式的自由飞行等。

动力滑翔伞是在滑翔伞基础上发展起来的，它是在飞行员座包后加上一个动力推进器，质量15～25kg，让伞和人获得初始速度，可在狭小的空间内起飞，飞行起来也更加机动灵活。但飞行时噪声较大，价格也贵，主要用于培训及商业飞行。

悬挂式滑翔机俗称三角翼，由可折叠的三角翼、龙骨、三角形操纵架、塔架和连接张线组成，见图7-9。实际上是一个无动力伞翼机，机翼呈三角形，飞行员悬吊在机翼下面的桁架上。三角翼的抗风性能比滑翔伞要好。

图7-8　滑翔伞　　　　　图7-9　悬挂式滑翔机（三角翼）

滑翔机（glider）大多没有动力装置，属于重于空气的固定翼航空器，见图7-10。滑翔机与飞机显著不同的是其狭长的机翼构型（即较大的机翼展弦比），机身外形细长，呈流线体。滑翔机可由飞机拖曳起飞，也可用绞盘车或汽车牵引起飞，还可从高坡上下滑到空中。在无风情况下，滑翔机在下滑飞行中依靠自身重力的分量获得前进动力，这种损失高度的无动力下滑飞行称滑翔。在上升气流中，滑翔机可像老鹰展翅那样平飞或升高，通常称为翱翔。现代滑翔机主要用于体育运动，分初级滑翔机和高级滑翔机。前者主要用于训练飞行，后者主要用于竞赛和表演，有的还可以完成各种高级空中特技，如翻跟斗和螺旋等。

图7-10　滑翔机

## 同步案例7-1

### 国际滑翔界的舒马赫

你相信有人能在空中无动力滑翔3000km，相当于从北京飞到昆明吗？一个被称作"国际滑翔界的舒马赫"的德国人克劳斯给了肯定的答案。奥秘何在？

首先，克劳斯驾驶的是一架滑翔比高达60比1的高级动力滑翔机。这种高级滑翔机每向前滑翔60m距离才下降1m的高度。飞行的阻力非常小，而抗风能力是普通民航客机的3倍。

其次，克劳斯的滑翔机是有动力的，他借助滑翔机上的发动机爬升到4000m的高度，然后关闭发动机开始进行无动力的破纪录飞行。

然后，克劳斯选择南美洲的阿根廷进行破纪录的飞行，是因为阿根廷境内安第斯山脉独特的气流，当气流流过山脉时，会产生像水波纹一样的气流。这种气流被滑翔界称作"波状上升气流"。波状上升气流和普通的热气流不同，可以绵延得非常远，而克劳斯正是凭借多年在山区飞行的经验，成功地抓住了一股强劲的波状气流，一路扶摇直上。

最后，克劳斯在飞行中获得了阿根廷空军的配合。

许多没有接触过滑翔运动的人对于克劳斯创造的世界纪录都感到匪夷所思。有人认为这个纪录已经达到了极限，想要再有所突破将是非常困难的。克劳斯说："真正限制人类突破自身极限的，是人们自己的想象力。这个世界上只有想不到，没有做不到。"

#### 3.航空模型运动

航空模型运动，是以放飞、操纵自制的航空模型进行竞赛、娱乐和创纪录飞行的航空运动。不同于一般的运动项目，它必须用自己制作（装配）的航空模型参加竞赛，因此它不仅是一项单纯的竞技运动，而且包含着丰富的工程技术理论和制作内容。

航空模型是一种有尺寸和重量限制的雏形航空器，分为自由飞行（代号F1）、线操纵圆周飞行（代号F2）、无线电遥控飞行（代号F3）、像真模型（代号F4）4大类，共计26种，见图7-11。竞赛分为比赛项目和纪录项目。

（1）航空模型运动起源　1903年莱特兄弟发明飞机后不久，航模运动便逐渐开展起来。1905年国际航空联合会成立，航空模型就被列为其管辖的项目之一。20世纪20年代开始，美、英、法、苏等国普遍开展航模运动。1920年，中国赴美留学生桂铭新在美国举办的航空模型比赛中获得第一名。自1926年起，国际航联每年都举办国际航空模型比赛。20世纪50年代，国际航联对航模竞赛内容和方法进行了重大改革，确定世界航模锦标赛每两年举办一次。航模运动就此成为世界性的航空体育运动项目。

(a)自由飞行(代号F1)

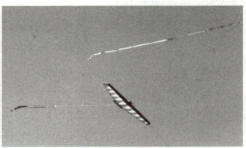

(b)线操纵圆周飞行(代号F2)

(c)无线电遥控飞行(代号F3)

(d)像真模型(代号F4)

图7-11　航空模型运动

新中国成立后，中国航模运动迅速发展。从1956年起，每年举办全国性的比赛。1959年中国运动员王埭首次打破航模世界纪录，此后中国运动员多次打破世界纪录，水平一直位于世界前列。

（2）航空模型运动比赛　航空模型列入世界锦标赛的有12个项目，按惯例分别举行世界自由飞行（3项）、线操纵圆周飞行（4项）、无线电遥控特技、无线电遥控模型滑翔机、像真模型（2项）和室内模型等6个锦标赛。世界锦标赛和重大国际比赛通常采用每项由3名（或3组）运动员参加单项团体和个人比赛的办法，对获得前3

名的选手给予奖励，见图 7-12。

图 7-12　全国航空模型比赛

　　发展航模运动有助于培养人们对航空事业的兴趣，普及航空知识和技术，培养航空人才，发展智力，增进身体健康。因此，航模运动不仅受青少年喜欢，成年人中也有不少发烧友，许多人在航模运动中找到了生活的乐趣。

## 知识拓展7-2

微课：航空运动有技术含量吗

### 航模运动有技术含量吗

　　很多人认为，航模只是玩具，人人都能玩。事实上并非如此，航模是一种既动手又动脑的活动，有很高的技术含量，有句话说航模是三分天上飞行，七分地下调试，它是集空气动力、电子、机械、无线电、材料、工艺、结构力学、气象、测量等多学科为一体的综合性很强的一项运动。

　　如果你喜欢的是像真机，比如二战时候的战斗机，那么就得在 1~2m 长度的航模上完全做出真飞机的细节，包括蒙皮、座舱、飞行员、起落架、轮胎、螺旋桨等，需要极大的耐心与技术才能完成。

　　它对遥控技术的要求也非常高，比如目前航模玩家普遍使用的以甲醇或者以汽油为燃料的油动二战机航空模型，其安装的发动机排量一般从 10~60mL，更大型的航模发动机的排量可以达到 100mL 以上，这么大排量的发动机，其高速运行时飞行速度可以达到 150km/h 以上，遥控器轻微的拨杆就能完全改变飞机的飞行状态，稍有疏忽便会坠机，这完全不是玩具可以比拟的。

　　所以说，航空模型没有经过长时间的学习与锻炼，是玩不了的，它也不是只适合青少年参与，恰恰只有成年人才能驾驭，目前它已经成为一项国际级户外体育运动，也是成人世界一项健康高雅的户外休闲运动。

#### 4. 飞行竞赛与特技飞行

　　飞行竞赛和特技飞行是现今开展比较普遍的飞行运动项目（图 7-13）。飞行竞赛项目包括在装有活塞式、涡轮螺旋桨式、喷气式发动机的各种重量级飞机上创造飞行速度、高度、航程、续航时间、上升速率、载重量等方面纪录的飞行；在装有活塞式发动机的单座运动飞机和双座教练机上，比赛封闭航线竞速飞行、直线往返飞行、起落航线飞行、绕标飞行等。特技飞行项目是在简单气象条件下，驾驶运动飞机进行各类高级特技、复杂特技的比赛。

图 7-13　非常刺激的红牛特技飞行大赛

飞行竞赛和特技飞行不仅表现在运动本身，也是对飞机设计师、机械师和驾驶员的全面挑战。在竞赛中产生的一些创新技术、创新理念和方法，许多都被应用到了型号设计、飞行实践和理论研究当中。

## 二、静态航空文化活动

静态航空文化活动是指那些不需要飞行器实际起飞和飞行的航空文化展示活动。这类活动通常包括航空器静态展示、航空历史展览、模拟飞行体验、飞行员讲座、航空摄影比赛等内容。参与者可以通过近距离观察各种类型的飞机、直升机等航空器，了解航空技术的发展历程，体验飞行模拟器带来的驾驶感受，聆听飞行员分享飞行经历，以及参与各种与航空相关的文化活动。静态航空文化活动旨在普及航空知识，激发公众对航空的兴趣，同时也是航空爱好者交流互动的平台。

### （一）航空文学艺术

文学艺术是借助语言、表演、造型等手段，塑造典型形象反映社会生活的文化形式，属于社会意识形态。文学艺术是最基本、最典型的文化呈现形式，以至于一提到文化，人们往往首先想到的就是文学艺术。按照一般的文艺理论，文学艺术包括语言艺术（诗歌、散文、小说、戏剧文学等）、表演艺术（音乐、舞蹈、杂技等）、造型艺术（绘画、雕塑、书法等）和综合艺术（电影、电视、戏剧、戏曲和曲艺等）。

文学艺术也是航空文化的重要表现形式之一，广义上讲，一切航空题材的文学艺术和一切为航空事业服务的文学艺术，都可称为航空文学艺术。在大众航空文化中，常见的航空文学艺术有以下几类。

### 1. 航空影视

航空影视指的是航空题材的电影与电视，由于电影电视是一种视听并用、视听结合的艺术，非常适合表现充满动感、紧张刺激的飞行场面。作为航空文化的重要表现形式之一，航空影视对于推动航空文化的大众化具有不可替代的作用。

微课：航空影视

（1）航空电影　提起航空电影，许多人都会想到好莱坞的《壮志凌云》。航空一直是西方国家的电影人十分热衷的一个题材。几十年来，美国、英国、法国、苏联、日本等国都拍出了不少叫好又叫座的航空电影。除了《壮志凌云》外，《绝密飞行》《虎！虎！虎！》《空军一号》，以及近年来上映的《飞行家》《萨利机长》等，都让人印象深刻。航空电影题材多集中在空难、空战、科幻、爱情等方面，故事曲折，画面震撼，节奏紧张，充分运用高科技手段。

我国的航空电影起步于20世纪50年代末。八一电影制片厂于1958年拍摄的《长空比翼》，讲的是志愿军飞行员的成长故事。1988年，由张艺谋导演，巩俐、葛优主演的《代号"美洲豹"》上映，讲的是海峡两岸联手粉碎了一起劫机事件。2000年上映的《紧急迫降》，是一部根据真人真事改编的航空灾难片，讴歌了飞行员和机组的英雄主义精神。2011年上映的《歼十出击》则讲述了空军新一代指挥员，在歼十新机列装后，胜利完成演习和保卫祖国领空的故事。2020年由林超贤导演的《紧急救援》，是华语首部海上救援题材电影，讲述了海上应急反应特勤队，以血肉之躯面对惊涛骇浪，为了拯救生命从不退缩的故事。总体上讲，我国航空电影数量不多，社会影响有限，有关航空等专业性内容制作还有待提高。

（2）航空题材电视片　电视片由于制作成本、制作周期远低于电影，加之快捷的传播方式，所以电视片抢占了电影的大部分市场。但电视屏幕比电影银幕小得多，一般电视片很少用全景和远景，大多采用中、近景和特写。因此，用电视片表现航空题材有利有弊。

在美国等西方国家，堪称鸿篇巨制的航空电视故事片不多，其航空电视片多集中在科普、历史方面。我国近年来随着航空事业的快速发展，航空题材电视片大量涌现，有电视剧、航空科普片、航空政论片（如《龙腾东方》），也有旨在宣传航空事业成就的宣传片等，发展势头很好。

总之，通过影视艺术等表现形式，可以让航空文化得到更为广泛传播，更有利于培育民族航空精神，增强民众爱国主义情感。

### 2.航空美术

美术又称造型艺术、视觉艺术，表现航空的美术即为航空美术。

（1）航空绘画　航空绘画是伴随着人类航空活动而诞生和发展的。最早的航空画是西班牙画家安东尼·卡内塞罗于1784年创作的《热气球升起在阿兰胡艾斯》，这一年是蒙哥尔费热气球诞生后的第二年，他也由此创作了这个题材。随着航空在西方的兴盛，航空发达国家出现了一大批专画航空画的画家，创作了一大批或生动、或宏大的航空画。在西方发达国家，航空画早已蔚然成风。美国五角大楼就悬挂着不少凯斯·费里斯（Keith Ferris）的航空绘画作品，美国航空航天博物馆里有他一幅宽75ft、高23ft的巨作——《战火中的堡垒》，描绘的是B-29轰炸机群轰炸日本的场景。美国空军一直对航空画抱有浓厚兴趣，英国权威的 *Flypast* 杂志长期以航空画做封面，许多西方普通人的家中也挂有航空画。在世界范围内，当代最有影响的航空画家要数英国的罗伯特·泰勒了，他的画被誉为航空艺术的"浮世绘"，拥趸众多，收藏家们也非常看好他的画。

中国的航空画诞生在抗战时期。近年来，有一批既热爱航空又热爱艺术的人在这个领域默默耕耘，创作出一大批优秀的航空画作。在中国，堪称航空画大师的当是陈应明老先生，他年轻时参加过"两航起义"，本来就是一个航空人。陈应明老先生说："我画的每一张航空画，背后都有一个航空史上动人的故事！""我的每一幅航空画上的每一架飞机都经得起考证。"不少航空迷在少年时期都痴迷过陈老先生的画，他的画作也点燃了青年人的航空报国热情。

（2）航空摄影　我们所说的航空摄影不仅指"航拍"，而是指一切反映航空题材的摄影作品。航空摄影包括两类：一类是从航空器上拍摄的影像，即航拍；另一类是在地面拍摄的航空器、航空人物、航空场景等。航空摄影独具魅力且操作简单，特别是手机具有拍摄功能之后，航空摄影正在成为航空文化的重要载体。

### 3. 航空文学

文学是一种语言艺术，包括小说、诗歌、散文等，航空文学指的是反映航空题材或充满航空元素的语言艺术。航空文学在电视、电脑普及之前曾比较流行，由于文学无法带给人直接、生动的视觉感受，因而在电视、电脑普及之后，航空文学日渐式微。

20世纪五六十年代是航空文学的鼎盛时期，无论是欧美、苏联还是中国，都出现了不少优秀的航空文学作品，多描写空战和空难。其中阿瑟·黑利的小说《航空港》影响甚大，这部小说在几十个国家出版，后被改编成电影，开灾难片之风潮。

在我国，虽然大众文化中的航空文学景气指数不高，但航空文学在航空企业文化、军队文化中依然占有重要地位。

### （二）航空展会和航空博物馆

### 1. 航空展会

微课：航空展会

一般认为，展会是为了展示产品和技术、拓展渠道、促进销售、传播品牌而进行的一种集中宣传活动。通过展会，不仅是产品的集中展示，也是一次文化交流的良好机会。

航空展会源于早期的航空活动，最早的航空展会是1909年在法国兰斯举行的航空博览会。100多年过去了，航空展会已经成为航空文化产业中的一个独立行业。按照展会地点分为固定展会和巡回展会；按照展会规模分为大型、中型、小型展会；按照展会内容分为综合展会和单项展会。人们甚至可以通过航空展会的规模、档次、展会内容等，来判断这个国家或地区的航空科技水平和航空文化氛围。

一般把大型综合性航空展会称为航空博览会，在航空博览会上均有飞行表演项目，因此能吸引众多的观众，其社会影响力、文化传播效应亦非常之大。

目前，世界上著名的国际性航空博览会较多。其中，巴黎航展是世界公认的规模最大的航空航天技术交流和商贸集会，被视作世界航空航天业厂家状况的"晴雨表"。两年一度的英国范堡罗航展知名度仅次于巴黎航展，规模曾长期排名世界第二。莫斯科航展是俄罗斯众多航展中规模最大的，集中展现俄罗斯的航空航天新成就、新产品、新技术是其显著特色，规模与英国范堡罗航展差不多。新加坡航展是亚洲最大的航展，在规模上曾一度超过莫斯科航展。加拿大航展是北美地区最大的航展。阿联酋迪拜航展是世界上最年轻的大型国际航空博览会，也是中东地区规模最大的航展，近年来展会规模不断扩大，影响力不断攀升。而在美国威斯康星州奥什科什市（Oshkosh）举办的EAA飞行者大会（EAA AirVenture Oshkosh），是世界通航爱好者的盛会。每年的夏季都隆重地举行一次，每次都有上万架大小各异的飞机和近百万狂热的航空爱好者参加，盛会上展示的绝大多数是私人拥有的或是自制的小型飞机。

## 知识拓展7-3

### EAA飞来者大会

EAA，全称Experimental Aircraft Association（美国试验性飞机协会），该协会是美国威斯康星州奥什科什的一个国际性航空爱好者组织，协会每年都会举办EAA飞来者大会（EAA AirVenture Oshkosh），是世界上最顶级的航空盛会之一。

每年7月的最后一个星期，成千上万的各式飞机从世界各地赶来，飞往奥什科什市，与近百万狂热的美国航空爱好者一起，赶赴一场飞行的盛会。盛会期间，不仅有花式多样的航空飞行器展示，有激动人心的飞行秀，有各种航空专业论坛，还有烟火表演与音乐会。盛会期间，你可以享受七天的现场世界级特技飞行表演，了解飞行的历史，与其他航空爱好者一起娱乐到夜晚。根据2019年的官方数据，大会举办期间，降落到奥什科什威特曼机场（Wittman Regional Airport）的飞机达到17000多架次（见图7-14），飞行表演起降架次达到2600次以上，静态展示飞机超过2700架，超过1000架自制飞机参展，超过800家参展商赴展，参会访问者达到60万以上。会展期间的奥什科什威特曼机场是世界上最繁忙的机场之一。

图7-14　EAA飞来者大会停机坪

中国有两个传统的大型综合性航空展会，一个是北京国际航展，一个是珠海国际航展。其中，北京航展创办于1985年，每两年举办一次，主要以室内展出为主。珠海航展，即中国国际航空航天博览会（图7-15），创办于1996年，也是每两年举办一次，已发展成为集贸易性、专业性、观赏性于一体，代表当今国际航空航天业先进科技主流，展示当今世界航空航天业发展水平的蓝天盛会，已是世界五大最具国际影响力的航展之一。

图7-15　中国国际航空航天博览会

## 同步案例7-2

### 湖南通航博览会"飞"出新高

为期3天的2023湖南（国际）通用航空产业博览会（简称湖南通航博览会）共吸引3万多名专业观众，共24.1万人次观展；现场成交量超4亿元，合同签约金额110亿元。

18场专业论坛，场场人气爆满。刘经南、刘大响、黄伯云等院士，以及来自国家部委、行业学会、科研院所、龙头企业的130余名专家学者汇聚一堂，围绕低空空域管理改革拓展趋势，以及智慧通航、eVTOL、通航遥感等前沿领域进行深度交流探讨，参会者超4500名。

本届湖南通航博览会参会规模、参展企业、客商层次等均超过往届。来自7个国家和地区的近400家企业，携1500余款新产品同台竞技。明星飞机"阿若拉"抓人眼球；电动化、智能化浪潮从汽车行业蔓延到航空业；AR翼装飞机、快递飞行器、VR跳伞模拟器等新技术、新产品，引领湖南通航产业迈向新高度。株洲分会场则在连续两年举办动态飞行表演的基础上，将动态飞行表演升级为株洲航空嘉年华。活动同时也举办了2023湖南省青少年航空航天模拟公开赛、"飞行家"青训营——湖南青少年社会实践活动等项目，让本届湖南通航博览会炫酷好玩，在青少年心中播撒下通航的"种子"。

——来自《湖南日报》

视频：湖南国际
通用航空博览会
（株洲动态展）

此外，中国每年还有不少单项性的、中小规模的航空展会。自2021年开始的湖南通用航空博览会，通过集中展示航空制造业发展及湖南低空空域管理改革成就，成为国内航展界的耀眼明星。

### 2.航空博物馆

博物馆，又叫博物院，是汇集、保藏、陈列和研究代表自然和人类文化遗产的实物，并对那些有科学性、历史性或者艺术价值的物品为公众提供知识、教育和欣赏的文化教育机构、建筑物、地点或者社会公共机构。博物馆是非营利的永久性机构，对公众开放，为社会发展提供服务，以学习、教育、娱乐为目的。

微课：航空博物馆

航空博物馆是以航空器、航天器以及与航空航天相关的器具为馆藏品和陈列品的场所，一般具有征集、保藏、陈列、研究和教育等五大功能。能被航空博物馆收藏和陈列的航空器具，一般都具有比较高的历史价值。在世界上大多数国家，航空与航天被并称为一个领域，因此，许多航空博物馆称为航空航天博物馆。我国在产业划分上航空与航天分得比较清楚，所以，航空博物馆与航天博物馆往往隶属于不同机构管理。

世界上许多国家都建有航空博物馆或航空航天博物馆，其中，规模最大、藏品最多的是美国航空航天博物馆。位于北京小汤山的中国航空博物馆是中国规模最大、藏品最多的航空博物馆（图7-16）。

图7-16　中国航空博物馆

图7-17　中国航空工业历史博物馆

除此之外，中航工业近些年建设了很多航空主题场馆，遍布全国各地。如北京密云中国航空工业历史博物馆是国内唯一一座完整反映我国航空工业百年发展历程的主题展馆（图7-17），由航空工业、中国航发、中国商飞三家集团联合筹建，还有河南洛阳六一三博物馆，广东珠海AG600飞机总装生产线，以及沈飞、成飞等厂区内的教育基地。

目前，数字航空博物馆成为一种新趋势。所谓数字博物馆，是运用虚拟现实技术、三维图形图像技术、计算机网络技术、立体显示系统、互动娱乐技术、特种视效技术，将现实存在的实体博物馆以三维立体的方式完整呈现于网络上的博物馆。数字航空博物馆将物理主体由博物馆转移至用户，改变了传统的博物馆单向传播的模式，将成为传播航空文化的新平台。中国目前有多家已建或在建的数字航空博物馆。

# 7.3 通用航空文化建设

航空梦，中国梦。100多年前，冯如就曾做过中国的通用航空之梦，如今已经触手可及。实现伟大的中国梦，需要建设社会主义先进文化。发展中国现代通用航空产业，也特别需要文化雨露的滋润。航空文化以其时代性和人民性，为社会主义先进文化增添了一抹耀眼的航空蓝。建设通用航空文化，就是丰富社会主义先进文化。

## 一、通用航空文化建设目标

第一目标——向全社会大力普及通用航空知识，努力营造通用航空文化氛围，培育通用航空的发展沃土，为即将到来的中国通用航空产业大发展、大繁荣，奠定文化基础；凝聚社会共识，为中国通用航空发展争取更多的社会支持；发挥文化的能动作用和先导作用，开创通用航空发展的新局面。

第二目标——通过加强通用航空文化建设，利用各航空文化丛之间紧密联系、彼此迁移的特点，把中国航空文化建设推向一个新阶段，进而提高国民的航空意识，提升中国航空的软实力，让中国航空界普遍受惠，促进中国航空事业的全面发展。

第三目标——将通用航空文化建设纳入社会主义先进文化建设体系，积极而自觉地开展航空文化实践，利用通用航空文化的独特优势，大力宣扬社会主义核心价值观，大力传播社会正能量，为提高全民族的文化素质、丰富人民精神文化生活、建设文化强国，做出应有的贡献。

## 二、通用航空文化建设途径

### 1. 强化政府的主导作用

通用航空是一个政策依赖性极强的行业，政府的航空意识、服务观念和管理责任，在很大程度上决定着通用航空的命运。政府在通用航空产业发展中、在通用航空文化建设中，均占据主导地位。

建设通用航空文化，发展通用航空产业，各级政府要率先改变观念，树立正确的价值准则和行为方式。必须以社会主义核心价值观为指引，强化空域的资源意识、开放意识和服务意识，树立空域即资源、服务即职责的政府工作理念；强化自由、平等、公正、法治的价值导向，提供政策法规、基础设施及应急救援等通用航空公共产品，营造有利于通航产业发展的政策环境和社会氛围。可喜的是，我国各级政府的航空意识和服务观念不断增强，发展通用航空产业的热情逐渐高涨，发展通用航空产业的政策环境正在快速改善。从2010年国务院、中央军委发布《关于深化我国低空空域管理改革的意见》至2023年10月，国家层面出台的有关通用航空产业发展的政策有60余个，各省、自治区、直辖市发布的"十四五"规划中都将通航产业包括通用机场建设、通用航空制造、无人机产业等纳入其中，对通用航空的发展起到了极大推动作用。截至2023年10月国家层面出台有关通用航空行业的政策名称如表7-1。

表7-1　截至2023年10月国家层面出台有关通用航空行业的政策

| 序号 | 时间 | 部门 | 政策名称 |
|---|---|---|---|
| 1 | 2003年1月 | 国务院、中央军委 | 《通用航空飞行管制条例》 |
| 2 | 2010年12月 | 国务院、中央军委 | 《关于深化我国低空空域管理改革的意见》 |
| 3 | 2012年10月 | 民航局 | 《通用航空飞行服务站系统建设和管理指导意见（试行）》 |
| 4 | 2012年12月 | 民航局、财政部 | 《通用航空发展专项资金管理暂行办法》 |
| 5 | 2014年7月 | 国务院、国家空管委 | 《低空空域使用管理规定（试行）》征求意见稿 |
| 6 | 2014年11月 | 国务院 | 全国低空空域管理工作会议 |
| 7 | 2016年5月 | 国务院 | 《关于促进通用航空发展的指导意见》 |
| 8 | 2017年2月 | 国家发改委 | 《通用航空"十三五"发展规划》 |
| 9 | 2017年3月 | 民航局 | 《关于取消通用航空器引进审批（备案）程序的通知》 |
| 10 | 2017年4月 | 民航局 | 《通用机场分类管理办法》 |
| 11 | 2017年4月 | 民航局 | 《通用航空安全保卫规则》 |
| 12 | 2017年5月 | 科技部、交通运输部 | 《"十三五"交通领域科技创新专项规划》 |
| 13 | 2017年6月 | 民航局 | 《通用航空市场监管手册》 |
| 14 | 2017年11月 | 民航局 | 《关于进一步明确通航企业和小型运输企业运行审定工作相关问题的通知》 |
| 15 | 2017年11月 | 民航局 | 《关于调整通航维修政策文件和维修单位管理咨询通告征求意见的通知》 |
| 16 | 2017年11月 | 民航局 | 《通用航空安全保卫规则（试行）》 |
| 17 | 2017年12月 | 民航局 | 《关于简化通用航空产品和零部件适航审定政策的通知》 |
| 18 | 2018年1月 | 民航局 | 《关于简化通航运营人装机器材适航挂签偏离申请程序的通知》 |
| 19 | 2018年1月 | 民航局 | 《关于改进通用航空适航审定政策的通知》 |
| 20 | 2018年2月 | 民航局 | 《关于对部分通航维系监管问题的说明》 |
| 21 | 2018年2月 | 民航局 | 《关于大力支持通航人员参加维修人员执照考试的通知》 |
| 22 | 2018年8月 | 民航局 | 《关于通用航空分类管理的指导意见》 |
| 23 | 2018年8月 | 国家发改委、民航局 | 《关于促进通用机场有序发展的意见》 |

| 序号 | 时间 | 部门 | 政策名称 |
|---|---|---|---|
| 24 | 2018年10月 | 民航局 | 《低空飞行服务保障体系建设总体方案》 |
| 25 | 2019年1月 | 民航局 | 《关于推进通航空法规体系重构工作的通知》 |
| 26 | 2019年2月 | 民航局 | 《关于进一步完善通用航空机场收费政策有关问题的通知》 |
| 27 | 2019年6月 | 民航局 | 《通用航空飞行计划审批与运行管理规定（试行）》 |
| 28 | 2019年7月 | 民航局 | 《关于加强运输机场保障通用航空飞行活动有关工作的通知》 |
| 29 | 2019年10月 | 民航局 | 《B类通用机场备案办法（征求意见稿）》 |
| 30 | 2019年11月 | 民航局 | 《轻小型民用无人机飞行动态数据管理规定》 |
| 31 | 2020年7月 | 民航局 | 《民航局关于支持粤港澳大湾区民航协同发展的实施意见》 |
| 32 | 2020年12月 | 中央空管委 | 低空空域管理改革试点拓展工作推进会 |
| 33 | 2021年3月 | 国务院 | 《国家综合立体交通网规划纲要》 |
| 34 | 2021年3月 | 国家发改委 | 《"十四五"规划和2035年远景目标纲要》 |
| 35 | 2021年11月 | 交通运输部 | 《综合运输服务"十四五"发展规划》 |
| 36 | 2022年1月 | 国务院 | 《"十四五"现代综合交通运输体系发展规划》 |
| 37 | 2022年1月 | 民航局、国家发改委、交通运输部 | 《"十四五"民用航空发展规划》 |
| 38 | 2022年2月 | 民航局 | 《"十四五"通用航空发展专项规划》 |
| 39 | 2022年2月 | 国务院 | 《"十四五"国家应急体系规划》 |
| 40 | 2022年2月 | 民航局 | 《"十四五"航空物流发展专项规划》 |
| 41 | 2022年3月 | 交通运输部、科技部 | 《交通领域科技创新中长期发展规划纲要（2021年～2035年）》 |
| 42 | 2022年10月 | 民航局 | 《非经营性通用航空备案管理办法》 |
| 43 | 2022年11月 | 体育总局等8部门 | 《户外运动产业发展规划（2022年～2025年）》 |
| 44 | 2023年6月 | 国务院、中央军委 | 《无人驾驶航空器飞行管理暂行条例》 |
| 45 | 2023年9月 | 民航局 | 《国内通程航班管理办法》 |
| 46 | 2023年10月 | 工信部等四部门 | 《绿色航空制造业发展纲要（2023-2035年）》 |
| 47 | 2023年11月 | 中央空管委 | 《中华人民共和国空域管理条例（征求意见稿）》 |

### 2.夯实大众的基础作用

通用航空，是根植于民众当中的航空。民众是通用航空的主体，也是通用航空的主要服务对象。通用航空文化的创造者是民众，通用航空文化的主要受众也是民众。"众人拾柴火焰高"，没有民众的广泛参与、没有民众自觉创造，通用航空文化建设就失去了根基。

建设通用航空文化，当务之急是强化民众对通用航空的认同意识、享用意识和飞行意识，鼓励民众积极参与各种通用航空活动。认同是一切自觉活动的前提，很难想象一个不知飞机为何物的人，会拿出毕生积蓄去买一架飞机，会送刚刚成年的孩子去学习飞行。为什么中美之间持有飞行员执照的数目差距如此大，很重要的原因是通用航空在中国的认知度太低。如何才能快速提高民众的认知度呢？灌输通用航空的概念，普及通用航空知识，弘扬通用航空文化。要让他们知道，航空梦是中国梦的一部分，航空梦也是每一个中国人的梦，航空梦并不是一个遥不可及的梦，而是一个不久即可实现的梦。

---

**课堂讨论7-2**

### 航空研学热开始了！

背景描述：在科技飞速发展的今天，航空领域成为了众多青少年向往的天地。航空夏令营可以让孩子们近距离感受航空的魅力，激发他们对科学的兴趣和热情。以下是某公司开发的"触摸蓝天·圆飞行梦"航空研学游线路特色：

在航空科普研学的环节中，学生们将有机会近距离接触飞机和航空设备，解锁飞行的奥秘。在飞机场的研学活动中，学生们可以亲身感受"神兵天降"的震撼、触摸林海雄鹰的英姿、学习军体拳、体验高空索降等刺激项目，让研学之旅更加充实与难忘。研学活动还包含由机长为孩子们讲解飞机机型种类、不同特点、用途、飞机基本飞行原理和成为一名飞行员的基本条件；讲解飞机各个系统和主要用途；由维修机械师讲解飞机内部构造。体验航空飞行等活动旨在培养青少年创新精神和实践能力，在他们心中埋下"飞天梦"的种子。

请根据上述案例，以小组形式展开讨论并回答：

① 航空研学旅行可以通过哪些形式开展？体现哪些特色？

② 请根据学校所在地区条件，设计一条航空研学主题线路。

讨论要求：

① 小组内每位成员须积极参与，发表个人见解。

② 讨论中应注重逻辑性和论据支持，可引用相关法规、行业标准或历史案例作为参考。

③ 最后，小组须总结讨论结果，形成一致或多元化的观点，并准备向全班汇报。

享用了才会体会出一个物品的价值，通用航空也是如此。通用航空好不好、能不能发展好，关键是让民众体会到它的价值和存在。汶川、玉树地震使国人普遍认识到航空救援的重要意义，抢险救灾、医疗急救和执法巡逻等都是通用航空应用的重要领域，是社会服务功能的完善，它和人民的利益息息相关。应用于工农业生产和石油勘探等领域的通航作业，直接服务于经济发展和环境改善，间接服务于社会发展，服务于人们的生活。而只有在私人飞机、公务机等的发展形成覆盖全国的小型机场和保障体系，其他特种用途和公共服务的通用航空才能以较低的成本迅速发展，抢险救灾、医疗急救和执法巡逻等才能真正大规模、低成本地应用起来，并最终造福于整个社会和全体公民。

### 3. 激发通用航空企业的能动作用

通用航空企业是通用航空文化建设最直接的受益者。通过通用航空文化建设，通用航空企业可以借此开拓市场、创建企业文化品牌、营销产品与服务。通用航空企业理应成为通用航空文化建设的一支生力军、一支突击队，在通用航空文化建设中发挥特殊的能动作用。

建设通用航空文化，是通用航空企业所肩负的义不容辞的社会责任。一个企业有无社会责任感，是衡量这个企业品位高低的重要指标。企业如何履行社会责任？主要通过社会公益活动和社会文化活动来践行。建设通用航空文化，也是通用航空企业自身发展的需要。宏观地看，通用航空企业的企业文化也属于通用航空文化中的一个分支。通用航空企业文化建设，着眼于强化发展意识和创新意识，目的在于凝聚人心、促进管理、规范行为、塑造品牌。通用航空企业文化内涵十分丰富，包括市场文化、效率文化、服务文化、质量文化、安全文化等子文化，这些子文化都是通用航空文化

## 知识拓展7-4

### 中国航空工业集团的企业文化

秉承宗旨：航空报国，强军富民

践行理念：敬业诚信，创新超越

社会责任理念：航空工业是国家的战略性支柱产业，强大的航空工业是一个国家建立独立自主稳固国防的重要基础，是保持一个国家国际社会地位的重要基石，是衡量国家综合国力和科技实力的重要标尺。中航工业将为推动中国航空工业的做大做强、促进强大国防力量的建设、助力国民经济的平稳较快发展继续做出重要贡献。

品牌形象：司徽由地球和变体飞行器组成。飞行器指向右上方，象征着航空工业"富国、强军、富民"的志向。蓝色环形表明航空工业有深厚的航空高科技基础，也象征着集团公司所属单位围绕航空工业，紧密团结，有着强大的凝聚力。飞行器下方"AVIC"，则代表了航空工业。通观整体构图，表现了航空工业在党中央、国务院、中国军委的领导和关怀下，实施"两融、三新、五化、万亿"的战略。

的有机组成部分。我们还要意识到，航空文化产业作为航空文化的一种形态，可以推动通用航空产业结构调整和转型升级，同时具有广阔的发展前景，而且其产品具有高附加值的特征。通用航空企业具有天然的文化气息，具有经营航空文化产业的天然优势。因此，从自身的实际出发，进行文化产品开发和文化产业经营，推出适销对路的文化产品和服务，可以大大提升通用航空企业的实力与市场竞争力。

#### 4. 发挥航空社团的桥梁作用

通用航空活动的举办主体为政府、企业和相关学会等。单纯地依靠政府，虽可能突出活动的公益性，强化社会效益，但可能因不能遵循经济规律而不可持续。山东省济南市莱芜区雪野"中国国际航空体育节"在举办三年之后停办就是一个鲜明的例子。单纯地依靠企业，可能会因过于关注经济效益而忽视了社会效益。因此，举办通用航空活动，应该充分发挥政府、企业和学会三者的功能，进行优势互补。政府进行总体规划、给予宏观指导和政策支持，企业按照市场经济的规律进行运作，同时充分发挥航空社团的桥梁作用。

航空社会团体，一般都是跨行业、跨专业、跨地区、跨部门的组织，如果是全国性社团，其影响力覆盖全国，而且社团中聚拢了许多各领域的专家和业界精英，是宝贵的人才库、智囊团和信息中心。航空社团都有民政部认证的资质，有明确的管理部门和严格的管理机制，是党和政府联系航空业界的桥梁与纽带，是航空同业者之家，也是航空界人士进行学术交流、文化交流、产业交流的重要平台。由于成员来自四面八方，所以具有独特的、单一领域难以具备的复合能力。因此，可以在通用航空文化建设中发挥特殊作用。

我国的航空社团多以学会和协会的形式存在，主要有中国航空学会、中国航空运动协会、中国民用航空运输协会、中国航空器拥有者及驾驶员协会、中国通用航空协会和中国直升机产业发展协会等。

航空社团的特殊作用，主要在于其人员背景比较"杂"、专业水平比较"高"、沟通渠道比较"平"、覆盖领域比较"广"，是通用航空文化建设中的一支"奇兵"。

## 知识拓展7-5

### 中国航空器拥有者及驾驶员协会

中国航空器拥有者及驾驶员协会简称中国AOPA，英文名称为Aircraft Owners and Pilots Association of China，缩写为AOPA-China。

协会成立于2004年8月，是由全国航空器拥有者及驾驶员自愿结成的全国性、行业性、非营利性的社会组织，是经民政部核准登记注册的社团法人。

协会的宗旨是：遵守国家法律、法规和有关政策，遵守社会道德风尚；促进、维护和代表会员在通用航空领域的权利和义务。

协会的业务范围包括"组织开展与通用航空相关的调查和研究，协助政府部门制定相关法律法规和政策，共同推动通用航空健康有序地发展"等十项内容。

协会住所设在北京市。

### 5.发挥新闻媒体的催化作用

现代生活离不开媒体，在西方，媒体被称为是"第四种社会力量"。传统媒体有四大类——报纸、杂志、广播、电视。进入信息时代，互联网和移动网络迅速崛起，被称为新媒体。新媒体中的自媒体成为网络传播中最活跃的形式，并开拓出一片特色鲜明的新兴舆论场。

自媒体时代，人人都是记者，人人都是新闻传播者。传媒生态正在发生前所未有的转变。在现代社会，真实反映新闻事件，全面反映各方面的声音，是传媒的基本职责。从总体上讲，媒体主要具有以下几项功能：传递信息、监测社会环境、协调社会关系、传承文化、提供娱乐、教育国民大众、引导群众价值观等，其中传递信息是媒体最基本的功能。通过信息的及时高效传递，媒体对新闻事件的发展具有"催化作用"——由于媒体的介入，及时地传播信息、介绍情况、引导读者，能够聚集社会力量，加快或延缓事件的发展过程。

## 知识拓展7-6

### 公众号：通航在线

通航在线是一个门户网站＋同名微信公众号的航空专业媒体，上线于2013年。通航在线网站主要聚焦通用航空的资讯、数据和信息服务；通航在线微信公众号的定位在于提升更多人对通航的认知。因此，与众多以行业新闻和资讯为主要内容的微信号不同，通航在线公众号紧跟政策走向，关注行业发展趋势，研究通航企业经营管理之道，与行业大咖展开对话，探讨行业关心的发展问题，并时刻走在行业前沿，通过信息采集和分析，向读者提供有深度的行业分析文章，将最新的概念、思想、发展模式和实战经验奉献给读者，从而达到提升认知的目的。基于此定位，通航在线公众号的用户主要是通航企业主和高管、通航产业链上的管理人员和专业人士、地方政府、研究机构、金融投资机构、航空专业媒体、非航空但欲进入通航领域的机构与个人等。目前公众号用户超过3万人。

通用航空文化作为一种社会文化，通用航空产业作为一种社会产业，服务于社会，服务于人民，必然会和社会大众发生直接和间接的关系。媒体既是通用航空文化的有效载体，也是通用航空企业联系社会的桥梁和纽带。媒体能够带来更多的机遇和资源，通过媒体宣传报道，可以传递通用航空知识，沟通发展信息，引导价值观念，强化航空意识，形成社会共识，加快通用航空文化的传播和形成，树立通用航空企业的品牌形象，扩大通用航空市场，促进通用航空产业的发展。

在通用航空文化的媒介传播中，要注意发挥媒体的"集合效应"。此外，要加强新老媒体的互动。事实表明，新老媒体互动而形成的舆论力度最强。网上的声音大多来自民间草根，网民言论随意性强，情绪偏激，立论分析缺乏深度。而传统媒体权威性强，报道的新闻可信度高，评论具有一定感召力。通过网上舆情引发传统媒体的跟踪报道和评论，新老媒体交互作用，形成舆论沸点，产生积极效应。

## 思政园地

### 通航一直是我的执着梦想

在中国改革开放40年的壮丽画卷中，如果驻足凝视中国通用航空发展篇章，那么赖小明是一个绕不开的人物。他表面带"壳"，木讷寡言，但一提及通航就像提及自己的孩子一样饱含深情。"我这一辈子工作只干了一件事，就是通用航空。"他说。

1974年1月，赖小明到民航浙江省管理局办公室从事专业航空工作。刚开始工作，赖小明就出了两次"洋相"，一是在记录气象情况时，不会用规定的符号，只会用文字。二是搞不懂"执行航空摄影任务飞机的航行诸元是多少"。从那时起，他就暗下决心要学习，人生开始有了梦想："要把专业航空作为自己终生追求的事业，让专业航空在我们这一代人手里发展壮大起来。"

1978年中国实行改革开放，出生于广东的赖小明两次在全国的"开先河之举"引发了很多争议。1984年4~9月，赖小明做了第一次"惊天之举"：先后租用军方里2飞机和中国民航第十八飞行大队的伊尔14飞机在杭州西湖上空开展空中游览活动，每人次收费20元。《人民日报海外版》还进行了报道，海外媒体评论说："中国改革开放进入上天游览了。"几乎在同一年，赖小明还做了一件同样引发争议的"大事"。20世纪80年代前后，全国很多林区松毛虫泛滥成灾，需要飞机进行灭虫作业。其中，飞行由民航负责，飞行作业按飞行小时收费；地面加药、配药和作业区信号、施药后杀虫效果检查则由地方林业部门负责。空中飞行时间机组自己掌握，与作业效率没有直接挂钩。看到这种情况，赖小明就思考，要提高作业效率，最直接的动力是调动机组人员积极性。他提出飞行作业按面积收费的建议，很快被省局采纳。事后证明，无论作业效率还是飞行收入，都得到极大提高。直到现在，全国农林飞行作业都是在改进的基础上沿用按面积收费的做法。两次创举使赖小明成为全国民航专业航空的"明星人物"，同样也是"争议人物"。但不管怎样，他认定了的事就要做。用他自己的话说："改革开放就要大胆创新，思想不能因循守旧。"

1995年3月，赖小明应组织安排，承担东航改制、筹建新通用航空公司的重任，负责组建浙江东华通用航空公司。到2002年底，公司飞行足迹遍及全国，作业飞行近万架次、5000多小时，从未发生过一起严重不安全事件。2004年12月，赖小明辞职"下海"，担任浙江建德千岛湖通用机场总经理。2013年10月，退休后被建德千岛湖通用机场返聘任总经理至2016年6月。2016年7月，被湖南株洲通用机场聘为顾问，直至2017年11月底正式离开通航岗位。

从1974年到2017年，赖小明为通航发展奉献了43年的芳华。这是中国通航经历从兴旺、徘徊到现在大发展的43年，也是他踩着通航前辈的臂膀奋力拼搏、追逐梦想的43年。从最初学通航出"洋相"，到后来筹建东华通航、辞职"下海"建通航机场，赖小明对通航的梦想始终执着。

思政感悟：＿＿＿＿＿＿＿＿＿＿＿＿＿＿＿＿＿＿＿＿＿＿＿＿＿＿＿＿＿＿
＿＿＿＿＿＿＿＿＿＿＿＿＿＿＿＿＿＿＿＿＿＿＿＿＿＿＿＿＿＿＿＿＿＿＿＿＿＿＿
＿＿＿＿＿＿＿＿＿＿＿＿＿＿＿＿＿＿＿＿＿＿＿＿＿＿＿＿＿＿＿＿＿＿＿＿＿＿＿

## 巩固提高

### 一、填空题

1. 通用航空文化可以从＿＿＿＿＿＿、＿＿＿＿＿＿、＿＿＿＿＿＿、＿＿＿＿＿＿等四个层面进行划分。

2. ＿＿＿＿＿＿俗称三角翼，由可折叠的三角翼、龙骨、三角形操纵架、塔架和连接张线组成。

3. 每两年举办一次的＿＿＿＿＿＿，集中展示我国航空航天业发展的最新技术和伟大成就，是我国规模最大、最具国际影响力的航空展会。

4. 每年7月在美国奥什科什市举办的＿＿＿＿＿＿，是世界通航爱好者的盛会。

5. ＿＿＿＿＿＿是我国规模最大、藏品最多的航空博物馆。

### 二、单选题

1. 下列（　　）不属于动态的通用航空文化活动。

A. 飞行表演　　　　B. 跳伞运动　　　　C. 航空影视　　　　D. 特技飞行

2. 1989年，苏联飞行员普加乔夫驾驶苏-27飞机完成"（　　）"。

A. 眼镜蛇机动　　B. 钟形机动　　　　C. 锤头机动　　　　D. 库尔比特

3. 下列（　　）不属于航空文学艺术。

A. 航空影视　　　　B. 航空美术　　　　C. 航空文学　　　　D. 航空博物馆

4. 滑翔伞由伞翼、吊袋和（　　）组成。

A. 主伞盖　　　　　B. 备份伞　　　　　C. 自动激活设备　　　D.GPS卫星定位

5. （　　）是世界公认的规模最大的航空航天技术交流和商贸集会，被视作世界航空航天业厂家状况的"晴雨表"。

A. 巴黎航展　　　　B. 新加坡航展　　　C. 英国范堡罗航展　　D. 莫斯科航展

### 三、简答题

1. 简述通用航空文化活动的作用。

2. 简述跳伞运动与滑翔运动的异同。

3. 简述各类动态航空文化活动及特点。

4. 简述各类静态航空文化活动及特点。

5. 简述数字航空博物馆的特征及意义。

6. 简述通用航空文化建设目标。

7. 简述通用航空文化建设途径。

### 四、实践任务

1. 现场观摩一次航空展会，根据展会主题设计一份观展指南。

2. 制作一份数字航空博物馆的讲解词。

参考答案

## 学习评价

### 1.自我评价

根据个人实际情况，在相应选项前打"√"，并在空白处填写具体评价或总结内容。此表旨在帮助学生全面回顾学习过程，明确自身的学习成效与不足，为后续学习提供指导。

| 一级指标 | 二级指标 | 指标要素 | 具体评价 | |
|---|---|---|---|---|
| 知识获取 | 重点掌握 | 通用航空文化的基本内涵、主要特征及作用 | □ 完全掌握　□ 基本掌握<br>□ 部分了解　□ 不了解 | |
| | | 各类动态航空文化活动及特点 | □ 熟练掌握　□ 有所了解<br>□ 知道部分　□ 不了解 | |
| | | 各类静态航空文化活动及特点 | □ 完全掌握　□ 基本掌握<br>□ 一般了解　□ 不太了解 | |
| | | 通用航空文化建设目标及途径 | □ 清晰明了　□ 基本掌握<br>□ 略有了解　□ 完全不了解 | |
| | 难点突破 | 区分跳伞运动与滑翔运动的异同 | □ 深入理解　□ 能够操作<br>□ 尝试理解　□ 不理解 | |
| | | 航空展会的主题设计特点 | □ 完全理解　□ 有所理解<br>□ 理解困难　□ 完全不理解 | |
| 能力提升 | 学习能力 | 主动查找关于通用航空文化活动相关的最新资料或案例 | □ 高效完成　□ 较好完成<br>□ 依赖指导　□ 缺乏主动性 | |
| | | 运用多媒体或网络工具展示学习成果 | □ 高效完成　□ 较好完成<br>□ 依赖指导　□ 缺乏主动性 | |
| | 实践应用能力 | 运用所学知识进行通用航空文化主题活动的方案设计 | □ 能独立分析　□ 指导下完成<br>□ 理解有限　□ 无法独立分析 | |
| | | 完成一份数字博物馆的讲解词制作 | □ 能独立分析　□ 指导下完成<br>□ 理解有限　□ 无法独立分析 | |
| 素质达成 | 职业道德 | 通用航空的规章制度 | □ 高度重视　□ 较为重视<br>□ 一般关注　□ 忽视 | |
| | | 通用航空文化活动对社会的重要性 | □ 完全理解　□ 有所理解<br>□ 理解困难　□ 完全不理解 | |
| | | 团队合作与沟通能力<br>（如小组讨论中的表现） | □ 优秀表现　□ 良好表现<br>□ 一般表现　□ 需加强 | |
| | 文化认同 | 文化认同和职业自豪感 | □ 高度认同　□ 较为认同<br>□ 一般认同　□ 不认同 | |
| | | 尊重各国航空文化的差异 | □ 深入理解　□ 基本理解<br>□ 尝试理解　□ 不理解 | |
| | 学习态度 | 对通用航空文化活动的兴趣与关注 | □ 非常浓厚　□ 较为浓厚<br>□ 一般　□ 不感兴趣 | |
| 总分 | | | 100分 | |

### 2.他人评价（可由同学、助教或教师填写）

同学/助教/教师评价（针对知识掌握、能力提升、素质达成三方面）

优点：＿＿＿＿＿＿＿＿＿＿＿＿＿＿＿＿＿＿＿＿＿＿＿＿＿＿

建议改进之处：＿＿＿＿＿＿＿＿＿＿＿＿＿＿＿＿＿＿＿＿＿

### 3.自我总结与反思

在本项目学习中，我认为自己最大的收获是：＿＿＿＿＿＿＿＿＿

遇到的最大挑战及解决方法是：＿＿＿＿＿＿＿＿＿＿＿＿＿＿＿

对于后续学习通用航空相关知识，我希望加强的方面是：＿＿＿＿

## 项目8

# 通用航空适航管理

### ‹ 学习目标

[知识目标]
① 熟悉航空器适航性的概念、类别与基本要求；
② 掌握通用航空器初识适航、持续适航的基本内容；
③ 了解通用航空器适航审定技术；
④ 熟悉通用航空维修的概念及特点；
⑤ 掌握通用航空维修的类别；
⑥ 熟悉通用航空维修的工作准则。

[能力目标]
① 能完整阐述通用航空器适航审定的类别及基本内容；
② 能完整阐述通用航空器年度检查和100h检查的项目内容；
③ 能模拟完成某款小型航空器飞行前检查维护步骤。

[素质目标]
① 培养严谨的航空安全意识，并能在日常维护作业中严格遵守安全操作规程；
② 具备航空维修不怕苦、不怕累的意志品质；
③ 保持对通用航空维修新技术的学习兴趣，培养工作中的创新思维。

[参考民航规章、标准]
①《正常类旋翼航空器适航规定》（CCAR-27-R2）；
② 通用航空器适航检查单（直升机）（AC-21-AA-2013-18）；
③《固定翼滑翔机与动力滑翔机的型号合格审定》（AC-21-AA-2009-07R1）；
④《一般运行航空器的维修管理》（MD-91-FS-001）；
⑤ 航空器维修基础知识和实作培训规范（AC-66-FS-002R1）。

## 案例导入

### 通用航空维修业"排故"难的困扰

在位于黑龙江佳木斯西部的佳西机场机库中，停放着一架功勋飞机——PL-12型飞机。这是1984年澳大利亚援助我国的5架农用飞机中的1架，它的另一个名称叫"空中农夫"。依托这5架飞机，我国最大的从事农化作业的通用航空公司——北大荒通航开始起步。29年过去了，5架飞机中的4架已经告别了历史舞台，而停放在机库中的这架已成为世界上这款机型的最后1架。但让人想不到的是，它仍可以用来飞行，因为北大荒通航的机务把它维护得很好。

通航飞机和民航客机不同，国内运输飞机的平均机龄在7年左右，一些使用超过十几年的老飞机都在逐渐退役，而通航飞机的服役期通常要更久。从1985年成立开始，北大荒通航历年引进的不同机型的飞机大部分仍在使用。目前，其机队规模已经涵盖15种机型的87架飞机。但颇让人遗憾的是，这些老飞机的一些伙伴之所以离开蓝天，并非是战斗减员——尽管该公司机务人员能满足公司发展需要，但"巧妇难为无米之炊"，寻找配件难，具备资质的维修机构少，极端的情况是"牺牲"1架飞机，保障同机型的其他飞机正常运行。

维修难不是北大荒通航一家公司的难题，新近发展起来的通航企业大多也存在这方面的问题。虽然说，对于日渐升温的中国通航产业来说，需要解决和面对的问题有很多，如机场网络、保障设施、空域资源等，位于运营后方的维修业务似乎不那么重要。但作为通航安全的基石，维修问题如果不能得到较好解决，将来会变得更为困难。

根据上述案例内容，思考以下问题：

① 通用航空器维修的目的是什么？维修工作包括哪些项目内容？

② 对于很多小型通航企业来讲，该公司的飞机维修工作怎么开展？

## 项目导读

民用航空是一个高度依赖安全保障的行业，而适航管理则是确保民用航空安全运行的核心要素，也是民用航空区别于其他行业的最大特色。适航管理贯穿于通用航空器的全生命周期，从研发设计到最终退役，每一个环节都有严格的适航要求和监管措施。因此，通过本项目的学习，一是需要学生熟悉航空器适航的概念、基本要求及适航审定系统内容；二是需要学生掌握通用航空维修的类别、工作准则，能完成诸如小型航空器航前检查工作流程；三是需要学生培养严谨的航空安全意识，并能在日常维护作业中严格遵守安全操作规程，树立团队合作意识，共同应对复杂的技术问题。

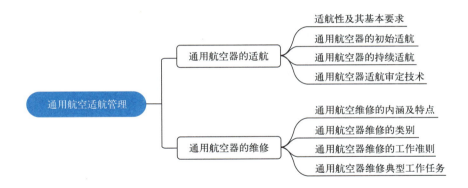

**知识讲授**

# 8.1　通用航空器的适航

## 一、适航性及其基本要求

### （一）适航的概念与类别

适航（airworthiness）也称为适航性，是指航空器包括其部件及子系统整体性能在预期运行环境和使用限制下的安全性和物理完整性的一种品质。这种品质要求航空器应始终符合其型号设计并始终处于安全运行状态。航空器的适航是保证航空安全的最基本条件。适航分为初始适航和持续适航两部分。

初始适航是指在航空器交付使用前，适航部门依据各类适航标准和规范，对航空器的设计和制造所进行的型号合格审定和生产许可审定，以确保航空器和航空器部件的设计、制造是按照适航部门的规定进行的。

持续适航是指民用航空产品持续保持其已经具备的符合适航性要求的安全水平，涉及确保航空器在其整个使用寿命内的任何时候都符合有效的适航要求并处于安全运行状况的所有工作过程。持续适航主要是指航空器使用和维修过程中的适航要求。

### （二）通用航空器适航性基本要求

适航性首先体现的是技术要求，包括系统安全性与物理完整性等要求。其次体现的是管理方面的要求，包括技术状态管理与过程控制管理等。同其他民用航空器一样，通用航空器保持适航性也具有如下特点：

① 适航性以在航空器实际飞行中所应具有的安全性为归宿。

② 作为航空器固有的属性，适航性是通过航空器全寿命周期内的设计、制造、实验、使用、维护和管理的各个环节来实现和保持的。

③ 适航性是航空器中每一涉及安全的部件和子系统，以及整体性能和操作特点的安全品质的综合反映。

课件：航空器适航与持续适航

④ 强调了适航性是以预期运行环境的航空器使用限制为界定条件的。

⑤ 包括了持续运行的动态因素。

⑥ 适航性也包括维修和使用等。

除上述共同点之外，通用航空器与航线航空器适航还存在一定差异，主要表现为各种类型航空器的适航要求有专门的规章和/或规范性文件（表8-1）。

表8-1　各类通用航空器的适航要求

| 通用航空器类别 | 相关规定/<br>规范性文件编号 | 相关规定/规范性文件名称 |
|---|---|---|
| 运输类飞机 | CCAR-25-R4 和<br>CCAR-26 | 《运输类飞机适航标准》和<br>《运输类飞机的持续适航和安全改进规定》 |
| 超轻型飞行器 | CCAR-91（无适航审定<br>要求）和AC-21-06 | 《初级类航空器适航标准——超轻型飞机》 |
| 甚轻型飞机 | AC-21-AA-2009-05R1 | 《甚轻型飞机的型号合格审定》 |
| 滑翔机 | AC-21-AA-2009-07R1 | 《固定翼滑翔机与动力滑翔机的<br>型号合格审定》 |
| 初级类航空器 | CCAR-21.24/<br>AC-21-AA-2009-37 | 初级类航空器 |
| 正常类飞机 | CCAR-23-R4 | 《正常类飞机适航规定》 |
| 正常类旋翼航空器 | AC-27-AA-2023-01 | 《正常类旋翼航空器审定》 |
| 运输类旋翼航空器 | AC-29-AA-2023-01 | 《运输类旋翼航空器审定》 |
| 轻于空气航空器（气球） | CCAR-31-R1 | 《载人自由气球适航规定》 |
| 轻于空气航空器（飞艇） | AC-21-AA-2009-09R1 | 飞艇的型号规定 |
| 业余自制航空器 | 无 | 无 |
| 组装航空器 | 无 | 无 |

## 二、通用航空器的初始适航

### （一）航空器研发

航空器研发是一个复杂且系统的工程，涉及众多学科领域和技术环节。在研发过程中，需要综合考虑空气动力学、结构力学、材料科学、电子技术、航空发动机技术等多方面因素。从最初的概念设计，到详细设计、原型机制造、试验验证，每一个阶段都有严格的技术标准和规范。

在概念设计阶段，需要确定航空器的总体布局、性能指标、使用要求等，例如确定飞机的机翼形状、机身结构形式、发动机选型等。详细设计则是在概念设计的基础上，对各个系统和部件进行精确设计，包括结构强度计算、系统原理图设计等。原型机制造完成后，要进行大量的地面试验和飞行试验，验证航空器的各项性能是否符合设计要求。

在整个研发过程中，适航要求是贯穿始终的重要考量因素。研发团队需要确保航空器在设计上满足适航法规中关于安全性、可靠性、可维护性等方面的要求。

### （二）型号合格证

#### 1.型号合格证的含义

型号合格证（type certificate，TC）是由适航当局颁发给航空器型号设计的一种批准文件，用以证明该型号设计符合相应的适航标准和要求。它是对航空器设计的一种官方认可，意味着该型号的航空器在设计上具备了安全飞行的基本条件。

#### 2.申请条件

（1）设计完整性　航空器的设计资料必须完整，包括设计图纸、技术规范、计算报告等，能够清晰地展示航空器的设计原理、结构特点和系统功能。

（2）符合适航标准　设计必须符合适航当局规定的适航标准，如中国民航局CCAR系列标准，这些标准涵盖了航空器的各个方面，包括飞行性能、结构强度、电子系统、动力装置等。

（3）试验验证　需要通过一系列的试验来验证设计的符合性，如风洞试验验证空气动力学性能、结构静力试验验证结构强度等。

#### 3.审定流程

（1）申请阶段　申请人向适航当局提交型号合格证申请，并提供相关的设计资料和申请书。

（2）审查阶段　适航当局对申请资料进行审查，包括文件审查和现场审查。文件审查主要是对设计资料的完整性和符合性进行审核；现场审查则是对设计单位的设计能力、质量管理体系等进行评估。

（3）试验验证阶段　申请人按照适航当局的要求进行各项试验，适航当局会对试验过程进行监督和审查。

（4）颁发证书　如果设计通过审查，试验结果符合适航标准，适航当局将颁发型号合格证。

### 同步案例8-1

#### 十年磨一剑！我国自研的首款水陆两用通用航空器获型号合格证

经过10年研发测试，我国自主研制的第一款水陆两用通用航空器M2型风翎轻型运动飞机（图8-1）获得中国民用航空华东地区管理局颁发的型号合格证，标志着该产品正式进入市场，进入产业化应用阶段。

2021年3月16日，中国民用航空华东地区管理局为上海奥科赛飞机有限公司正式颁发M2型轻型运动飞机型号合格证（TC）。M2型风翎轻型运动飞机是奥科赛飞机公司历时10年自主研发的全复合材料水陆两栖飞机，民航华东地区管理局审定处曾辅导奥科赛飞机公司历时近5年的适航审定。上海市经济和信息化委员会重大装备处吴处长表示，该水陆两栖运动型飞机是国内自主研制的第一款水陆两用通用航空器，也是具有国际竞争力的一款运动型飞机，已获得多国预售订单。其型号合格证的颁布标志着该产品正式进入市场，必将进一步带动上海通用航空产业的发展，对于上海抢占通用航空制高点具有重要意义。

图8-1　M2型风翎轻型运动飞机

### （三）生产许可证

#### 1.生产许可证的意义

生产许可证（production certificate，PC）是适航当局对航空器生产单位的一种批准，表明该生产单位具备按照经批准的设计进行生产的能力和条件，能够持续生产出符合适航要求的航空器。它不仅关注产品本身，更注重生产过程的控制和管理。

#### 2.获取条件

（1）生产设施和设备　生产单位必须具备满足生产要求的生产设施、设备和工具，如先进的加工设备、检测设备等，以确保生产的精度和质量。

（2）质量管理体系　建立完善的质量管理体系，包括质量控制流程、检验制度、不合格品处理程序等，确保生产过程的每一个环节都处于有效的质量控制之下。

（3）人员资质　生产人员和质量管理人员必须具备相应的资质和技能，熟悉生产工艺和质量要求。例如，关键岗位的操作人员需要经过专门的培训和考核，取得相应的资格证书。

#### 3.生产过程监管要点

（1）生产一致性控制　确保每一架生产出来的航空器都与获得型号合格证的设计保持一致，包括结构、系统、材料等方面。生产单位需要建立严格的生产一致性控制程序，对生产过程进行监控和记录。

（2）质量检验　加强对原材料、零部件和成品的质量检验，采用先进的检测技术和手段，如无损检测、理化分析等，确保产品质量符合适航要求。

（3）持续改进　生产单位要不断总结生产过程中的经验教训，对生产工艺和质量管理体系进行持续改进，提高生产效率和产品质量。

**课堂讨论8-1**

### 小型无人机适航挑战——以某城市物流无人机项目为例

背景描述：随着智慧城市的发展，某科技公司计划在其所在城市推出一项基于小型无人机的快速物流配送服务。该无人机设计载重5公斤，最大飞行半径10公里，旨在解决城市内短途快递"最后一公里"问题。然而，在项目筹备阶段，团队面临了多个关于无人机适航性的挑战，包括但不限于飞行安全标准、电磁兼容性、噪音控制以及如何在复杂城市环境中确保避障与航线规划的有效性等。

请根据上述案例，以小组形式展开讨论并回答：

从适航规章和标准的角度出发，你认为该物流无人机在哪些关键方面需要特别关注以确保其适航性？请具体说明这些方面的要求，并评估现有设计是否满足或存在哪些潜在风险。

讨论要求：

1.小组内每位成员需积极参与，发表个人见解。

2.讨论应基于事实和数据，鼓励引用相关法规、技术文献或行业最佳实践作为支撑。

3.最后，小组需总结讨论结果，形成一致或多元化的观点，并准备向全班汇报。

## 三、通用航空器的持续适航

### （一）持续适航定义与目标

持续适航是指在航空器交付使用后，为确保其始终处于适航状态而进行的一系列管理活动。其目标是通过对航空器的使用、维护、修理等环节进行有效的控制和管理，保证航空器在整个使用寿命期内持续符合适航要求，保障飞行安全。

### （二）持续适航管理体系

#### 1.涉及的法规、文件

（1）适航法规　如中国民航局的 CCAR-91《一般运行和飞行规则》、CCAR-145《民用航空器维修单位合格审定规定》等，这些法规明确了航空器运营人、维修单位等在持续适航管理中的责任和义务。

（2）航空器制造商提供的文件　包括航空器飞行手册、维修手册、零件目录等，这些文件为航空器的使用和维护提供了详细的技术指导。

#### 2.运营人、维修单位等职责

（1）运营人职责　负责航空器的日常运行管理，按照规定的使用限制和运行程序使用航空器，制定并执行维修计划，确保航空器的适航状态。例如，运营人要根据航空器的飞行小时数、起落次数等参数，安排定期的维护检查。

（2）维修单位职责　依据适航法规和维修手册的要求，对航空器进行维修、保养和修理工作，确保维修质量。维修单位要具备相应的资质和能力，按照批准的维修方案进行维修作业。

（3）适航当局职责　对运营人和维修单位进行监督检查，确保其履行持续适航管理职责。适航当局有权对不符合适航要求的情况进行纠正和处罚。

### （三）适航指令与服务通告

#### 1.适航指令

适航指令（airworthiness directive，AD）是适航当局针对某一型号航空器存在的安全隐患或不符合适航要求的情况，发布的强制性改正措施。它要求航空器运营人在规定的时间内采取相应的措施，如更换零部件、修改设计等，以消除安全隐患。例如，当发现某型号飞机的发动机存在燃油泄漏的风险时，适航当局会发布适航指令，要求运营人立即对发动机进行检查和维修，并更换相关的密封件。

#### 2.服务通告

服务通告（service bulletin，SB）是航空器制造商或供应商发布的有关航空器改进、维修建议、新技术应用等方面的信息文件。虽然服务通告不具有强制性，但运营人可以根据自身情况参考采用，以提高航空器的性能和可靠性。例如，制造商发布的服务通告可能介绍一种新型的航电系统升级方案，运营人可以根据自己的需求和预算决定是否对航空器进行升级。

## 四、通用航空器适航审定技术

微课：适航认证——C919等待的理由

为了保证航空器的安全，适航性需要通过开展一系列的技术活动，必须满足适航当局颁布的适航性技术要求。因此，为确保航空器符合适航当局的适航安全要求，工业部门都极为关注且必须认真解决型号研制中的适航性技术问题。通用航空器适航性技术体系主要包括通用航空器适航性设计、适航性生产控制、适航性验证和适航性保持等。通过构建并逐步完善通用航空器适航性技术体系为通用航空器型号设计、制造和维护、应用等的适航工作提供有力的技术支持。

### 1.航空器适航性设计与验证技术体系

类似于民用航空器的适航性设计与验证技术，通用航空器适航性设计与验证技术体系包括通用航空器适航性设计与验证技术、发动机与螺旋桨适航性设计与验证技术和零部件机载设备材料适航性设计与验证技术等部分。

通用航空器适航性设计与验证技术将由总体性能、结构强度、飞控系统、动力装置、液压系统、环控系统、航电系统、电气系统、旋翼系统、传动系统和通用基础等专业方向构成。

发动机和螺旋桨适航性设计与验证技术体系由总体性能、结构强度、控制系统、润滑系统、启动系统、点火系统、监视系统、空气系统、防冰系统、燃油系统和液压系统等专业方向构成。

零部件、机载设备和材料相关的适航性技术包括自动飞行、辅助动力、电池、装货设备、碰撞与气象预防、通信设备、电气设备、客舱设备、撤离和救生设备、防火、燃滑油（抗燃润滑油）和液压油、加热器、软管组件、发动机和飞行仪表、起落架、灯、导航、氧气设备、零组件以及记录仪系统的零部件、机载设备和材料适航性设计与验证技术体系。

### 2.适航性生产控制技术体系

通用航空器适航性生产控制技术体系将由设计偏离控制、软件质量控制、制造工艺、制造控制、供应商质量控制等方面构成。

### 3.适航性保持与管理技术

通用航空器适航性保持技术体系将由客户支援、航材管理、持续文件、组织机构等方面构成。通用航空器适航性管理技术体系主要由组织机构、管理模式、设计程序、制造程序、实验试飞程序以及供应商管理程序等构成。

---

**知识拓展8-1**

#### 四部门联合推进通用航空装备适航取证

2024年3月27日，工业和信息化部、科学技术部、财政部、中国民用航空局印发《通用航空装备创新应用实施方案（2024—2030年）》。其中提出，加快提升通用航空装备技术水平，提高通用航空装备可靠性、经济性及先进性。推进大中型固定翼飞机、高原型直升机，以及无人机等适航取证并投入运营，实现全域应急救援能力覆盖。支持加快支线物流、末端配送无人机研制生产并投入运营。支持智慧空中出行（SAM）装备发展，推进电动垂直起降航空器（eVTOL）等一批新型消费通用航空装备适航取证。鼓励飞行汽车技术研发、产品验证及商业化应用场景探索。针对农林作业、工业生产等应用需求，不断提升产品竞争力和市场适应性。

到2030年，以高端化、智能化、绿色化为特征的通用航空产业发展新模式基本建立，支撑和保障"短途运输＋电动垂直起降"客运网络、"干—支—末"无人机配送网络、满足工农作业需求的低空生产作业网络安全高效运行，通用航空装备全面融入人民生产生活各领域，成为低空经济增长的强大推动力，形成万亿级市场规模。

---

# 8.2  通用航空器的维修

## 一、通用航空维修的内涵及特点

### （一）航空维修

#### 1.维修的基本概念

维修就是维护和修理的简称。维护就是保持某一事物或状态不消失、不衰竭，相

微课：检爱——
通用航空器维修

对稳定。修理就是使损坏了的东西恢复到能重新使用，即恢复其原有的功能。总之，维修是为使装备保持、恢复或改善规定技术状态所进行的全部活动。

### 2. 航空维修的内涵

航空维修是指保持、恢复和改善航空装备规定技术状态而在航空装备寿命周期过程中所进行的一切工程技术和管理活动。

航空维修的主要目标就是确保航空器的运行安全，航空维修主要包括航线维修、机体、发动机大修和系统部附件修理等。其中航线维修中维护工作多于维修工作，主要包括飞行前/后检查、过夜检查、每日检查、航空器地面装备维护及保养；机体、发动机大修主要包括飞机及发动机定期检查、结构修理与改装、模组件修理和试车、飞安通报检查与执行等；系统部附件修理包括气液压、电气、燃油、起落架、机轮刹车等系统部附件检修，航电、通信、导航、雷达及视讯系统等检修。

### （二）我国航空维修业管理体制

#### 1. 我国航空维修业的主管部门和管理体制

根据《中华人民共和国民用航空法》规定，维修民用航空器及其发动机、螺旋桨和民用航空器上设备，应当向民航局申请领取生产许可证书、维修许可证书。经审查合格的，发给相应的证书。

目前，民航局对航空维修业实行维修许可证书两级管理制度，分别为维修单位许可和维修项目许可。民航局统一颁发民用航空器维修许可证书，地区民航管理机构根据民航局维修管理职能部门的授权负责本地区维修单位维修许可证书的签发与管理，并履行民航局维修管理部门授权的其他维修单位的合格审定和监督检查职责。同时，航空维修企业需要取得所开展维修项目相应的维修项目许可后方可开展相关维修业务。

#### 2. 我国航空维修业的相关法律法规

除《中华人民共和国民用航空法》外，我国航空维修业涉及的主要规定还有《民用航空器维修单位合格审定规则》（CCAR 145-R4）、《维修和改装一般规则》（CCAR-43-R1）和《民用航空器维修人员执照管理规则》（CCAR-66-R3）等。

### （三）通用航空维修的特点

我国大部分通航运营企业的机队规模小，通航维修从业人员数量少，尤其是成熟的机务维修人员紧缺，人员结构难以与快速扩张的通航机队规模相适应。通航维修资源有限，维修能力不足，直接导致通航企业维修成本增加，送修周期长，严重影响了通航运营的可持续发展。要适应通用航空的快速发展，通用航空维修发展趋势主要表现为新技术的应用和新要求的出现、规模化与专业化、一站式维修模式等。

#### 1. 新技术的广泛应用和绿色维修理念

通用航空维修的新技术主要体现在高新技术和信息技术的应用。首先是微电子技术、精密机械、机电一体化、光电技术等高新技术已在通用航空领域广泛应用，尤其是在机体大修方面已颇具规模。其次是信息新技术的应用。计算机技术在通用航空器维修中的应用能够降低通用航空器的维修成本、增强通用航空器的维修综合能力等。例如根据飞行数据以及维修检测数据，对通用航空器进行故障诊断，实现维修过程的自动化；运用以人工智能为特色的自动检修技术检测通用航空器结构；计算机仿真技术在产品的设计、制造领域的应用，能够大大优化通用航空器的订货管理、库存管理，缩短维护周期。

绿色维修的推广是现代通用航空器维修的新要求。绿色维修概念是针对目前国内对环境保护的重视以及纷纷出台的环保条例。传统修理技术，特别是清洗、表面处理和退漆技术，必须适应时代的要求进行技术革新。当然，也必须兼顾成本与实效，这对传统维修是一种挑战，但也是今后发展趋势。

### 2. 专业化与规模化发展

航空维修业专业化是国际航空维修业发展的重要趋势。越来越多的航空公司将维修业务，特别是除航线维修以外的其他维修业务从自身的运行系统中剥离出来，委托给专业维修企业，以提高设备的完好率和降低成本。我国航空维修业专业化已初步形成，出现了一大批专业化维修机构。

另外，随着成本压力的不断增加，客户要求的不断提升，以及监管部门对维修质量要求的不断加强，航空维修业利润可能无法有效提升。因此，技术力量薄弱、后续资金投入不足的小型航空维修企业生存发展空间有限，而技术实力强、资金雄厚、服务优质快速的航空维修企业将利用规模化优势占据行业主导地位。

### 3. 一站式维修的组织模式

随着航空维修业的发展，客户对全方位的一站式服务模式的需求越来越强烈。为应对挑战，航空维修服务企业须不断开发新的维修技术，拓展维修范围。飞机维修涉及范围非常广泛且民航当局对大修、发动机维修、各部附件维修等项目采取分别许可制，所以要成为一家真正意义上的一站式维修服务的企业，难度还是很大的。实际操作中，客户或维修企业须将部分维修业务外包给其他厂家，通过合作来实现一站式维修服务。特别是通用航空维修，由于航空器生产厂家、型号众多，即使行业龙头企业，也只能针对某一型号的飞机或发动机维修，不可能针对所有型号。

## 二、通用航空器维修的类别

### （一）通用航空器维修的工作类别

按工作类型，通用航空器维修可分为检测、修理、改装、翻修、航线维修和定期维修等。

#### 1. 检测

检测是指不分解通用航空器部件，而根据适航性资料，通过离位的实验和功能测试来确定航空器部件的可用性。

#### 2. 修理

修理是指根据适航性资料，通过各种手段使偏离可用状态的航空器或者航空器部件恢复到可用状态，包括所进行的任何检测、修理、排故、定期检修、翻修工作。

#### 3. 改装

改装是指根据民航当局批准或者认可的适航性资料进行的各类一般性改装，但对于重要改装应当单独说明改装的具体内容，不包括对改装方案中涉及设计更改方面内

课件：通用航空器维修的类别

容的批准。

### 4. 翻修

翻修是指通过对航空器或者航空器部件进行分解、清洗、检查、必要的修理或者换件、重新组装和测试来恢复航空器或者航空器部件的使用寿命或者适航性状态。

### 5. 航线维修

航线维修是指按照航空营运人提供的工作单对航空器进行的例行检查和按照相应飞机、发动机维护手册等在航线进行的故障和缺陷的处理，包括换件和按照航空营运人机型最低设备清单、外形缺损清单保留故障和缺陷。下列一般勤务工作不作为航线维修项目：

① 通用航空器进出港指挥、停放、推、拖、挡轮挡、拿取和堵放各种堵盖；

② 为航空器提供电源、气源、加（放）水、加（放）油料、充气、充氧；

③ 必要的清洁和除冰、雪、霜；

④ 其他必要的勤务工作。

航线维修工作包括三类：过站检查、日检/周检和类似A检的小修，如表8-2所示。

表8-2  航线维修

| 级别 | 关键内容描述 | | 维修间隔 | 停厂周期 |
|---|---|---|---|---|
| 过站检查 | 绕机身检查 | | 每飞行循环 | 1～4h |
| | 特定的目视检查、回顾检查记录和缺陷、缺陷处理和简单排故处理 | | | |
| 日检/周检 | 过夜检查 | | 每24～36h（或48h） | 日检：5～10h 周检：10～30h |
| | 7/8检、3/4检 | | | |
| | 例行工作检查、依据维修计划的检查 | | 每4～8天 | |
| 小修 | 通用航空器主基地完成工作 | | 350～450飞行小时 | 50～100h |
| | 依据维修计划进行的缺陷处理等 | | | |

### 6. 定期检修

定期检修是指根据适航性资料，在航空器或者航空器部件使用达到一定时限时进行的检查和修理。定期检修适用于机体和动力装置项目，不包括翻修。

民航局或者地区管理局可以根据具体情况对以上维修工作类别进行必要的限制。

### （二）通用航空器维修的项目类别

维修项目类别可分为：

① 机体；

② 动力装置；

③ 螺旋桨或旋翼；

④ 除整台动力装置或者螺旋桨以外的航空器部件；

⑤ 特种作业；

⑥ 中国民航局认为合理的其他维修项目。

机体、动力装置和螺旋桨项目可以包括其相应的持续适航性文件中规定的部件离位或不离位的维修，但当部件离位的维修工作后不以恢复安装为目的时，应当按照除整台动力装置或者螺旋桨以外的航空器部件项目申请。除整台动力装置或者螺旋桨以外的航空器部件项目应当附有规定的"维修能力清单"。

### 1. 机体大修

机体大修是指机体和部件的详细检查，包括防腐项目和复杂的结构检查及通用航空器大修。机体大修按照特定时间间隔对通用航空器机体进行检查和修理工作。通用航空器大修的时间间隔和工作内容由通用航空器制造厂、国家航空管理当局（如FAA、EASA和CAAC等）和通用航空器营运人共同确定。最后按照国家法规，确定能够满足安全和运营要求的通用航空器大修间隔形成通用航空企业的客户化修理方案，即通用航空器维修方案中的机体大修内容。

机体大修中的定期检查工作按照固定的飞行小时数安排。与商用喷气飞机不同的是，通用航空器也有两种级别的检修，小检修和大检修，小检修类似于商用喷气式飞机中的A检和B检，属于航线维修的一部分，大检修类似于C检和D检，属于大检修。但是通用航空器相应的工作比商用喷气飞机内容上要简单一些，如表8-3所示。

表8-3　通用航空器机体大修要求

| 维修级别 | 关键内容描述 | 维修间隔 | 返厂周期 | 维修工时 |
| --- | --- | --- | --- | --- |
| 小检修 | 包括油量、胎压、灯光等系统的检查 | 300～500飞行小时 | 1天以内 | 4～15h |
| 大检修 | 全面机体检查和通用航空器大修（类似于商用飞机的D检） | 3000～6000飞行小时 | 5～7天内 | 因维修项目而定 |

### 2. 动力装置大修

动力装置大修是根据通用航空器发动机制造商制定的标准，为恢复发动机的设计操作性能而进行的离位修理以及零部件的更换。主要包括发动机分解、检查、零部件按需修理和更换、重新组装和测试。对于通用飞机来说，发动机大修是根据发动机制造厂家的标准，按特定的维修间隔进行大修。另外，通用航空器还规定了热部件检查（HSI），热部件检查通常使用孔探方法来确定发动机内部磨损情况，如表8-4所示。

表8-4　通用航空器发动机大修要求

| 种类 | 维修级别 | 主要工作内容 | 维修间隔/h |
| --- | --- | --- | --- |
| 通用航空器发动机 | 热部件检查 | 热部件孔探检查 | 1000～3000 |
| | 大修 | 分解、检查、零部件的修理和更换、组装、试车等 | 3500～7000 |

这些是与商用飞机发动机大修不同的，商用飞机发动机大修是根据实际需要来进行的，但不包括更换时寿件（life- limited parts，LLP）。时寿件是根据民航当局所规定的固定时间进行更换的。

### 3. 螺旋桨或旋翼大修

螺旋桨或旋翼大修是根据通用航空器制造商制定的标准，为恢复螺旋桨或旋翼的使用性能而进行的修理。其中螺旋桨或旋翼的重要修理项目有修理或加强钢制桨叶、修理或加工钢制桨毂、切短叶片、木制螺旋桨的重新去尖、更换固定式螺距木螺旋桨的外层、修理固定式螺距木螺旋桨毂里拉长的螺孔、木叶片的镶嵌工作、修理接合叶片、更换螺旋桨尖端的织物、更换塑料蒙皮、修理螺旋桨调速器、大修可控螺距螺旋桨、修理或更换叶片的内部构件等。

### 4. 部件MRO大修

通用航空器部件、附件的修理和大修用来保障通用航空器各系统最基本的飞行性能。包括对通用航空器控制和导航、通信、操纵面控制、客舱空调、电源和刹车等系统的维修工作，如表8-5所示。典型的通用航空器装有不同制造商生产的众多部附件，因此附件的MRO市场极度分化。

表8-5　　通用航空器附件维修工作

| 种类 | 维修工作 | 成本比例 |
|---|---|---|
| 机轮和刹车 | 刹车片、机轮、防滑系统、伺服活门的大修、修理和更换 | 17% |
| 电子设备 | 显示系统、通信设备、导航系统的大修、修理和更换 | 15% |
| APU | APU及其附件的修理和更换 | 13% |
| 燃油系统 | 发动机燃油控制和通用航空器燃油系统的大修、修理和更换 | 13% |
| 液压动力 | 液压泵和传送组件的大修、修理和更换 | 6% |
| 飞行控制 | 主次飞行控制的作动筒的大修、修理和更换 | 8% |
| 电气设备 | 发电机及其电源分配系统的大修、修理和更换 | 6% |
| 其他设备 | 安全系统、气动系统等的大修、修理和更换 | 22% |

### 5. 特种作业

根据国家安全生产监督管理局相关文件规定，特种作业是指容易发生人员伤亡事故，对操作者本人、他人及周围设施的安全可能造成重大危害的作业，如焊接、无损检测等。特种作业人员必须接受与本工种相适应的、专门的安全技术培训、经安全技术理论考核和实际操作技能考核合格，取得特种作业操作证后，方可上岗作业；未经培训，或培训考核不合格者，不得上岗作业。

## 三、通用航空器维修的工作准则

通用航空器维修工作准则是确保维修工作安全、高效、准确进行，保障航空器适航性和飞行安全的重要规范。

## （一）安全第一准则

### 1.人员安全

维修人员在工作中必须严格遵守安全操作规程，佩戴好必要的个人防护装备，如安全帽、安全鞋、护目镜等，防止在维修过程中发生机械伤害、触电、中毒等事故。例如在进行发动机维修时，要先切断电源，并设置警示标识，避免他人误操作引发危险。

### 2.航空器安全

维修工作要确保航空器在维修后能恢复到适航状态，杜绝因维修失误而给航空器带来新的安全隐患。每一项维修工作完成后，都要进行严格的检查和测试，确保维修质量符合标准，如在对起落架进行维修后，要进行收放测试和载重试验，保证其性能可靠。

## （二）法规遵循准则

### 1.国际法规

通用航空器维修需遵循国际民航组织（ICAO）制定的相关标准和建议措施，如附件 14《机场》、附件 6《航空器运行》等，这些法规为全球通用航空维修工作提供了基本框架和规范。

### 2.国内法规

各国也有自己的民用航空法规，如中国的《中华人民共和国民用航空法》《民用航空器维修单位合格审定规定》（CCAR-145）等，维修单位和人员必须严格遵守这些法规，获得相应的资质和许可，按照规定的程序和标准进行维修工作。

## （三）质量至上准则

### 1.维修工艺

维修工作必须按照航空器制造商提供的维修手册、工艺规范以及行业认可的最佳实践方法进行。例如，在进行飞机结构修理时，要严格按照规定的焊接工艺、铆接工艺进行操作，确保修理部位的强度和可靠性。

### 2.质量检验

建立完善的质量检验体系，对维修工作进行多环节、多层次的检验。包括维修人员的自检、互检以及专职检验人员的检验，确保每一个维修步骤和维修结果都符合质量标准。对于关键部件和重要维修项目，还要采用无损检测、性能测试等特殊检验手段。

## （四）记录完整准则

### 1.维修记录

详细记录每一次维修工作的内容、时间、维修人员、使用的工具和材料、维修前后的航空器状态等信息。这些记录不仅是维修工作的证明，也是后续维护和故障排查的重要依据。例如，在对飞机电子系统进行维修后，要记录维修更换的零部件型号、序列号，以及维修后的系统测试数据。

### 2.文件管理

妥善保存维修相关的文件和资料，包括维修手册、技术图纸、适航指令、维修记录等。这些文件要便于查阅和检索，以满足法规要求和维修工作的需要。

### （五）团队协作准则

#### 1.内部协作

维修团队内部要明确分工，各专业人员之间要密切配合。例如，机械维修人员、电子维修人员和结构维修人员在进行大型维修项目时，要相互沟通、协调工作，确保维修工作的顺利进行。

#### 2.外部协作

与航空器运营方、飞行机组、航材供应商等相关方保持良好的沟通和协作。及时了解航空器的运行状况和维修需求，确保航材的及时供应，共同保障航空器的正常运行。

---

## 同步案例8-2

### 江苏省徐州农航站运五Ｂ飞机大修保安全

江苏省徐州农航站根据飞机现状，严格按照运五Ｂ飞机维护大纲的维修规定，精心筛选维修厂家。为保证飞机维修质量、维修进度，农航站选派技术人员对飞机的维修情况进行跟踪检查把关：

一是听，听厂方汇报飞机维修中所做的工作及流程，更换、修理了哪些机件，排除了哪些故障、缺陷和隐患；

二是问，提出问题，由厂方负责答复，如飞机大修中机件校验检修实施情况，有无资质、有无AAC-038表；

三是看，看飞机整体大修情况，表面的除锈、防腐、喷漆情况；

四是查，检查飞机所有系统、部附件的安装情况是否良好，有无故障、缺陷；

五是排，农航站技术人员接收飞机时检查出的27条不符合标准部位由厂方限时排除到位；

六是试，试车检查发动机的性能参数是否符合要求，试操纵系统是否灵活可靠；

七是飞，通过飞行检查飞机、发动机的空中工作状态是否良好。

总之，徐州农航站从每一个部附件的校验检修到飞机外部的喷漆处理，从检查验收到飞机资料规范填写，从飞机的试飞到交接，把握住每一个维修细节和维修过程，使飞机大修质量得到了保证，为该站全年的农林化飞行安全奠定了基础。

---

微课：飞机飞行
前维护检查

## 四、通用航空器维修典型工作任务

### （一）飞机飞行前检查维护

飞机飞行前维护必须以最安全的原则操作，至少应该按检查单完全绕飞机一周进行飞行前检查。飞机飞行前检查主要从地面、外在和内在三个方面来进行：地面检查主要是观察飞机下面或飞机周围的事物是否有异常，外在检查主要是指可能影响飞行安全状况的可以看得见的部件。内在检查是指检查可能影响飞行安全状况的、看不见的或不易确定的部分。

### 1. 地面检查

首先观察飞机下面和周围的地面，始终保持停机坪干净整洁；查看是否有脱落的零件，是否有成滩的液体，如燃油或滑油。任何时候都不能在飞机下方看到油滴，因为这意味着飞机油路可能出现渗漏。

### 2. 外在检查

外在检查主要考虑两个重要因素：飞机的安全性和磨损情况，除了飞机维修检查单上的项目外，首先要进行飞机的清洁检查，探测油液渗漏、铆钉爆开痕迹。同时，对于磨损，则主要从天气、摩擦、过载、热和振动等对飞机长期的完好性方面进行检查。

### 3. 内在检查

内在检查的主要区域是发动机排气区域、起落架、轮舱区域、蒙皮接合部、检修门上的长条铰链以及电瓶舱和通风口。主要是从这些部位的内部进行检查，如蒙皮内部，重点检查蒙皮内部的锈蚀和腐蚀。

### （二）年度检查和100h检查

对航空器关键系统和部件进行重点检查，及时发现并排除可能因频繁使用而出现的潜在问题，保障航空器可以安全飞行。

① 拆下或打开全部必要的检查盖板、接近盖板、整流罩和发动机罩，并全面地清洁航空器和发动机。

② 对机身和船体组的构件进行检查。

③ 对座舱和驾驶舱的构件进行检查。

④ 对发动机和短舱的构件进行检查。

⑤ 对起落架的构件进行检查。

⑥ 对机翼和中段组件的各种构件进行一般状况的检查，检查蒙布或蒙皮是否有恶化变形、不牢固的连接和其他故障。

⑦ 对整个尾翼组件的各种构件和系统进行一般状况的检查，检查蒙布或蒙皮是否有恶化变形、不牢固的连接和其他故障。

⑧ 对螺旋桨的构件进行检查。

⑨ 对无线电系统的组件进行检查。

⑩ 对其他机件的检查。

### （三）发动机的检查维护

发动机作为航空器的核心部件，其性能直接关系到飞行安全与效率。维修维护和大修工作是确保发动机持续可靠运行的关键环节，有着严格且细致的流程和要求。

### 1. 日常维护

日常维护是保障发动机性能的基础。每次飞行前后，机务人员都要进行基本检查。飞行前，重点检查发动机外观有无损伤、各管路连接是否紧密、滑油和燃油液位

微课：飞机100小时定检

是否正常。通过这些简单而关键的检查，能够及时发现可能影响飞行的隐患，如燃油泄漏可能导致空中停车，管路松动可能引发部件故障等。飞行后，除了重复部分外观检查，还会着重检查发动机有无异常磨损迹象，例如排气口是否有金属碎屑排出，这可能意味着发动机内部有部件损坏。

### 2.定期维护

定期维护则更为深入和系统。按照发动机制造商规定的时间或飞行小时数，需进行定期检查。其中，更换机油和滤清器是重要项目。机油就如同发动机的"血液"，随着使用时间增加，机油的润滑性能会下降，杂质也会增多，及时更换机油和滤清器能确保发动机各部件得到良好润滑，减少磨损。此外，还会对发动机的点火系统进行检查和调试，保证火花塞点火正常，因为可靠的点火是发动机稳定燃烧的前提。同时，对发动机的燃油系统进行清洁和检测，防止燃油杂质堵塞喷油嘴，影响燃油喷射效果和燃烧效率。见图8-2。

图8-2　Rotax活塞发动机的维护修理

### 3.大修

当发动机达到一定的使用年限或飞行小时数，或者出现严重故障时，就需要进行大修。大修是对发动机进行全面深度的修复和性能恢复。首先，要对发动机进行拆解，将各个部件逐一分离。在拆解过程中，技术人员会仔细记录每个部件的状态和位置，为后续的维修和组装提供依据。拆解后的部件会进行详细检测，运用无损探伤等先进技术，检查关键部件如涡轮叶片、曲轴等是否有裂纹、变形等缺陷。对于磨损或损坏的部件，会根据情况进行修复或更换。例如，涡轮叶片如果出现轻微磨损，可能会通过特殊的修复工艺进行修复；但如果磨损严重或出现裂纹，则必须更换新的叶片。

在大修过程中，还会对发动机进行性能测试。组装完成后的发动机，会在专门的试验台上进行测试，模拟各种飞行工况，检测发动机的功率输出、燃油消耗、振动情况等参数是否符合标准。只有通过严格测试的发动机，才能重新投入使用。

### （四）飞机仪表的检查维护

仪表是飞行员了解飞机和各系统工作状况的窗口，飞行员通过仪表控制各个系统，也能够判定各个系统性能的好坏。因此，对飞机仪表进行及时的维修和维护，对于保证仪表各系统正常工作至关重要。

### 1.外观检查

仔细查看仪表外壳有无裂缝、变形、破损或腐蚀情况，若存在这些问题，可能导致内部元件受损。检查面板显示区域是否有划痕、磨损、褪色，保证读数清晰。同时，查看仪表玻璃或显示屏有无雾气、水汽，操作部件如旋钮、按钮、开关等是否操作顺畅，有无卡滞、松动现象，确保飞行员能准确操作。

### 2.电气系统检查

全面排查连接线缆，看外皮是否有破损、老化、龟裂，内部导线有无断裂、短路，屏蔽层是否完好，防止电磁干扰影响仪表正常工作。检查接头是否连接紧密，有无松动、氧化、腐蚀，保证电气连接稳定。测量仪表供电电压，确保在规定范围内，查看电源线路保险丝是否完好，电池供电的仪表要检查电池状态，保障电源稳定可靠。

### 3.性能功能检查

运用高精度校准设备，对仪表精度进行校准。例如，气压高度表需在不同气压条件下校准，空速表要在不同速度下校验，确保测量数值准确。检查显示屏数字显示是否清晰完整，指针式仪表指针转动是否灵活、指示是否准确，背光功能在不同光照下能否正常工作。测试报警和警示功能，如低油量、超速等报警，确保异常时及时提醒飞行员。对于集成在航电系统中的仪表，还要检查其与其他系统的数据交互和兼容性。见图8-3。

图8-3　飞机陀螺仪拆解修理

### （五）螺旋桨的检查维护

通用飞机螺旋桨作为飞机推进系统的核心部件，其性能直接关乎飞行安全与效率。严谨规范的检查维护工作是确保螺旋桨可靠运行的关键。

### 1.外观与结构检查

维修人员需要仔细查看螺旋桨桨叶表面，检查是否有划伤、磨损、裂纹、腐蚀等痕迹。哪怕是细微的损伤，在高速旋转时都可能引发严重后果。使用探伤仪对桨叶进行无损检测，重点检查叶根、叶尖等应力集中部位，确保内部结构无缺陷。检查桨毂连接部位，查看螺栓、螺母是否紧固，有无松动、滑丝或腐蚀现象，保证连接可靠。同时，检查桨毂内部的变距机构，查看各部件是否磨损、变形，活动部件是否能灵活运转，确保变距功能正常。见图8-4。

图8-4　螺旋桨现场排故

### 2.性能测试

（1）动平衡测试　利用动平衡仪对螺旋桨进行动平衡检测，将螺旋桨安装在平衡仪上，模拟其旋转状态，测量各桨叶的不平衡量。若不平衡量超出允许范围，会导致飞机在飞行中产生剧烈振动，影响飞行安全和舒适性。通过在桨叶上添加或去除配重块的方式，调整螺旋桨的动平衡，使其达到规定标准。

（2）振动测试　使用测振仪在螺旋桨不同转速下测量其振动幅度和频率。正常情况下，螺旋桨的振动应在合理范围内，若振动异常增大，可能暗示着螺旋桨存在故障，如桨叶变形、轴承磨损等，需进一步排查原因并解决。

### 3.维护措施

若检查中发现问题，需及时采取相应的维护措施。对于桨叶表面的轻微划伤和磨损，可通过打磨、抛光等方式进行修复，但要注意控制修复量，避免影响桨叶的空气动力学性能。对于较深的划伤或裂纹，以及严重的腐蚀部位，需根据维修手册的要求进行补焊、更换部件或整支桨叶更换。对于桨毂连接部位的松动螺栓，需按照规定扭矩重新紧固；变距机构的磨损部件，要及时更换新件，确保其工作正常。

## 思政园地

### 扎根通航一线 匠心护航闪耀苍穹

主持搭建国内首个双发通用飞机脉动式生产线，成功保障首架"安徽造"通用飞机下线首飞……他就是中电科芜湖钻石飞机制造有限公司适航质量部副部长李勇。

他曾荣获中国电子科技集团科学技术奖、"芜湖十大工匠年度人物""安徽工匠""安徽工匠年度人物"、安徽省"五一劳动奖章"等称号。

"大飞机看上海，小飞机看芜湖"，然而从无到有，"芜湖造"飞机的起步并不容易。

公司创建初期，作为核心成员，李勇务实钻研，学习掌握了大量飞机理论和实践知识，参与筹建了DA42的产品基线，并设计了脉动式总装生产流程。2017年，他带领核心成员完成首架"安徽造"DA42通用飞机的总装制造，并助力企业取得"中国首家TC+PC"的航空器制造资质，成功保障DA42的下线、首飞，协助企业形成该型号飞机年产50架的生产能力，DA42飞机在国内完成本土化制造也标志着国内通用飞机制造水平迈出了坚实的一步。

作为公司制造质量控制关键带头人，李勇已扎根通航事业16年，全面保障安全飞行零故障。他先后钻研DA20、DA40、DA42三款主流机型，拟制检查项目170个，并由此累计发现改进故障6000余项，打造了飞机系统安全基线，单架次飞机排故周期由5天缩短至1.5天内。在电科飞机项目筹建初期，李勇曾先后带领核心技术团队赴奥地利钻石工厂技术培训3次，纠正了外方2000多份错误的图纸。

截至2024年5月，李勇带领关键技术团队累计完成100多架次飞机的生产、检验放行，创造了行业内单架次飞机飞行5h内一次性试飞成功并保持了多架次飞机试飞零故障的良好纪录，被中国民航局授权DA42型号飞机放行人员证。

思政感悟：＿＿＿＿＿＿＿＿＿＿＿＿＿＿＿＿＿＿＿＿＿＿＿＿＿＿＿＿＿＿＿
＿＿＿＿＿＿＿＿＿＿＿＿＿＿＿＿＿＿＿＿＿＿＿＿＿＿＿＿＿＿＿＿＿＿＿＿＿
＿＿＿＿＿＿＿＿＿＿＿＿＿＿＿＿＿＿＿＿＿＿＿＿＿＿＿＿＿＿＿＿＿＿＿＿＿

## 巩固提高

### 一、填空题

1. 适航分为＿＿＿＿＿＿和＿＿＿＿＿＿两部分。

2. 航空维修主要包括＿＿＿＿＿＿、＿＿＿＿＿＿、＿＿＿＿＿＿和＿＿＿＿＿＿等。

3. 按工作类型，通用航空器维修可分为检测、＿＿＿＿＿＿、＿＿＿＿＿＿、＿＿＿＿＿＿、航线维修和定期维修等。

4. 飞机飞行前维护必须以最安全的原则操作，至少应该按＿＿＿＿＿＿完全绕飞机一周的飞行前检查。

5. ＿＿＿＿＿＿是由适航当局颁发给航空器型号设计的一种批准文件，用以证明该型号设计符合相应的适航标准和要求。

### 二、单选题

1. 下列哪项不是通用航空器保持适航性的特点（　　　）。

A. 适航性以在航空器实际飞行中所应具有的安全性为归宿

B. 强调了适航性是以预期运行环境的航空器使用限制为界定条件的

C. 包括了持续运行的动态因素

D. 适航性不包括维修和使用

2. 正常类飞机适航的专门的规章或规范性文件是（　　　）。

A. CCAR-25-R4 和 CCAR-26　　　　B.CCAR-23-R4

C. AC-27-AA-2023-01　　　　D.CCAR-31-R1

3.（　　）中维护工作多于维修工作，主要包括飞行前/后检查、过夜检查、每日检查、航空器地面装备维护及保养。

A. 机体维修　　　　　　　　B.航线维修

C.发动机大修　　　　　　　D.系统部附件修理

4.（　　）是指根据适航性资料，通过各种手段使偏离可用状态的航空器或者航空器部件恢复到可用状态，包括所进行的任何检测、修理、排故、定期检修、翻修工作。

A. 检测　　　　　　　　　　B.改装

C.修理　　　　　　　　　　D.翻修

5.每一次维修应详细记录维修工作的内容、时间、维修人员、使用的工具和材料、维修前后的航空器状态等信息，这体现了通用航空器维修的（　　）准则。

A.安全第一　　　　　　　　B.法规遵循

C.质量至上　　　　　　　　D.记录完整

## 三、简答题

1.何谓适航与适航管理？

2.简述通用航空器适航的基本要求。

3.简述航空器的持续适航管理工作。

4.简述通用航空器适航审定技术。

5.何谓航空维修？有哪些管理要求？

6.简述通用航空维修的特点。

7.通用航空维修有哪些类别？

8.简述通用航空维修的工作准则。

9.通用航空维修典型工作任务有哪些？具体有怎样的维修要求？

## 四、实践任务

1.结合学校现有实训条件，模拟完成某款小型航空器飞行前检查维护步骤。

2.结合学校现有实训条件，模拟完成某款小型航空器飞行前螺旋桨的检查与试车。

参考答案

## 学习评价

### 1.自我评价

根据个人实际情况，在相应选项前打"√"，并在空白处填写具体评价或总结内容。此表旨在帮助学生全面回顾学习过程，明确自身的学习成效与不足，为后续学习提供指导。

| 一级指标 | 二级指标 | 指标要素 | 具体评价 | |
|---|---|---|---|---|
| 知识获取 | 重点掌握 | 航空器适航的概念、类型和基本要求 | □ 完全掌握　□ 基本掌握<br>□ 部分了解　□ 不了解 | |
| | | 通用航空器适航审定系统 | □ 熟练掌握　□ 有所了解<br>□ 知道部分　□ 不了解 | |
| | | 通用航空维修的概念、特点及类别 | □ 完全掌握　□ 基本掌握<br>□ 一般了解　□ 不太了解 | |
| | | 通用航空维修的工作准则 | □ 清晰明了　□ 基本掌握<br>□ 略有了解　□ 完全不了解 | |
| | 难点突破 | 航空器复杂适航条款解读 | □ 深入理解　□ 能够操作<br>□ 尝试理解　□ 不理解 | |
| | | 常见故障识别与排除 | □ 完全理解　□ 有所理解<br>□ 理解困难　□ 完全不理解 | |
| 能力提升 | 学习能力 | 主动查找有关通用航空器适航维修的最新规章要求 | □ 高效完成　□ 较好完成<br>□ 依赖指导　□ 缺乏主动性 | |
| | | 对通用航空维修新技术保持关注 | □ 高效完成　□ 较好完成<br>□ 依赖指导　□ 缺乏主动性 | |
| | 实践应用能力 | 运用所学知识分析通用航空器故障及排除故障 | □ 能独立分析　□ 指导下完成<br>□ 理解有限　□ 无法独立分析 | |
| | | 模拟完成通用航空器常规检查维护工作 | □ 能独立分析　□ 指导下完成<br>□ 理解有限　□ 无法独立分析 | |
| 素质达成 | 职业道德 | 行业规范遵守与安全意识 | □ 高度重视　□ 较为重视<br>□ 一般关注　□ 忽视 | |
| | | 团队合作与沟通能力<br>（如小组讨论中的表现） | □ 优秀表现　□ 良好表现<br>□ 一般表现　□ 需加强 | |
| | 创新思维 | 对通用航空维修新技术的兴趣 | □ 乐于尝试　□ 偶尔尝试<br>□ 有过想法　□ 无此想法 | |
| | | 提出创新见解或建议的能力 | □ 深入理解　□ 基本理解<br>□ 尝试理解　□ 不理解 | |
| | 意志品质 | 不怕苦不怕累的航修精神 | □ 高度认同　□ 较为认同<br>□ 一般认同　□ 不认同 | |
| 总分 | | | 100分 | |

## 2. 他人评价（可由同学、助教或教师填写）

同学/助教/教师评价（针对知识掌握、能力提升、素质达成三方面）

优点：＿＿＿＿＿＿＿＿＿＿＿＿＿＿＿＿＿＿＿＿＿＿＿＿＿＿＿

建议改进之处：＿＿＿＿＿＿＿＿＿＿＿＿＿＿＿＿＿＿＿＿＿＿＿

## 3. 自我总结与反思

在本项目学习中，我认为自己最大的收获是：＿＿＿＿＿＿＿＿＿＿

遇到的最大挑战及解决方法是：＿＿＿＿＿＿＿＿＿＿＿＿＿＿＿

对于后续学习通用航空相关知识，我希望加强的方面是：＿＿＿＿＿

# 项目9

# 飞行员培训及资质获取

## 学习目标

[知识目标]

① 掌握民航飞行员驾驶执照及其种类、等级；

② 掌握民航飞行员驾驶执照获取的基础条件；

③ 熟悉国内外飞行员驾驶执照培训模式；

④ 掌握飞行培训特点及其实施。

[能力目标]

① 能正确区分民航飞行员各类驾驶执照获取条件的异同；

② 能正确阐述国内外飞行员驾驶执照培训模式的差异；

③ 根据我国民航驾驶员执照的培训模式，为某飞行爱好者设计一份商用驾驶执照学习方案。

[素质目标]

① 培养对飞行职业的高度责任感，理解飞行员在航空安全中的核心作用，树立安全至上的职业理念；

② 强调遵守航空法律法规的重要性，培养学生诚实守信的职业道德；

③ 激发学生的飞行兴趣，鼓励其主动学习，适应不断变化的航空环境。

[参考民航规章、标准]

①《民用航空器驾驶员合格审定规则》（CCAR-61-R5）；

②《民用航空人员体检合格证管理规则》（CCAR-67FS-R3）；

③《民用航空器驾驶员学校合格审定规则》（CCAR-141R3）。

## 案例导入

### 飞行执照热起来了

在 2024 年的央视热播剧《玫瑰的故事》中，女主角黄亦玫驾驶着两座固定翼飞机翱翔天际，这一情节并非完全虚构。因为，现在没有任何飞行经验的普通人学习驾驶飞机，已经不再稀奇了。

在距离北京一百多公里的河北雄安白洋淀景区，聚集了一群飞行发烧友。这条从北京平谷石佛寺机场到河北雄安鄚州机场的通航线路开通 1 年以来，已经运行了 150 架次飞机，石佛寺机场也已经开辟了 25 条私乘自驾航线。这群飞行发烧友大多是非专业航空院校毕业的普通人，通过考取飞行执照，他们完成了自己的飞行梦想。

根据民航局的规定，飞行执照分为学生照、运动照、私用照、商用照、多人制机组执照和航线运输执照 6 类，它们的获取难度逐渐上升，学习费用也逐渐昂贵。整体来看，运动照可以说是普通人实现飞行梦想最现实、成本最低的途径。

近年来，航空业发展态势良好，飞行学院普及率也逐渐提升，随着低空经济开始受到政策重视，学习飞行驾驶的人正变得越来越多。截至 2023 年 12 月 31 日，民航局颁发运动驾驶员执照 2514 本，私用驾驶员执照 5317 本，其中运动驾驶员执照比 2020 年增长了 1401 本，私用驾驶员执照则比 2020 年增加了 1298 本。低空飞行已经不再是遥不可及的梦想，有机会成为普通人实际可行的爱好，甚至职业选择。（改编自"飞中心"公众号）

根据上述案例内容，思考以下问题：

1.上述不同种类飞行驾驶执照有何区别？在我国获取飞行驾驶执照的基本条件是什么？

2.在我国要想成为一名民航飞行员，可以通过哪些途径考取？

## 项目导读

飞行驾驶执照是天空的通行证。飞行驾驶执照获取，不仅能帮助个人实现飞行梦想，拓展职业发展，对增强国家应急救援能力、普及航空文化以及飞行人才的培养和储备都有重要意义。因此，通过本项目的学习，一是需要学生掌握民航飞行员驾驶执照种类、等级以及执照获取的基础条件；二是需要学生掌握国内外飞行员驾驶执照培训模式的特点及差异，据此能为飞行爱好者设计一份商用驾驶执照学习方案；三是激发学生的飞行兴趣，培养对飞行职业的高度责任感，理解飞行员在航空安全中的核心作用，树立安全至上的职业理念。

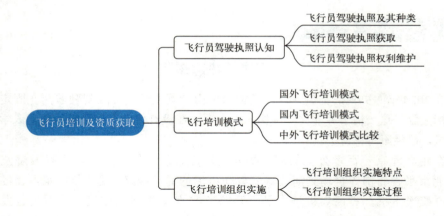

知识讲授

# 9.1 飞行员驾驶执照认知

## 一、飞行员驾驶执照及其种类

如同驾驶机动车、船舶需要持有相应的执照一样，驾驶航空器也需要持有相应的执照。在社会生活中，飞行活动种类、航空器类别等十分丰富，自然需要相应地对航空器驾驶员及其所持执照实施分类管理。

### （一）飞行员分类

航空器驾驶员是指在航空驾驶舱内，通过操纵机上设备和系统，使航空器实现飞行运行的驾驶者。在日常社会生活中，人们通常称航空器驾驶员为飞行员、航空器驾驶员执照为飞行执照。

飞行员有广义和狭义之分。从广义上讲，飞行员也称空勤人员，指所有在驾驶舱内参与航空器运行操作的人员，包括飞行员、领航员、空中机械员和通信员等。从狭义上讲，飞行员是专指在驾驶舱内直接操作机上设备、系统，操纵、控制航空器飞行状态和轨迹的人员。随着航空器结构、性能的不断改进与提升，广义上的飞行员所包含的专业类别减少，逐渐向狭义上的飞行员趋同。本书所指的飞行员采用狭义。

相对于单个飞行员配置而言，在多人制机组配置中，根据技术等级或与执行飞行任务中的分工不同，飞行员分为机长、副驾驶和飞行教员、飞行学员等不同的类型。

机长是指在飞行时间内负责航空器的运行和安全的飞行员。

副驾驶是指在飞行时间内除机长以外的、在驾驶岗位执勤的持有执照的飞行员，但不包括在航空器上仅接受飞行训练的飞行员、学员。

飞行教员是指具有较为丰富的航空器驾驶经验，并且以传授航空器驾驶技术为目的而参与驾驶航空器的飞行员。通常情况下，在实施飞行教学的同时，飞行教员行使

课件：飞行驾照
概述

机长职责。

飞行学员，也称学生驾驶员，是指以获得航空器驾驶技术的提高为目的，参与或独立驾驶航空器的人员。当其作为航空器唯一驾驶员时，行使机长职责。

### （二）飞行活动分类

在民用航空活动中，各类飞行任务的性质有所不同。从飞行员的角度讲，大体上可以进行以下分类。

#### 1.商用飞行

该类飞行任务以为他人提供航空器驾驶及其衍生服务为手段，以获取报酬为目的。例如客货运输飞行、通用航空作业飞行、训练飞行、私人航空器代驾飞行。

航线运输飞行是商用飞行的一种特殊形式，它以驾驶航空器提供航空运输服务为手段，以获取报酬为目的。

#### 2.私用飞行

该类飞行任务以为自己或他人提供航空器驾驶及其衍生服务为手段，并不以获取报酬为目的。例如个人空中交通飞行、个人家庭农场作业飞行。

#### 3.运动飞行

驾驶运动类航空器，为自己或他人提供航空运动、娱乐飞行服务的取酬或不取酬的飞行活动。例如航空运动训练飞行、表演飞行、比赛飞行、个人或团队娱乐飞行。

#### 4.学习飞行

在飞行教员指导下，通过参与或独立驾驶航空器进行训练的飞行活动。例如本场训练飞行、转场训练飞行。

### （三）飞行执照种类及其等级

执照是指由政府主管部门正式签发的准许做某项工作或活动的资格证明。飞行执照是由国家民航主管部门正式签发，准许驾驶航空器及其从事相应飞行活动的资格证明。

飞行活动的形式多样，性质各异；航空器的种类繁多，并且相互之间驾驶操纵方法有较大差异。因此，需要根据飞行活动及航空器类别，对执照持有人准许从事的飞行活动及驾驶的航空器做出适当的限定，由此也就形成了对飞行执照的分类管理。

就飞行执照管理而言，准许从事不同范围的飞行活动，形成了执照的种类；准许驾驶不同类别的航空器，形成了执照的等级。这与机动车驾驶证有所不同，后者的类别、等级仅与车型直接相关，其驾驶行为的私用、商用等性质则用其他证照予以限制，例如出租车营运证，公共交通营运证。

#### 1.飞行执照种类

世界上各国飞行执照种类有一些差异。我国飞行执照大体分为以下六类。

（1）学生驾驶员执照　学生驾驶员执照（简称学生执照）是除运动驾驶员执照外的飞行执照拟获取人，在正式取得飞行执照之前，为获得并提高飞行技术而取得的航空器驾驶员资格。此执照持有人，可以按照经过批准的培训大纲或类似文件规定，在飞行教员指导下，参与或独立驾驶航空器进行飞行。

很显然，这种飞行是单纯的训练飞行，而不是任何非训练属性的运行飞行。为

微课：飞行驾驶
执照种类

此，有关规章对学生驾驶员执照持有人驾驶航空器的行为做出了限制：如不得以取酬为目的、不得载运旅客驾驶航空器等。

（2）运动类驾驶员执照　顾名思义，运动驾驶员执照（SPL，简称运动执照）特许准予驾驶运动航空器（见图9-1）。有关民航规章明确了此类执照持有人的权利和限制：可以在相应类别和级别等级的航空器上担任机长；如滑翔机载运乘客，运动驾驶员执照持有人在取得滑翔机类别等级后，应当再建立不少于10h的飞行经历时间；以取酬为目的在经营性运行的航空器上担任机长，或为获取酬金在航空器上担任机长，运动驾驶员执照持有人应具有不少于35h的飞行经历时间，其中，20h作为本类别和级别（如适用）航空器驾驶员的飞行经历时间；未满18周岁的运动驾驶员执照持有人，不得在以取酬为目的的航空器上担任机长；不得从事商业航空运输运行。

（3）私用驾驶员执照　私用驾驶员执照（PPL，简称私照）持有人，准予从事不以取酬为目的的航空器驾驶活动（见图9-2）。有关民航规章明确了此类执照持有人的权利和限制：可以不以取酬为目的在非经营性运行的相应航空器上担任机长或者副驾驶；不得以取酬为目的在经营性运行的航空器上担任机长或副驾驶，也不得为获取酬金而在航空器上担任飞行机组必需成员。

图9-1　运动驾驶员执照　　　　图9-2　私用驾驶员执照

（4）商用驾驶员执照　商用驾驶员执照（CPL，简称商照）持有人，准予驾驶航空器从事以取酬为目的的飞行活动。有关民航规章明确了此类执照持有人的权利和限制：在以取酬为目的经营性运行的航空器上担任机长或副驾驶，但不得在相应运行规章要求机长应当具有航线运输驾驶员执照的运行中担任机长。

（5）飞机类别多人制机组驾驶员执照　多人制机组驾驶员执照（MPL）是以获得航线运输驾驶员执照为目的的一类人员而设计的过渡性执照。因此，其持有人的权利和限制也比较特殊：行使飞机类别的私用驾驶员执照持有人的所有权利；在多人制机组运行中行使飞机类别仪表等级的权利；在其执照签注型别等级的飞机上行使副驾驶权利；在单驾驶员运行的飞机中行使商用驾驶员执照权利之前，执照持有人须取得商用驾驶员执照。

（6）航线运输驾驶员执照　航线运输驾驶员执照（ATPL，简称航线照）持有人，准予驾驶航空器从事以取酬为目的的公共航线运输飞行。有关民航规章明确了此类执照持有人的权利和限制：可以行使相应的私用和商用驾驶员执照以及仪表等级的权利；可以在从事公共航空运输的航空器上担任机长和副驾驶。

如果飞机类别的航线运输驾驶员执照持有人以前仅持有多人制机组驾驶执照，除非其飞行经历已满足对在单驾驶员运行的飞机中行使商用驾驶员执照权利的所有要求，否则，在其执照的多发飞机等级上签注"仅限于多人制机组运行"。

### 2.飞行执照等级

如前所述，航空器有不同的分类，如飞机、旋翼机。在同一个分类中有不同的级别，如在飞机中有陆地飞机和水上飞机。在不同的级别中有不同的型号区别，如在陆地飞机中有体积、重量较小的型号和体积、重量较大的型号等。因此，相应地需要对飞行执照实施分等级许可管理。通常情况下，飞行执照根据航空器的分类分为不同的类别等级、级别等级和型别等级。当然，不同种类飞行执照等级划分也有一些差异。

（1）私用、商用和航线运输驾驶员执照等级　航空器类别划分为飞机、直升机、飞艇、倾转旋翼机等4个等级。飞机级别划分为单发陆地、多发陆地、单发水上、多发水上等4个等级。目前，我国其他航空器尚未划分级别等级。

航空器型别等级的划分，根据航空器类别有所区别。其中，审定为最大起飞全重在5700kg以上的飞机、3180kg以上的直升机和倾转旋翼机，以及涡轮喷气动力的飞机和通过型号合格审定的其他航空器，需要按照相关标准划分型别等级。上述标准以外的航空器，不划分型别等级。也就是说，只要持有相应航空器类别和级别等级的飞行执照，即准予驾驶没有型别等级的一类航空器。例如持有商用种类、飞机类别、单发陆地级别等级的飞行执照，即准予驾驶5700kg以下的所有没有型别等级的单发陆地飞机，而对像赛斯纳172、西锐SR22、钻石DA40等诸多具体型号没有具体限定。驾驶具有型别等级的航空器则不同，飞行员除了持有符合相应要求的种类、航空器类别、级别等级的飞行执照外，还必须获得相应的型别等级许可。例如驾驶空中客车A320飞机执行航线运输飞行任务，飞行员所持有的执照种类应是航线运输，航空器类别等级应是飞机，航空级别等级应是多发陆地，航空器型别等级应是A320。

（2）仪表等级　仪表与目视是两种差异较大的航空器驾驶方式，因此，需要据此对飞行执照有些限定。对于私用和商用驾驶员执照，仪表等级分4类，即仪表-飞机、仪表-直升机、仪表-飞艇、仪表-倾转旋翼机。持有仪表等级签注的飞行执照，才准许在仪表条件下飞行。否则，只能在目视条件下飞行。

（3）教员等级　飞行教员也需要具有一些特殊要求。对于商用和航线运输驾驶员执照，飞行教员分为基础教员、仪表教员和型别教员等3个等级。其中，基础教员分为单发飞机、多发飞机、直升机、飞艇和倾转旋翼机等5个类别，仪表教员分仪表-飞机、仪表-直升机、仪表-飞艇和仪表-倾转旋翼机等4个类别，型别教员则需要限定具体的飞机型别。

（4）运动驾驶员执照等级　运动驾驶员执照划分为5个航空器类别等级，即初级飞机、自转旋翼机、滑翔机、自由气球和小型飞艇。初级飞机类别划分为陆地、水上两个航空器级别等级，其他航空器类别未划分航空器级别等级。运动驾驶员执照教员等级分为初级飞机、自转旋翼机、滑翔机、自由气球和小型飞艇等5个类别。

### 知识拓展9-1

## 飞行执照与机动车驾驶证类比

在日常社会生活中，民众持有机动车驾驶证已经是一件比较寻常的事情，而持有飞行执照却并不多见。因此，普通人对飞行执照一般都怀有神秘感和好奇心。其实，飞行执照与机动车驾驶证有不少相似之处，将二者做一分类，也许更加有利于揭开蒙在飞行执照上的神秘面纱。

机动车驾驶证大体分为五个档次，其中，第一档俗称A本，包括A1、A2、A3；第二档俗称B本，包括B1、B2；第三档俗称C本，包括C1、C2、C3、C4、C5；第四档俗称D本，包括D、E、F；第五档，包括M、N、P。

A本是机动车驾驶证中档次最高的，准驾车型包括大型客车和城市公交车。在飞行执照中也有一种与机动车A本相似的执照叫ATPL，即航线运输驾驶员执照，它是飞行执照中档次最高的，准驾机型包括大型客机。

B本是机动车驾驶证中第二档次的，准驾车型包括中型客车和货车。在飞行执照中也有一种与机动车B本相似的执照叫CPL，即商用驾驶员执照，它是飞行执照中第二档次的。持有这种飞行执照的飞行员，虽然不能在大型客机上担任机长，但可以担任副驾驶，协助机长工作；也可以在很多作业飞行的航空器上担任机长，因这类航空器没有那么多载客、载货的任务，所以技术要求相对低一些。

C本是机动车驾驶证中最为普及的一种，准驾车型是以私家车为主的各种小型客、货车。在飞行执照中也有一种与机动车C本相似的执照叫PPL，即私用驾驶员执照，它是飞行执照中最普通的一种。持有这种执照的飞行员，虽然不能在商业运营的航空器上担任飞行员，但可以驾驶私人航空器飞行。

D本是机动车驾驶证中档次最低的一种，准驾车型是摩托车，要求戴头盔驾驶。在飞行执照中也有一种与机动车D本相似的执照叫SPL，即运动驾驶员执照，它是飞行执照中最低的一种。持有这种执照的飞行员，只能在轻型运动航空器上担任飞行员。这类航空器有些座舱是敞篷的，如自转旋翼机，也要求戴头盔飞行。

在机动车驾驶证管理规定中，准驾车型具有一定的向下兼容性。例如，准驾车型为A2的机动车驾驶证持有人，其准驾车型向下兼容到B1、B2；而B1、B2又可以向下兼容到C1、M；C1还可以向下兼容。由此形成了嵌入式兼容链条。与机动车驾驶证准驾车型兼容性类似，各类飞行执照也具有一定的向下兼容性。

## 二、飞行员驾驶执照获取

### （一）飞行执照获取基础条件

驾驶航空器从事飞行，是人类一种非常特殊的活动；飞行技术是一种十分复杂的心智、动作技能，不仅需要有一定的基本条件，而且还要经过相当严格的训练。

#### 1. 基本条件

根据行使权利和履行义务的不同，对申请各类飞行执照人员的年龄、品行、言语能力、受教育程度、体格检查等基本条件提出了不同的要求，见表9-1。

表9-1　各类飞行驾驶执照申请的基本条件

| 飞行执照种类 | 年龄 | 品行 | 语言能力 | 受教育程度 | 体格检查 |
|---|---|---|---|---|---|
| 学生驾驶员执照 | 16岁 | 5年内无犯罪记录 | 能正确读、听、说、写汉语，无影响双向无线电通话的口音和口吃 | | II级或I级 |
| 运动类驾驶员执照 | 17岁（16岁） | 5年内无犯罪记录 | 同上 | 初中或者初中以上文化 | 机动车驾驶体检证明 |
| 私用驾驶员执照 | 17岁 | 5年内无犯罪记录 | 同上 | 初中或者初中以上文化 | II级或以上 |
| 商用驾驶员执照 | 18岁 | 无犯罪记录 | 同上 | 高中或者高中以上文化 | I级 |
| 多人制机组驾驶员执照 | 18岁 | 无犯罪记录 | 同上 | 大学本科或本科以上文化 | I级 |
| 航线运输类驾驶员执照 | 21岁 | 无犯罪记录 | 同上 | 大学本科或本科以上文化 | I级 |

（1）学生驾驶员执照　年满16周岁；5年内无犯罪记录；能正确读、听、说、写汉语，无影响双向无线电通话的口音和口吃，因某种原因不能满足部分要求的，局方应当在其执照上签注必要的运行限制；持有现行有效II级或者I级体检合格证。

申请运动驾驶员执照的学生驾驶员，无须办理学生驾驶员执照，但须遵守学生驾驶员的单飞要求。

（2）运动类驾驶员执照　年满17周岁，但仅申请操作滑翔机或自由气球的为年满16周岁；5年内无犯罪记录；能正确读、听、说、写汉语，无影响双向无线电通话的口音和口吃，因某种原因不能满足部分要求的，局方应当在其执照上签注必要的运行限制；具有初中或者初中以上文化程度；持有局方颁发的现行有效体检合格证。

（3）私用驾驶员执照　年满17周岁；5年内无犯罪记录；能正确读、听、说、写汉语，无影响双向无线电通话的口音和口吃，因某种原因不能满足部分要求的，局方应当在其执照上签注必要的运行限制；具有初中或者初中以上文化程度；持有现行有效II级或者I级体检合格证。

（4）商用驾驶员执照　年满18周岁；无犯罪记录；能正确读、听、说、写汉语，无影响双向无线电通话的口音和口吃，因某种原因不能满足部分要求的，局方应当在其执照上签注必要的运行限制；具有高中或者高中以上文化程度；持有现行有效Ⅰ级体检合格证；持有私用驾驶员执照。

（5）多人制机组驾驶员执照　年满18周岁；无犯罪记录；能正确读、听、说、写汉语，无影响双向无线电通话的口音和口吃，因某种原因不能满足部分要求的。局方应当在其执照上签注必要的运行限制；具有大学本科或大学本科以上文化程度；持有现行有效Ⅰ级体检合格证；持有私用驾驶员执照；通过ICAO英语无线电通信3级或3级以上等级考试。

（6）航线运输驾驶员执照　年满21周岁；无犯罪记录；能正确读、听、说、写汉语，无影响双向无线电通话的口音和口吃，不能满足部分要求的，局方应当在其执照上签注必要的运行限制；具有高中或高中以上文化程度；持有现行有效Ⅰ级体检合格证；持有商用驾驶员执照和仪表等级或多人制机组驾驶员执照。

## 2.专业条件

若想获取正式的飞行执照，除了需要满足一些基本条件之外，还需要通过训练满足专业方面的条件。这些条件内容十分复杂，专业性也较强。概括起来，主要体现在以下三个方面。

（1）航空知识　航空知识从知识、理论层面回答涉及航空器驾驶有关的问题。其内容较为庞杂，主要包括人、机、环境三大方面的知识。

① 人　飞行员生理与心理相关知识。在空中这种特定的物质环境之中，在运动中的航空器这种特定的"小社会"里，在随时有可能遇到各种突发情况的安全与时间压力之下，无论是单个飞行员，还是机组成员之间，以及机组成员与航空管制员等地面有关人员之间，生理、心理都会出现一些特殊的变化。了解并掌握这方面的知识，对于航空器驾驶者来说十分必要。

② 机　航空器有关知识。驾驶航空器当然需要首先了解航空器。因此，掌握必要的航空器基础知识，是飞行员航空知识学习的基本要求。主要包括：航空器结构知识、航空器飞行原理、空中领航和仪表飞行知识等。

③ 环境　飞行环境有关知识。航空器在特定的大气、机场和人文等环境中飞行，掌握一些这方面的知识也是对飞行员的基本要求。主要包括：航空气象知识、机场及其飞行管制知识，空中交通规则与有关航空规章等。

（2）飞行技能　飞行技能是飞行员所具有的驾驶航空器的技术与能力。从训练角度讲，它从内容结构、覆盖面等方面对飞行员的飞行技术水平进行规范与考核，着重回答"飞什么"的问题，是飞行员飞行技术水平品质的规定性指标。

例如申请飞机类单发陆地等级私用驾驶员执照，在飞行技能方面需要满足以下要求：威胁和差错的识别和管理；飞行前操作，包括重量和平衡计算，起飞前检查，飞机勤务和发动机使用；机场和起落航线的运行，包括在管制机场操作、无线电通信、防撞措施及避免尾流颠簸；参照外部目视参考的机动飞行；临界小速度飞行，判断并改出从直线飞行和从转弯中进入的临界失速及失速；临界大速度飞行，急盘旋下降的识别和改出；正常及侧风起飞、着陆和复飞；最大性能（短跑道和越障）起飞，短跑道着陆；仅参照仪表飞行，包括完成180°水平转弯；使用地标领航、推测领航和无线电导航设备的转场飞行；夜间飞行，包括起飞、着陆和目视飞行规则（VFR）航行；应急操作，包括模拟的航空器系统和设备故障；按照空中交通管制程序、无线电通信程序和用语飞往管制机场着陆、飞越管制机场和从管制机场起飞。

（3）飞行经历　飞行经历是飞行员实际驾驶航空器所经过的历程。从训练角度讲，它从飞行时间与飞行内容长度、厚度、难度等方面对飞行员的飞行技术水平进行规范与考核，着重回答"飞到什么程度"的问题，是飞行员飞行技术水平量的规定性指标。

例如申请飞机类单发陆地等级私用驾驶员执照，在飞行经历方面需要满足以下要求：

① 在飞机上有至少40h的驾驶员飞行经历时间。其中，包括按照规定的飞行技能要求，在单发飞机上由授权教员提供的至少20h飞行训练（可以包括不超过2.5h的飞行模拟机或飞行训练器上的飞行训练时间）和10h单飞训练。

② 教员的带飞训练，至少包括：3h单发飞机转场飞行训练；3h单发飞机夜间飞行训练，包括10次起飞和着陆，以及一次总飞行距离超过180km的转场飞行，不能满足本要求的，局方将在其驾驶员执照上签注"禁止夜间飞行"；至少3h单发飞机仪表飞行训练，包括仅参考仪表进行平飞、上升、下降、转弯、从不正常姿态中改出，以及无线电通信、导航设备的使用和空中交通管制程序；3h为单发飞机实践考试做准备的飞行训练，该训练应当在考试日期前60天内完成。

③ 单飞训练，至少包括：5h转场单飞时间；一次总距离至少为270km的转场单飞，在至少两个着陆点作全停着陆，其中一个航段的起飞和着陆地点之间的直线距离至少为90km；在具有飞行管制塔台的机场做3次起飞和3次全停着陆。

## ◁ 同步案例9-1

### 全球最年轻女机长

《中国民航驾驶员发展年度报告2022年版》中提到，在全国8万多名飞行员中，女性仅仅占到1%；机长的数量在1.9万左右，而女机长仅有10个。可就在这零星的几个女机长中，有一个名叫伍倩玉的机长，2岁坐飞机，17岁就开始学开飞机，26岁当上机长，成功打破了世界女机长的最小年龄记录。她成功打破了性别偏见，凭借着过硬的飞行素质，成功赢得了"空中花木兰"的称赞。

1993年，伍倩玉出生于一个飞行世家，她的父亲是一名优秀的飞行员。2岁的时候，她就沾了父亲的光坐了飞机。高空中近距离接触云彩的体验让伍倩玉很是兴奋，等到父亲休假的时候，她就缠着父亲讲在空中飞行的故事。那时候，她觉得当机长好酷，可以在空中自由地翱翔。一天，她告诉父亲，自己以后想做一名机长。

　　父亲听到女儿的话，把她拉过来，语重心长地告诉她，当机长不是容易的事，我们选拔机长的条件十分苛刻，在这种情况下，大多数的男生落选了，女孩子的通过概率更是小到可怜。而且，当机长并不是觉得酷就可以了，它的背后意味着更多的是责任，每一次飞行都是不容出错的，它的背上承担着上百个家庭。父亲在分析完利弊关系之后，让女儿再好好想一想，是不是真的决定要当机长。

　　伍倩玉在经过慎重的思考之后，心中下定决心要当机长。父亲看到她这么坚定，决定大力支持女儿实现梦想。2010年，在自己的努力和父亲的教导之下，她终于成为了航天学校的一个学生。2013年，伍倩玉从学校毕业，并以优秀毕业生的身份成功入职国内某航司。2019年2月，在航司全体机组成员的注视下，伍倩玉正式上了"四道杠"，成为她所在航空公司的第一个女机长，也是中国最年轻的女机长。领导很是感叹，要知道，当时我国的副驾驶晋升为机长的平均时长是7.5～8年的时间，而伍倩玉只用了5年半的时间。

　　此前，全球最年轻的女机长的记录是英国一家航空公司女机长麦威廉斯创造的，而现在，伍倩玉打破了这一世界纪录。

### （二）飞行执照获取条件相关性

　　前面已经提到，不同种类飞行执照具有一定的向下兼容性。那么，不同等级的飞行执照之间是否也具有一定的相关性呢？比如，已经持有商用飞机类别飞行执照，如何获取商用直升机类别飞行执照？是完全按照直升机的标准从头开始训练，还是可以从飞机飞行经历中带入一部分？同样，已经具有国家航空器的飞行经历，如何取得民用航空器驾驶员执照呢？

　　各国在设计飞行执照管理规则的时候，已经充分考虑了不同等级飞行执照之间的相关性。这种相关性，主要体现在对飞行经历的认同上。某一等级的飞行执照，在规定飞行经历时，通常明确总飞行经历和与申请等级相关的飞行经历两项指标。有的总飞行经历包括所有航空器或相关航空器的飞行经历，等级飞行经历则专指使用申请等级航空器的飞行经历。例如：

　　① 申请直升机类别商用驾驶员执照，对飞行经历的要求是：应当在直升机上有至少150h作为驾驶员的飞行经历时间。

　　② 持有倾转旋翼机等级的执照申请人，可以将其在倾转旋翼机上的飞行经历计入总体飞行经历时间，但最多不超过30h。

　　③ 飞艇类别等级的商用驾驶员执照申请人，应当在航空器上有至少200h作为驾驶员的飞行经历时间，其中包括50h在飞艇上作为驾驶员的飞行时间。

### （三）飞行执照获取基本程序

　　航空器驾驶是一项复杂的人类行为活动，需要由简到繁、由易到难地通过学习获得相应技术。因此，获取飞行执照的基本程序，也需要遵循由低级到高级的顺序。当然，获取执照程序也与拟获取者对执照的功能定位有直接关系。把它作为从业资格以满足社会需要，与作为兴趣爱好以满足个人需要，其目标不同获取执照程序自然也就有些不同。

一般来说，获取飞行执照，从取得学生驾驶员执照开始，通过系统训练，获得一定的飞行技术和经历，然后，依次获得私用驾驶员执照、商用驾驶员执照、航线运输驾驶员执照及其需要的相关等级。

视频：运动类驾照升级私人驾照

例如以从事航空运输飞行为职业目标，获取执照的基本程序为：学生驾驶员执照—私用驾驶员执照+飞机、单发、陆地等级—商用驾驶员执照+仪表、多发等级—航线运输驾驶员执照+所飞机型等级。

以驾驶自己的私用航空器为目标，获取执照的基本程序为：学生驾驶员执照—私用驾驶员执照+所需要的等级（如飞机／直升机／飞艇等级，飞机单发／多发、陆地／水上等级，仪表等级，多发等级）。

## 三、飞行员驾驶执照权利维护

### （一）执照有效期

各类飞行执照均设有有效期。其中，学生驾驶员执照有效期为2年，其他执照有效期限为6年。执照持有人只有在执照有效期内，才能继续行使相关驾驶航空器的权利。

### （二）近期飞行经历要求与技术检查

飞行执照是飞行员行使驾驶航空器权利的前提条件。然而，它仅是从资格层次上所做出的规定，当时当地是否具备行使驾驶航空器的权利，还要看是否具备其他必要条件。例如：

① 执照持有人是否持有与行使执照权利对应的现行有效的体检合格证；

② 当执照持有人满足有关的相应训练与检查要求，并符合飞行安全记录要求时，方可行使其执照所赋予的相应权利；

③ 依据外国飞行执照颁发的认可函的持有人，仅当该认可函所依据的外国飞行执照和体检合格证有效时，方可行使该认可函所赋予的权利。

#### 1.机长近期飞行经历要求

俗话说"曲不离口，拳不离手"。航空器驾驶是一项以系统程序、动作技能为主的人的活动，其技术水平的提高与保持，与经常性的练习或使用密切相关。因此。在执照管理方面，也对执照持有人在行使机长权利前的连续飞行的经历有明确规定。

视频：取得运动类执照后可以开哪些飞机

（1）一般经历要求　在载运旅客的航空器或型号合格审定要求配备一名以上飞行机组成员的航空器上担任机长的驾驶员，在该次飞行前90天内，在同一类别、级别和型别的航空器上，作为飞行操纵装置的唯一操纵者，应当至少完成3次起飞和3次全停着陆。为了满足上述要求，驾驶员可以在没有载运旅客的航空器上，在昼间目视飞行规则或昼间仪表飞行规则条件下担任机长完成飞行。

上述要求的起飞和着陆，可以在经批准的飞行模拟机上完成。

（2）夜间起飞和着陆经历要求　在夜间（日落后1h至日出前1h）担任载运旅

客的航空器机长驾驶员，在该次飞行前90天内，在同一类别、级别、型别的航空器上，作为飞行操纵装置的唯一操纵者，应当至少在夜间完成3次起飞和3次全停着陆。

上述要求的起飞和着陆，可以在经批准的飞行模拟机上完成。

（3）仪表经历要求 在仪表飞行规则或在低于目视飞行规则规定的最低标准气象条件下担任机长的驾驶员，在该次飞行前6个日历月内，在相应类别航空器或相应的飞行模拟机或飞行训练器上，应当在实际或模拟仪表条件下完成至少6次仪表进近，并完成等待程序和使用导航系统截获并跟踪航道的飞行。担任滑翔机机长的，应当至少记录有3h仪表飞行时间。

不符合上述近期仪表经历要求的驾驶员，不得在仪表飞行规则或低于目视飞行规则规定的最低标准气象条件下担任机长，只有在相应的航空器上通过由考试员实施的仪表熟练检查后，方可担任机长。仪表熟练检查的内容由考试员从仪表等级实践考试的内容中选取。

仪表熟练检查的部分或全部内容，可以在相应的飞行模拟机或飞行训练器上实施。

### 2.技术检查

航空器驾驶员执照持有人，之所以通过相关考试并取得执照，说明其在获取执照的时候，具备了与执照及其等级相对应的航空器驾驶技术水平。然而，这种技术水平不是一劳永逸、一成不变的。因此，执照管理方需要对执照持有人的技术水平进行定期检查和熟练检查，以确认其能否持续行使执照所赋予的权利。

（1）定期检查 除学生驾驶员执照外，所有执照持有人，应当在行使权利前2年内，针对所取得的每个航空器类别、级别和型别等级通过由考试员实施的定期检查，并在其执照记录栏中签注。否则，不能行使执照上相应等级的权利。

定期检查应当包括至少1h的理论检查和至少1h的飞行检查，理论检查可以采用笔试或者口试的方式；飞行检查由考试员在航空器或者相应的飞行模拟机上实施。执照和等级实践考试，可以代替定期检查；滑翔机类别运动驾驶员执照持有人，可以用至少3次教学飞行，代替定期检查中要求的1h飞行检查，且每次飞行应达到起落航线的高度。

（2）熟练检查 对于商业运行，担任机长或者在型号合格审定要求配备一名以上驾驶员的航空器上担任副驾驶的驾驶员，应当针对所飞航空器的类别、级别和型别等级，在一年内完成熟练检查。

熟练检查由考试员在航空器或相应的飞行模拟机上实施。检查内容包括：相应航空器类别、级别和型别等级实践考试所要求的动作和程序。熟练检查期限内的执照和等级实践考试可以代替熟练检查。

期限内未进行熟练检查或检查不合格的驾驶员，只有重新通过相应航空器等级的实践考试，方可担任机长或在型号合格审定要求配备一名以上驾驶员的航空器上担任副驾驶。

**同步案例9-2**

### 飞行员技术排查常态化

飞行人员资质过不过硬、能力强不强，对飞行安全至关重要。2015年，时任中国民用航空局局长李家祥在北京航空安全国际论坛表示，中国民航将严把专业技术人员技能合格关、身体和心理健康关。

目前，中国民航已实现技术排查常态化。2008年至2014年，共排查运输航空机长9828名，排查副驾驶等11077名，不合格的人员全部组织补充训练和复查。同时，正着力完善技术排查长效机制，运输飞机已全部安装快速存储记录仪，通过记录仪数据分析发现问题。

此前的德国空难表明，飞行员心理扭曲会传导至飞行安全。目前，中国民航已建立飞行员心理健康管理系统，针对重点人员进行心理健康评估。

#### （三）飞行执照有效性丧失

在下列情形下，执照持有人不再具有商用和航线运输驾驶员执照权利：

① 执照持有人由于故意行为，致使公共财产、国家和人民利益遭受重大损失的；造成死亡1人以上，或者重伤3人以上的；造成公共财产直接经济损失30万元以上，或者直接经济损失不满30万元，但间接经济损失150万元以上的；严重损害国家声誉或者造成恶劣社会影响的；其他致使公共财产、国家和人民利益遭受重大损失的情形。

② 执照持有人在事故和事故征候调查期间，故意隐瞒事实、伪造证据、销毁证据的。

③ 被追究刑事责任的。

在下列情形下，执照持有人不再具有航线运输驾驶员执照权利，并不得在从事公共航空运输的航空器上担任机长和副驾驶：

① 执照持有人被认定为特别重大或重大飞行事故责任人；

② 执照持有人被认定为较大飞行事故责任人；

③ 执照持有人被认定为一般飞行事故责任人。

# 9.2 飞行培训模式

飞行培训模式对飞行员成长具有重要影响，也是飞行培训行业需要重点了解与研究的问题。

## 一、国外飞行培训模式

由于国情不同，世界民航强国飞行员培养的主流模式大大异于我国，已经完全纳入法治化、市场化的轨道。

课件：飞行驾照培训

### （一）飞行培训市场化模式

#### 1.国家以立法规范飞行员培养

在美国，基础飞行培训机构的设立条件，以及各类飞行员资格标准、航空公司对飞行员岗位招聘条件等，都是依据运输部联邦航空局（FAA）颁布的《联邦航空条例》的有关法规进行的。其D分章的第61~67部，分别规定了对飞行员和飞行教员及其他航空人员的合格审定条例；H分章的第141部是对飞行员学校的办学资格、人员设施要求、训练大纲和课程设置、考试等进行的立法规范。其他国家也都有类似的规章。国外民航飞行学校设置的条件较低，民航飞行培训资格的取得也不是很难，这就使得美国等民航发达国家飞行培训机构相对较多，并且分布较广。

---

**知识拓展9-2**

## 最早的飞行驾驶培训

在飞机发明初期，只有少数像莱特兄弟那样从事飞机发明研制的人掌握飞机驾驶技术。1908年，莱特兄弟在法国成功地进行了飞行表演，在欧洲引起了轰动。从此，世界上关注和学习飞机驾驶技术的人越来越多。1908年，莱特兄弟在法国勒芒，向第一个民众传授飞行技术。1908年5月19日，美国陆军派出一名军官，开始接受莱特兄弟的带飞训练，成为世界上最早学习飞行技术的军人。1909年，莱特兄弟使用世界上第一款正式的教练机"莱特"A型飞机，帮助美国陆军培训出首批3名飞行员。

---

#### 2.受训者基础培训费用全部自理

一个合格的商用飞机驾驶员，在其任职前所有培训的费用和风险都由其自身承担。这样，受训人员对于是否进入飞行培训，选择什么样的机构及其课程进行培训等都十分慎重。一旦确定进入飞行培训后，其学习的内生动力和对资源的珍惜程度就较高。飞行培训费用自理，不仅为后续就业和用人单位招聘预留了较大的自由选择空间，提高了飞行培训市场化程度，而且，使用人单位不用顾及飞行员基础培训问题，从而分散了风险，降低了人力和管理成本。

### （二）飞行员成长模式

#### 1.商用飞行员必须具有足够的飞行经历

在美国，普通飞行员资格的取得虽然很容易，但是，仅仅取得飞行员资格的人，还不能直接进入航空公司担任航线运输飞行员。根据美国法律规定，只有积累够了1500h的小型飞机飞行与一定的双发及中型飞机飞行时间的人，才有资格到运输航空公司应聘飞行员岗位。这些飞行经历，大多数人是通过在航空俱乐部或飞行培训机构任教获得。因此，在美国培训机构或飞行俱乐部任教的飞行员，一般并不打算长期从事教学工作。

#### 2.航空公司飞行员采用聘用制

在具备进入航空公司担任航线运输飞行员的所有资格后，并不能自然成为某一航空公司的飞行员。只有当公司需要，并通过相应的考核招聘才有可能。由于运输航空飞行员选拔的基数大、淘汰率高、飞行经历长，因此，最后真正成为航线运输飞行员的人，其驾驶技术和文化素质也就相对较高。

### （三）飞行员基础培训模式

飞行员培训的目标多锁定在驾驶小型航空器上，并且围绕这个目标展开课程设置及其基本职业素养的培养。

飞行员基础培训绝大多数都不是学历教育，而是职业技能培训。这与到汽车驾驶学校通过学习交通法规和汽车驾驶基本技能，进而取得汽车驾驶证没有什么实质性区别。因此，国外尤其是美国飞行培训机构的课程设置，具有鲜明的"取证"价值取向。所有的培训安排，都紧紧围绕能在尽可能短的时间内完成规定的理论与技能学习，并获得相应的飞行经历，以达到取证的要求。

据规章对飞行培训机构实施分类管理。美国的飞行培训机构分为两大类，也就是141 部飞行学校和 61 部培训机构。不过，管理分类标准主要依据培训机构内部质量管理体系构建情况，与飞行员培训目标无关。也就是说，不论是 141 部飞行学校，还是61 部培训机构，其完成培训的学员都是只能驾驶小型航空器，而并不表明前者就可以直接进入运输航空公司驾驶大型客机。所不同的是，依据 141 部管理的飞行学校，其内部质量管理体系较为健全完善，并实施连续的培训。因此，规章规定的这类飞行学校的培训飞行时间，可以比按照 61 部管理的培训机构少一些，相对而言培训成本也就低一些。

就培训实施而言，因为同样依据国际民航组织有关条约及其附件，所以，世界上所有的国家都大同小异，基本都是分航空理论知识与飞行技能训练两部分来实施教学、训练。在飞行技能训练方面，与国外实施培训的模式基本相同，都是按照私照—商照 / 仪表等级的程序进行。而在航空理论知识教学上，存在着一些差异。其中，美国和加拿大采用综合课程模式，按照私照、商照和仪表等不同执照种类、等级，相应实施地面教学和执照与等级理论考试。欧洲和澳大利亚、新西兰等采用分课程模式，根据航空理论知识内容的相关性，分为飞行原理、航空器结构、螺旋桨 / 喷气式发动机、航空气象、空中领航、仪表、飞行管制等课程，分别实施教学和考试；全部课程都通过考试，方具有取得相应执照和等级的航空知识条件。

## 二、国内飞行培训模式

计划经济时期，民航业在国家计划管理模式下发展，飞行员的培养与培训完全按照国家计划实施；承担飞行培训的机构完全由国家主办，按照普通专业院校的模式，对招生、培训、毕业分配等全过程实施计划管理。国家实行改革开放政策后，专门培训民航飞行员的航空学校，也开始实施正规的学历教育。并且，学历层次从中专到大专再到本科不断提升。随着国家改革开放进程的不断推进，进入计划经济向市场经济转型期以后，民航飞行员培训模式也开始向多元化方向发展，形成了多种模式并存的格局。

微课：飞行驾照
培训模式

## 知识拓展9-3

### 中国早期的飞行培训

1910年，留学英国的学生厉汝燕被清廷指派官费学习飞行技术，并获得英国皇家航空俱乐部颁发的合格证书，取得飞行员执照，成为中国正规学习并掌握飞行技术的第一人。

后来，清廷又从留法学生中选派几人官费学习飞行技术。1911年4月6日，从法国学成回国并带回一架高德隆式单座飞机的秦国镛，在北京南苑成功进行表演飞行。此举成为中国人在自己领空的首次驾机飞行。留法学生回国后，在北京南苑五里店筹设禁卫军航空队，选调军官练习飞行，成为国内最早的飞行培训尝试。

1913年3月，袁世凯调原南京卫戍司令部陆军第3师交通团2架飞机进京，并决定在南苑创办中国第一所正规的航空学校。从法国购买了一批高德隆式教练机和航空器材，聘请飞行教官、技师各2名。第1期共招收50名学员，当年9月正式开学，1914年12月毕业41名；1915年3月，第2期学员开学，1917年3月毕业42名。政局的持续动荡，使得航校在艰难中维持。1928年5月，北洋政府消亡，南苑航校也宣布撤销。存续15年间，共毕业学员4期159名。

### （一）按照培训教育属性分类

按照教育属性，国内飞行员培训可以分为学历教育培训、职业培训和转岗培训三种模式。

#### 1.学历教育培训模式

在普通航空专业院校设置飞行技术专业，四年制本科学历层次。学生在校期间，既按照国家本科教育有关规定，完成相关课程教育教学，取得学历与学位证书；又以运输航空飞行员为第一就业目标，按照民航有关规章，完成航空器驾驶相关知识、技能培训与飞行经历积累，取得多发商照并附加仪表等级，满足航空专业英语要求。

飞行技术专业学历教育的生源，主要是应届高中毕业生。有两个招收渠道：一个是起始招收飞行学员渠道。有意向者先参加体检与背景调查，然后参加全国普通高等院校招生考试。体检与背景调查合格，并且高考成绩达院校飞行技术专业录取分数线者即被录取。另一个是转学招收飞行学员渠道。有意向的普通高校本科二、三年级学生，在体检与背景调查合格后，按照国家高等教育管理有关规定，通过转学的方式，进入设有飞行技术专业的院校进行飞行员培训。从数量上看，通过后一种渠道进入飞行技术专业进行飞行员培训的所占比例相对较小。

#### 2.职业培训模式

在飞行培训机构实施的飞行员培训。这类机构只具有职业培训属性及资质，不具备学历教育条件和资格。学员在培训期间，以职业或业余飞行员为培训目标，按照民航有关规章，完成航空器驾驶相关知识、技能培训与飞行经历积累，取得预定的私用、商用等飞行执照，并根据需要附加仪表等级，满足航空专业英语要求。这类飞行培训周期的长短，根据培训目标、机构运行能力和受训者基础条件的不同会有所区别，通常商照培训周期为18~24个月。

此类模式的生源也分为两类：一类是本科毕业生（不限专业），他们通过民航从业人员的身体检查和背景调查，先与航空公司签订就业合同或培训协议，然后，以航空公司员工在职培训的方式，进入飞行培训机构进行培训。另一类是没有本科学历限制，凡是符合相应的年龄条件，通过民航从业人员身体检查和背景调查的人均可参加选拔，合格者即可进入培训机构学习，但是他们只有获得各类民航执照之后，才能和航空公司签订就业合同，成为航空公司在职人员，在此之前他们的身份为社会待业人员。

### 3.转岗培训模式

也叫"军转民"培训模式。是指对具有军用或其他国家航空器驾驶技能，并有一定飞行经历的人员，在从事民用航空器驾驶之前所进行的转岗性培训。依据民航有关规章，受训对象以往的飞行经历，在通过审查之后即被认可；在完成航空知识和飞行技能的差异性培训，并通过相关理论和实践考试之后，即可取得私照、商照，并附加仪表、多发等等级。这类培训周期的长短，根据受训者既往飞行经历、培训目标等不同而有所不同，多发商照附加高性能训练通常需要3~6个月。

在国际上，军队飞行员改行从事民航飞行员职业相当普遍，可以说有军队飞行员的国家和地区，就存在他们转行驾驶民用航空器的现象。2005年之前，我国飞行员"军转民"的现象非常普遍。1990~2005年间成立的航空公司，成立前期的主体飞行力量主要由这部分人员构成。2005年以后，飞行员通过"军转民"进入运输航空业的数量逐年减少，在通用航空领域还有一部分，"军转民"培训需求量也随之发生较大变化。

### （二）按照培训承担方式分类

按照飞行培训承担方式，也就是由一个机构独立完成还是由两个以上机构合作完成，完成培训是全部在国内还是国际合作，分为国内独立培训、国内合作培训和国际合作培训等三种模式。

### 1.国内独立培训模式

这种模式是指飞行技术专业的学历教育或职业培训的所有内容，全部由国内一家高校或培训机构完成。就学历教育而言，属于这种培训模式的高等院校，目前只有民航飞行学院一家，中国民航大学可望在不久的将来转变成这种模式。就职业培训机构而言，多数属于此种模式。随着国内飞行培训实力的不断增强，可以预见，这种培训模式在巩固现有重要地位的基础上，逐渐上升到主体地位，主导行业的发展。

### 2.国内合作培训模式

飞行培训的主导院校或机构，只完成飞行技术专业的学历教育或职业培训的部分内容，剩余部分内容委托国内其他院校或机构完成。委托培训的部分主要是全部飞行训练，或者飞行训练中的部分机型、模拟机训练内容。受到国内飞行培训总体实力的制约，一个时期以来以及可以预见的未来，这种国内合作培训模式将发挥"拾遗补阙"的作用，不是飞行培训的主流模式。

### 3.国际合作培训模式

国内飞行培训的主导院校，只完成飞行技术专业学历教育的部分内容，剩余部分委托国外飞行培训机构完成。国内院校独立完成部分主要是地面课程的教育教学，委托国外培训部分主要是全部的飞行训练。一个时期以来，这种国际合作培训模式一直处于国内飞行培训市场的重要地位，与国内培训模式平分秋色。在可以预见的未来，它仍将处于重要地位。

承担国内委托培训任务的国外飞行培训机构，绝大多数是由所在国的自然人或企业法人完全控股。有两类特例：一类是由国内大型运输航空公司独资或合资。例如澳大利亚西澳航校，由南方航空公司独资控股；东方航空公司与加拿大航空电子设备公司（CAE），对位于澳大利亚维多利亚州的墨尔本飞行培训有限公司各掌握50%的股权。另一类是国内民营资本收购国外培训机构全部或部分股权。

按照国际合作模式完成培训的学员，取得中国院校的毕业证书、学位证书和委托培训机构所在国颁发的飞行执照。学员回国后换取中国民航飞行执照。如果学员培训第一就业目标是运输航空公司，那么，国外接受委托任务的飞行培训机构，需要通过中国民航管理部门的审定并颁发相应的认证证书。在持有认证证书的国外培训机构完成培训的学员，回国换领中国民航飞行执照有"直通车"的便利。

---

### 知识拓展9-4

## 新西兰梅西大学

一说到飞行专业，就不得不提到新西兰的梅西大学。早在20世纪80年代，梅西大学就建立起了自己的飞行学院，也是世界上培训民航飞行员的三大摇篮之一。新加坡航空公司的总飞行师是1982年从梅西大学飞行学院第一批飞出来的优秀学员。2000年以前，新加坡航空都把自己的学员送到南半球的梅西大学飞行学院培训。新西兰航空公司、全日空、泰国航空、马来西亚航空公司、国泰航空公司、中国国际航空公司、中国东方航空公司、厦门航空公司、原上海航空、原云南航空，先后都将养成教练机飞行训练阶段放在梅西大学飞行学院。

梅西大学的飞行专业由飞行学院（aviation school）开设，囊括了本科、GD、PGD和硕士四种不同学历级别，可以满足任何对于希望以飞行为职业的学习者的需求.

---

### （三）按照培训机构产权分类

按照培训机构产权划分，飞行培训模式分为公办模式和民营模式。

### 1.公办培训模式

公办培训机构通常是公办普通高等院校或内设二级学院，主要培训形式是学历教育，面向国内运输航空企业。除了民航飞行学院外，多数采用国际合作培训模式。目前，国内开办飞行技术专业的高校有中国民用航空飞行学院、中国民航大学、北京航空航天大学、南京航空航天大学、沈阳航空航天大学、山东航空学院等，另有一些高职院校开设有大专学历的直升机驾驶技术专业。

### 2. 民营培训模式

民营培训机构多数只按照民航规章进行职业培训，不实施学历教育，部分面向国内运输航空企业，也面向社会培训私用或运动飞行执照。

### （四）按照培训机构类型分类

按照培训机构类型划分，飞行培训分为141部模式和61部模式。

### 1. 141部培训模式

141部飞行学校是依据CCAR-141规章审定和组织培训运行的飞行培训机构，完成培训的学员主要输送到运输航空企业。这类飞行学校是国内飞行培训的主体，既有学历教育性质的，也有职业培训性质的；既有公办的，也有民营的。截至2020年11月，民航局批准的境内CCAR-141航校有42家，境外CCAR-141航校35家，合计77家。

### 2. 61部培训模式

61部飞行培训机构是依据CCAR－61规章审定和组织培训运行的飞行培训机构，主要面向通用航空企业、私人航空用户及普通飞行爱好者，完成培训的学员一般输送到非运输航空企业。在国内，这类飞行培训机构数量较多，但总体培训规模有限。有的专营飞行培训，有的在从事通用航空其他业务的同时兼营飞行培训，绝大多数为非学历教育性质的民营机构。

## 三、中外飞行培训模式比较

不同国家的飞行培训模式，是在不同的政治、经济、文化制度等背景下形成的。因此，对于本国航空业的发展具有其特殊的适应性。严格地讲，不存在世界上通用的飞行培训模式。当然，各种模式都具有其特有的长处与弊端，彼此应当相互借鉴。与世界上民航业发达国家相比，国内主流飞行培训模式既有优势，也存在劣势。

### （一）国内飞行培训模式的优势

### 1. 成长周期较短

按照国内飞行培训模式，一名高中毕业生成长为具有大学本科学历的大型客机的机长，一般只需要8~9年时间。假如高中毕业时的年龄为18岁，那么，取得机长资质时的年龄不过27岁。国外的情况就大不一样了。在完成大学本科学历教育后进入飞行培训程序，到具备大型客机飞行经历条件，需要10~12年。仍以进入大学的年龄18岁计算，具备运输航空大型客机机长条件时，年龄已经到了32~34岁，比中国的飞行员晚了6~8年。从这个意义上讲，国内飞行培训模式的效率与效益更高一些。

### 2. 供需匹配度较高

我国航空企业尤其是运输航空企业的飞行员培训，多采用订单模式。根据企业发展规划，逐年招收并外送委托培训。从供、需两个角度看，因是照单培训，无论数量还是类型均能相互匹配，面向具体航空企业的大的供需矛盾并不是很突出。在我国，飞行员总数基数不大，尤其是飞行员人才市场尚未真正形成、可供招聘流动飞行员数量极少的情况下，现有培训模式对于保持已有航空企业飞行员可持续补充具有决定作用。

### （二）国内飞行培训模式的劣势

相对而言，国内主流飞行培训模式存在以下劣势。

#### 1.缺乏竞争活力

由于历史原因，我国对民航职业飞行员的身体条件要求较高，这就导致了生源相对较少。而在招收的学生中，还有相当一部分并不是出于兴趣和爱好报考飞行技术专业，这就导致了学习目标不明确，学习动力不足，学习缺乏主动性，只是被动地接受教育和培训。而民航业发达国家，由于高等教育已经达到大众化程度，在受训者接受飞行培训之前，大多完成了本科或本科以上的学历教育，并且他们学习飞行的目标非常明确，再加上自己承担费用，因此学习更加主动。

#### 2.培训模式与培养目标存在矛盾

在按照飞行技术专业实施学历教育时，学生的培养既要满足国家教育政策、规章关于学历教育的要求，又要满足国家民航管理规章关于职业飞行员培训的要求，而两者对于学生知识结构的要求有所不同。这就导致了飞行技术专业课程设置多，学生负担重。此外，由于本科专业学制的限制，造成了学制不够灵活，影响培养效率。这也是造成我国民航职业飞行员不可能在短时间内成倍增长的主要原因。

一个时期以来以及可以预见的未来，国内主流飞行培训机构受训对象的第一任职岗位目标，大多是运输航空的副驾驶。就这个岗位目标而言，要求飞行员除了具有扎实的航空器驾驶技能外，还要具有较强的在多人制机组环境中遂行飞行任务的能力。然而，国内主流飞行培训模式，是依据国际民航组织有关条约及其附件建立起来的，培训目标第一任职岗位是小型民用飞机的机长或副驾驶。对于在多人制机组环境中遂行飞行任务的能力没有做出过多要求。因此，培训模式与培养目标存在着一定的矛盾。由于民航业发达国家的职业飞行员在考取飞行执照之前一般都完成了本科学历教育，并且在进入运输航空之前都经历了较长时间的职业历练和自然的职业筛选，因此，飞行员素质普遍较高。资料显示，在2013年参加美国航空公司招聘面试的飞行员中，97%持有航线运输驾驶员执照，平均飞行4746h；93%有大学本科学历，17%具有硕士学位。

#### 3.不利于飞行员流动

国内飞行员照单培训模式，就既有航空企业而言，飞行员培训供需矛盾不突出。但就行业总体而言，尤其是一些新增需求一时无法得到满足，势必对原有供需秩序造成一定的冲击。从我国现有的民航飞行员培养模式来看，一名成熟飞行员的培训费用几乎全部由航空企业承担，企业投入很大。一名飞行员基础培训就需要一笔相当可观的费用，而从一名刚完成培训的飞行员到一名成熟的机长，则需要更大的资金投入。飞行员是航空公司最重要的人力资源，流失一名飞行员，特别是流失一名成熟的机长，对于航空公司来讲所付出的代价无疑是巨大的。这就是各航空公司对辞职飞行员索赔巨额赔偿金的重要原因。

在民航业发达的国家，一般不会遇到类似的问题。首先，由于飞行培训完全市场化，航空公司和飞行员之间的关系同其他行业一样，只是简单的雇佣关系，飞行员的流动是非常正常的现象。其次，由于民航业发达国家的职业飞行员在考取飞行执照之前一般都完成了本科学历教育，并且在进入航空公司之前都经历了较长时间的职业历练和自然的职业筛选，因此，飞行员素质普遍较高。此外，由于飞行人才储备较多，一般不会出现飞行员大面积短缺的状况。

### 4. 专业英语水平相对不高

按照国际惯例和国际民航组织关于飞行人员语言能力的要求，英语成为国际民航通用语言。尽管在国内民航飞行培训课程中，英语占有相当大的比重，并且也有规定的 ICAO 英语等级考试，但由于整体培训是在汉语环境中实施的，尤其是实际飞行训练、空地联络几乎完全使用汉语，因此，与民航业发达国家及其国际合作培训相比，完全由国内机构培训出来的飞行员整体英语水平相对不高。

## 课堂讨论9-1

### 从零到蓝天：李明的私人飞行员之路

背景描述：李明，一位对飞行充满无限热爱的中年企业家，决定在事业有成后追求自己的梦想——成为一名能够驾驶私人飞机的飞行员。他报名参加了国内一家知名的通用航空培训学校，开始了从理论学习到实践操作的全面飞行员驾照培训过程。在培训中，李明遇到了诸多挑战，包括复杂的航空理论知识、严格的飞行技能训练，以及心理素质和应急处理的考验。同时，他也深刻体会到了飞行员职业背后所承载的安全责任与使命感。

请根据上述案例，以小组形式展开讨论并回答：

① 在飞行员驾照培训过程中，你认为哪些环节最为关键且最具挑战性？为什么？针对这些挑战，你有什么建议或策略来帮助学员更好地克服？

② 结合李明的经历，探讨个人品质（如责任感、毅力、冷静判断力）与职业素养（如安全意识、团队协作能力、持续学习精神）如何共同作用于一名合格飞行员的成长。你认为这些品质与素养对于保障飞行安全有何重要意义？

讨论要求：

① 小组内每位成员须积极参与，发表个人见解。

② 讨论应基于事实和数据，鼓励引用相关法规、技术文献或行业最佳实践作为支撑。

③ 最后，小组须总结讨论结果，形成一致或多元化的观点，并准备向全班汇报。

# 9.3 飞行培训组织实施

## 一、飞行培训组织实施特点

培训机构作为飞行培训的生产运行主体，最根本的任务和经常性的活动是高效、安全地组织实施运行。所谓运行组织实施，是指为了完成培训任务，将参加运行的人员及有关要素有机组合起来，按计划有步骤地实施飞行培训活动的过程。培训机构的运行工作，以实际飞行训练为中心，涉及的要素多、过程复杂、受环境条件制约大。因此，运行组织实施工作具有许多显著的特点。

### （一）飞行课程连续性要求高

飞行培训机构的飞行运行，主要目的是通过持续的飞行教学，不断提高受训者的飞行技能水平。而飞行技能水平的提高，有其自身的特点和规律。其中，保持飞行课程的连续性，是提高飞行技能水平的基本要求。一方面，需要严格按照训练大纲编排的课程（练习）顺序实施运行，不能前后颠倒、错位。另一方面，保持适中的飞行连续性。实践证明，单位时间内飞得少了或多了，都不利于飞行技能水平的提高。飞得少了，教学积累不到位，飞行技能提高较慢；如果经常出现长时间的间断飞行，进度较慢，飞行技能水平甚至会出现下降。飞得多了，受训者一时"消化"不了，飞行技能提高不了，有时会出现原地踏步，甚至上下波动的情况。对于新进入飞行训练的受训者，上述现象会表现得更加明显。

针对飞行技能水平提高的特点，在组织实施飞行运行时，要保持适度的飞行课程连续性。首先，深入研究飞行技能生成与提高规律，并遵循这些规律，制定飞行连续性及飞行强度管理制度，明确单位时间内飞行量的上限与下限标准。其次，合理制订培训和飞行计划，做到管理者、教员和学员相结合，进度、质量、安全统筹考虑。防止出现"单打一"的情况，避免为单纯地赶进度而大强度飞行，或者人为地过度控制飞行进度而造成飞行间断多。

### （二）受气象条件影响大

实际飞行需要在空中实施，因而必然会受到空间环境的制约，特别是气象条件的影响。对于飞行培训机构的飞行训练而言，受到气象条件的影响更大。首先，出于基础飞行技能训练的需要，有相当多的课程（练习）需要在目视条件下实施。因此，对云高、云量、风速、风向、能见度等气象要素，出了比较高的标准。例如CCAR-91规定的目视飞行的最低气象标准为：在修正海平面气压高度3km（含）以上，能见度不小于8km；修正海平面气压高度3km以下，能见度不小于5km；距云的水平距离不小于1500m，垂直距离不小于300m。通用机场空域运行时，在修正海平面气压高度900m（含）以下或离地高度300m（含）以下（以高者为准），如果在云体之外，能目视地面，允许航空器驾驶员在飞行能见度不小于1600m的条件下按目视飞行规则飞行。低于上述标准就不能组织飞行运行。其次，飞行培训机构的受训者，多是初始进入飞行培训的学员，飞行技能处在逐渐形成与提高过程中，飞行技术底子比较薄。所以，他们的飞行训练，尤其是单飞时，对气象条件的要求更高。一般情况下，飞行培训机构规定的初次单飞气象条件标准为：能见度大于 8km；云下飞行，并且云底距离最高飞行活动高度大于 500m；起飞与着陆的侧风角度小于 20°，风速小于 5m/s。

针对飞行运行受气象条件影响大的特点，一方面，需要充分利用可飞天气。加强气象特点研究，合理制订培训与飞行计划，使培训进度和飞行课程适应季节、气象变化特点。另一方面，需严格把好天气关。确保飞行运行在符合标准的气象条件下实施，杜绝为了赶培训进度超标准蛮干。

### （三）对地面保障依赖性大

在飞行培训的运行中，主角是飞行，呈现出来的景象是航空器的起起落落。然而，在飞行幕后却有大量的地面保障工作，包括维修保障、航务保障、航站保障和教学保障等方面。并且，飞行乃至整个运行工作，对各类地面保障的依赖性很大。无论哪个系统，甚至某一个工作环节发生了问题，都会影响飞行运行的正常进行。确切地说，离开地面各种保障，飞行运行就无法实际进行。飞行培训运行上的这一特点，要求运行的组织实施工作必须把各种地面保障放到突出位置。制订培训和运行计划，首先要考虑到地面保障条件是否具备；组织运行准备和实施，始终关注地面保障的准备与实施情况。

### （四）组织指挥难度大

飞行培训运行的组织实施，实际上是一个系统工程。既有飞行教学的组织实施，又有飞行的组织指挥；既有航空器和专业设施、设备等硬件保障，又有专业信息、人员心理、队伍作风等软件保障；既涉及整个年度、期班、阶段培训工作的统筹安排，又涉及每一架航空器、每一名教员和每一名学员的具体运行安排。

在飞行运行组织实施中，人、机、天、地等与飞行运行相关的各种因素，不仅变化多端，而且涉及面广、环节多、协调复杂，给飞行运行的组织指挥工作带来了较大的难度。在国内，包括飞行培训在内的通用航空，目前尚处于起步阶段，社会化分工的产业链条还没有形成，航空专业保障主要依靠培训机构自身承担。"小农经济"模式下的飞行培训机构，不仅要负责与培训直接相关的事务，还要承担航油、航空器维修，甚至空管、机场等几乎所有的航空专业保障服务。这样一来，就更增加了飞行培训机构运行组织指挥的难度。

飞行培训运行上的这一特点，要求运行的组织筹划必须具有系统的眼光，运用好系统思维和方法；运行的具体组织实施工作必须统筹计划，照顾到方方面面和前前后后。

### （五）空中实施危险性大

在空中实施飞行的过程中，机械故障会危及飞行安全，任何人为差错都可能导致不安全事件的发生。航空器是现代科学技术的产物，各种机件相互控制，要求操作上严格按照既定的程序。如果机械操作程序颠倒，动作出现错漏，或者做得不到位，就会使相关的机件不能正常工作，人为地造成应急情况。如果不能及时发现和正确处理，就会危及飞行安全。在飞行培训实践中，因飞行员做错或忘做动作，管制员、飞行指挥员没有及时通报信息或提供错误信息，维修人员操作错误等，曾导致发生多次飞行问题。总之，由于飞行是在空中这种特殊的环境中实施，机械故障、操纵错误、调度失误、陷入危险天气等原因，都有可能导致飞行安全问题甚至飞行事故的发生。因此，危险性大是飞行培训运行组织实施活动中的又一显著特点。

### （六）对飞行地面准备要求高

学习掌握飞行技能，需要在空中高速运动、状态不断变化的航空器上进行，要求受训人员观察判断迅速而全面，操纵动作熟练而准确。然而，空中供观察、思考、操练、记忆的时间很短，可供教员实施飞行教学的机会和时间也有限，可以说是稍纵即逝。这样，就要求飞行员必须在地面做好充分的飞行准备。

## 二、飞行培训组织实施过程

视频：国内优质
141 部航校飞行
培训

实现运行过程的最优化，是运行组织管理的基本要求。一般来说，飞行培训的运行过程，是计划、准备、实施和总结等四个阶段的循环往复、不断提高的过程。实现运行过程的最优化，需要对各阶段、各流程的运行做出条理化的安排。

### （一）计划阶段

运行计划确定运行任务目标，以及达到目标的行动方案和保障措施，因而具有定向、指导和协调等作用。

#### 1.计划依据

制订一个科学合理、切实可行的运行计划，需要有充分的依据，主要包括任务、环境和力量等方面。

任务主要是指与客户签订的培训协议。在制订运行计划之前，需要首先弄清培训的性质、课程类型和培训期限等约定内容，防止因为计划安排原因导致违约。

环境主要是指客观条件。包括季节、天气条件、机场、空域、转场航线、教练机、飞行模拟器及飞行技术考试员等。客观条件是制订运行计划的重要依据，只有依据客观条件，把需要与可能结合起来，制订出来的计划才能切实可行。

力量主要是指主观条件。包括组织管理能力、教学能力、保障能力和技术水平等，这些是培训机构的实际情况。制订计划需要建立在调查分析的基础之上，切实掌握培训机构的实际水平，量力而行。防止为了单纯履行协议，把运行计划定得过高、过大，满打满算，不留有余地，造成实施困难。

#### 2.计划要求

一个好的运行计划，需要满足目标明确、内容具体、突出重点、统筹兼顾、指标适当和留有余地等基本要求。

计划是培训机构组织实施运行的重要依据。因此，从宏观指导层面讲，计划目标需要明确，以此统一运行方向和步调，凝聚力量，聚焦关注点；从具体操作层面讲，计划内容需要具体，以此确保任务、进度、质量能够真正落实到具体的时间、空间单元和人头，防止因上推下卸导致任务"挂空挡"。

在运行计划制订上，既要根据培训目标的要求，保持培训内容的完整、系统和连贯，又要按照掌握飞行技能的需要，对不同的训练阶段、不同课程（练习）和不同培训对象，做出有针对性的安排。遵循飞行培训规律，根据地域季节气象和天气特点，科学编排运行计划和飞行课程（练习），以保持飞行连续性。例如，北方地区冬季大风天气较多，不太适宜组织起落航线单飞训练；南方地区夏季雷雨天气较多，不太适宜长距离转场飞行训练。因此，制订运行计划时，应尽量使飞行训练内容与季节相适应，减少天气因素对飞行训练的影响。

### 3.计划种类

运行计划可以根据不同的用途和要求，划分为不同的种类。一般包括综合运行计划、专项运行计划和飞行日运行计划。

综合运行计划是培训机构以飞行训练为中心的整体工作计划，是开展运营工作的重要依据。通常包括年度运行计划、期班运行计划和阶段运行计划。年度运行计划是对一个年度运行工作的总体安排；期班计划是根据培训对象和培训任务拟订的运行工作安排；阶段计划是根据年度和期班计划拟订的某一个时间段的工作安排。

专项运行计划是根据订单约定的专项培训任务，或者有特殊要求的专项培训而制订的运行计划。专项计划一般是针对短期的或特殊的运行任务，或者是难度较大、要求较高、组织经验较少的运行任务，如军转民过渡训练、高性能训练和教员的新机型转换训练等。

飞行日运行计划是根据综合计划、专项计划而制订的一天之内的运行计划，是组织实施运行活动直接具体的依据。内容主要包括确定飞行起止时间、出动教练机型号与架次、起降大体顺序、每个飞行人员的飞行任务、大体的飞行科目、课程（练习）和活动范围等。

### （二）准备阶段

准备是进行一项活动之前预先所做的工作。飞行培训的运行是一项极其复杂的实践活动，也是一项系统工程，因此，需要进行充分准备。做好准备是圆满完成飞行培训运行任务的前提，是提高培训质量、保证飞行安全必不可少的条件。

### 1.思想准备

组织实施飞行运行活动，需要靠全体参加运行人员统一、自觉的行动。而人的行动是受思想支配的，只有在思想上认识到所做工作的价值，以及自己所担负的工作在整个活动中的地位作用，才能自觉地去完成并努力做好。因此，在实施运行活动之前，需要做好充分的思想准备。如召开培训工作会议，以会议及计划表的形式，向参加运行的部门具体部署培训运行任务，使全体参加运行的人员明确所要完成的任务和达到的目标。

### 2.组织准备

组织准备是根据培训任务与要求，在开训前对飞行训练及教学进行编组，调配教学管理骨干，协调有关部门之间工作等一系列的组织活动，以保证培训运行顺利进行。

一般情况下，飞行培训机构都有完善的运行与教学管理体系，配备有数量和技术等级符合要求的运行与教学管理骨干，包括主任飞行教员、助理主任飞行教员和飞行技术检查员等。在培训期班和在训学员相对较少的情况下，依靠基本运行与教学管理体系，完全可以完成运行与教学管理任务。当培训期班和在训学员较多时，需要在基本运行与教学管理体系框架内，明确分管期班运行与教学管理工作的总负责人（班主任），由其对该期班的运行与教学工作实施统筹管理。协调期班内部及该期班与其他期班运行与教学管理工作，使培训机构整体运行与教学协调推进，避免出现内耗。

### 3. 教学准备

教学准备是运行准备的重要内容，是保证培训质量、提高运行效益的前提条件。因此，在组织各类培训前，都需要做好教学准备。主要内容包括进入条件评估、统一飞行标准、组织教学法研究、制订与推演教学预案等。

在进入某一新的大纲、课目和课程（练习）培训前，需要依据有关规章、手册和训练大纲，对培训对象的身体条件、理论与技术培训进度、质量等进行系统评估，着重看其是否具备进入新的培训的条件。例如学员在进入私照培训前，需要检查其是否取得Ⅱ类及以上体检合格证和学生驾驶员执照，并且是否都在有效期内；航空知识的学习是否已经达到一定的进度，并且是否熟练掌握了相关内容。在进入商照培训前，需要检查其是否取得Ⅰ类体检合格证和私照，并且是否都在有效期内；航空知识学习是否已经达到一定的进度，并且是否熟练掌握了相关内容。

飞行标准是保证培训质量落实的基础，也是衡量培训质量水平的重要指标。因此，在教学准备中，需要做好统一飞行标准的工作。依据有关规章、训练大纲，制定《标准操作程序（SOP）》，使飞行操作标准化；组织飞行教员和学员，学习、理解飞行标准，使标准能够真正成为教学依据。必要时，在遴选骨干并先行训练的基础上，组织飞行教员做统一飞行标准的普训，使所有的飞行教学能够真正统一到飞行标准上来。

飞行教学的特殊性，使得掌握与运用飞行教学方法变得相对困难。因此，教学准备中，需要组织飞行教员进行教学法集训，明确教学内容和重点，统一质量标准；研究组织实施教学的程序、步骤和方法，以及课目、课程（练习）的具体教学方法，交流教学经验；研究技术难点教学和应急情况处置教学的方法，以及保证飞行教学安全的措施等。

一般来说，训练大纲上对教学内容、课程（练习）、教学步骤和质量标准等都有基本的要求。然而，它提出的都是对教学的共性要求，针对学员、机型、机场和空域等个性特点的具体问题，则需要通过教员拟定教学预案来解决。其中，针对学员年龄、性别、心理和受教育背景、航空知识与飞行技能掌握情况等个性特点，合理确定教学起点，科学安排教学进度和设计教学步骤，选择教学形式与方法，是教学预案需要重点回答的问题。在制订教学预案的基础上，还需要组织教员备课和试教练讲，让教员进一步熟悉教学内容和标准，演练教学程序与方法，推演不同应急情况的处置方案。

### 4. 保障准备

飞行运行是一项复杂的系统活动，高度依赖各专业之间的协同保障。飞行培训的运行保障准备，主要包括维修保障、航务保障、航站保障和教学保障等方面。

（1）维修保障　维修保障主要是根据飞行培训任务的要求，对航空器进行日常和定期检查，使之处于适航状态；控制好教练机机队的修理、维护和梯次使用，做好轮胎、启动机等飞行培训易耗航材的订购、储备，防止出现航空器大面积停场，以满足飞行运行的需要。

（2）航务保障　航务保障准备的重点是根据飞行培训任务的需要，申请与协调空域、转场训练航线和飞行计划，订购、更新航空专业用图，收集航行情报和气象信息。根据有关规章和运行基地机场的实际情况，制订空中管制保障方案，着重提高空域、机场的利用率。

（3）航站保障　航站保障准备的重点是根据飞行培训运行任务的需要，制订航空燃油保障方案，并相应做好采购、运输和储存等工作，保证燃油供应和油品质量；做好日常飞行运行的安检、安保、消防和医疗救护等保障准备，确保相关专业人员和物资、器材充足，能够满足运行需要。

（4）教学保障　教学保障准备的重点是根据飞行培训的需要，做好飞行模拟器适航审定和日常维护、维修工作，以及教材、教具和用品等各项保障。

### （三）实施阶段

实施阶段是飞行运行组织实施的中心环节，是落实培训计划、提高培训质量和效益、保证飞行安全、实现培训目标的关键阶段，见图9-3。运行实施涉及组织、管制、指挥、飞行和维修、航务、航站等各项保障工作，其中，管制与指挥是保障运行顺畅、安全推进的重要基础。

图9-3　飞行培训教学实施

相对于运输航空航班运行和通用航空作业运行来说，培训机构运行的空中管制工作显得更加复杂。首先，培训运行在局部空间的飞行活动量大，航空器之间的间隔相对较小。例如在一条以机场跑道为中心，长8km、宽2km、高度0～300m的起落航线上，同时有5～6架教练机在飞行，飞行密度相当大。如果不能做到局部空间的高密度飞行，培训机构单位时间内的飞行量就上不去，培训效率就很难提高，整体规模效益和边际效益将受到很大影响。局部空间的高密度飞行，给空中管制提出了更高的要求。其次，飞行教学与空中管制、指挥有时会发生冲突。有时因为飞行教学组使用机内通话较多，精力分配出现偏差，没有听到管制指令；有时是学员单飞，因为飞行技术尚不成熟，收听、理解和执行航空管制指令产生偏差，这些都需要航空管制员、飞行指挥员及时发现并进行纠正。最后，在学员单飞时，除了必要的空中管制指挥外，有时还需要提供一定的应急情况处置的技术提示，以及视界范围内的技术指挥。例如学员首次单飞，有时受到心理紧张因素的影响，技术动作会出现变形。此时，就需要给他做一些安抚性的沟通；当飞行操纵出现较大偏差的趋势时，及时给予直接的操纵性的指挥，防止发生危及飞行安全的问题。

针对飞行培训运行空中飞行管制与指挥的特殊性，需要根据实际情况研究具体的措施。通常情况下，依据有关航空管制规章，通过签订协议的形式，实行机场塔台管制员与培训机构飞行指挥员、飞行教员相结合的管制与指挥模式。其中，机场塔台的管制员，代表机场空中管制机构，负责整场飞行运行的航空管制工作，重点关注培训机构与同场运行的其他航班、通用航空作业航空器之间的间隔调配和管制工作；培训机构的飞行指挥员，在塔台管制员的授权和监督下，代表培训机构，重点关注内部航空器之间的调配指挥工作；培训机构的飞行教员，必要时协助塔台管制员、培训机构飞行指挥员，重点关注对单飞学员的技术提醒与指挥。

### （四）总结阶段

总结是飞行培训运行组织实施的终结阶段，是必不可少的重要环节。它标志着培训活动一个周期的结束，同时又预示着下一个周期的开始。飞行培训运行的总结，在组织实施活动的一个周期结束时进行。如完成一个课目的训练，或完成了年度、期班、阶段和飞行日训练任务时，都需要进行总结。总结就是对已经做过的工作或已经完成的任务进行回顾和全面评估，肯定成绩，总结经验，找出问题，分析原因，吸取教训。同时，探索飞行培训运行工作的规律，积累经验，提高组织管理水平，使以后的工作在新的起点上开始，更好地指导飞行培训运行的组织实施活动。

一般情况下，总结是先个人总结，后团队、机构总结。通常与交流推广先进经验相结合，与表扬奖励相结合。总结也常与下一阶段、后一个飞行日的动员活动相结合，使总结成为下一个周期的起点。

个人总结要与自己的培训运行、工作任务和要求相对照，进行检查对比。团队和机构总结按照收集材料、分析评估、总结经验和提出措施等步骤实施。通过查阅资料、检查了解和听取汇报等方法，广泛收集材料，将收集到的材料与任务、计划、要求、标准等相对照，进行分析综合、客观评估。在分析评估的基础上，提炼、概括经验教训，找出带普遍性、规律性的东西。在前面几步所做总结的基础上，根据查找分析系统方面的原因，对手册、大纲、程序、标准和计划、要求等进行修改、调整，将经验教训由点到面、由临时到长期地固化下来，使成功经验能够真正被推广，失误、教训能够真正被接受。

### 思政园地

#### "天空离我们并不遥远"——张博和他的环球飞行

环球飞行，即驾驶飞机从出发地向单一方向围绕地球一圈，最终返回出发地的飞行。按国际航空协会规定，环球飞行的距离必须超过北回归线或南回归线的长度（36787.6km），且飞行途中不能更换飞机与驾驶员。环球飞行是一项高难度"极限挑战"，这种创纪录的冒险飞行，迄今为止世界范围内只有300多人次挑战成功。来自中国的张博，更是其中的佼佼者。2016年夏天，54岁的企业家张博从北京出发，49天飞越4万公里，完成了他的第一次环球飞行，成为从中国出发的环球飞行第一人。

在接触通用航空飞行之前，环球飞行对张博而言是个深藏心底的童年梦想。2014年，张博因工作需要开始接触航空领域。"要想深入了解各类飞机型号、前端制造和法律法规，实践比理论要来得更快，所以我决定干脆考一个飞行员执照。"做出这个决定，张博认为是曾经的航空梦想在向他招手："借此机会，如果真正能飞上天了，就是圆了儿时的一个梦想。"

2014年，张博开始学习飞机驾驶。因工作繁忙，他决定用最短的时间完成训练并通过考试。"我只给了自己两个月的时间，除了必要的休息，其他时间只要能飞都在飞。"在母语非英语、飞行基础为零的情况下，张博在伊利诺伊大学航空学院，用58天的时间考取陆地单发私用飞行执照，又陆续考取了陆地多发飞行执照和仪表等级执照。

在与专业航空人士的交流中，张博得知此前的环球飞行航程未曾有过从中国国土出发的情况。"我要从祖国起飞。"自此，"环球飞行"便与张博的名字联系在一起。准备一次环球飞行所需的工作，远比想象中还要复杂。航空器的选择、飞行线路的确认、每一航段起降所需的前期联络、实际飞行过程中可能遇到的突发状况，飞行的每一处细节都关乎生命安全，不容马虎。

在张博看来，环球飞行不仅能挑战极限，还会得到来自地球的震撼与馈赠。当飞机穿越人迹罕至的地区，会看到平时在陆地上难以饱览的奇观，也会发自内心产生对大自然的敬畏，想要保护我们赖以生存的地球家园。张博希望通过"环球飞行"方式，用实际行动促进年轻人对通用航空的认知，激发他们探索天空的热情。"飞行离我们并不遥远，天空离我们并不遥远。"

思政感悟：＿＿＿＿＿＿＿＿＿＿＿＿＿＿＿＿＿＿＿＿＿＿＿＿＿＿＿＿＿＿＿

＿＿＿＿＿＿＿＿＿＿＿＿＿＿＿＿＿＿＿＿＿＿＿＿＿＿＿＿＿＿＿＿＿＿＿＿

＿＿＿＿＿＿＿＿＿＿＿＿＿＿＿＿＿＿＿＿＿＿＿＿＿＿＿＿＿＿＿＿＿＿＿＿

## 巩固提高

### 一、填空题

1. 在飞行驾驶执照种类中，CPL 是指＿＿＿＿＿＿＿。

2. 申请飞机类单发陆地等级私用驾驶员执照，在飞机上有至少＿＿＿＿＿小时的驾驶员飞行经历时间。

3. 按照教育属性，国内飞行员培训可以分为＿＿＿＿＿、＿＿＿＿＿和＿＿＿＿＿三种模式。

4. 按照培训机构类型划分，飞行培训分为＿＿＿＿＿模式和＿＿＿＿＿模式。

5. 飞行培训的运行过程，是_____、_____、_____和_____等四个阶段的循环往复、不断提高的过程。

二、单选题

1.（    ）是指在飞行时间内负责航空器的运行和安全的飞行员。

A. 机长                             B. 副驾驶

C. 飞行教员                    D. 飞行学员

2. 从执照等级来说，下列哪类飞行执照等级最高（    ）。

A. 运动类驾驶员执照              B. 商用驾驶员执照

C. 私用驾驶员执照                D. 航线运输驾驶员执照

3. 在我国，获取运动类驾驶员执照，只需年满（    ）岁。

A. 16                              B. 17

C. 18                              D. 21

4. 目前，我国对于航线运输驾驶员执照培训，主要采用（    ）模式。

A. 学历教育培训                 B. 职业培训

C. 转岗培训                     D. 其他

5. 下列有关国内飞行培训模式的特点，描述有误的是（    ）。

A. 成长周期较短                 B. 供需匹配度较高

C. 专业英语水平相对不高        D. 有利于飞行员流动

三、简答题

1. 简述我国飞行驾驶执照有哪些种类。

2. 简述我国获取飞行驾驶执照需要哪些基本条件。

3. 飞行驾驶执照的权利维护体现在哪些方面？

4. 简述国内外飞行员驾驶执照培训模式的异同。

5. 简述飞行培训组织工作的特点。

6. 简述飞行培训工作组织实施过程。

四、实践任务

根据我国民航驾驶员执照的培训模式，为某飞行爱好者设计一份商用驾驶员执照学习方案。

< **学习评价**

**1. 自我评价**

根据个人实际情况，在相应选项前打"√"，并在空白处填写具体评价或总结内容。此表旨在帮助学生全面回顾学习过程，明确自身的学习成效与不足，为后续学习提供指导。

参考答案

| 一级指标 | 二级指标 | 指标要素 | 具体评价 |
|---|---|---|---|
| 知识获取 | 重点掌握 | 民航飞行员驾驶执照及其种类、等级 | □ 完全掌握　□ 基本掌握<br>□ 部分了解　□ 不了解 |
| | | 民航飞行员驾驶执照获取的基础条件 | □ 熟练掌握　□ 有所了解<br>□ 知道部分　□ 不了解 |
| | | 国内外飞行员驾驶执照培训模式 | □ 完全掌握　□ 基本掌握<br>□ 一般了解　□ 不太了解 |
| | | 飞行培训特点及其实施 | □ 清晰明了　□ 基本掌握<br>□ 略有了解　□ 完全不了解 |
| | 难点突破 | 飞行执照权利维护 | □ 深入理解　□ 能够操作<br>□ 尝试理解　□ 不理解 |
| | | 国内外飞行员驾驶执照培训的差异辨析 | □ 完全理解　□ 有所理解<br>□ 理解困难　□ 完全不理解 |
| 能力提升 | 学习能力 | 主动查找有关民航飞行员执照的最新规章要求 | □ 高效完成　□ 较好完成<br>□ 依赖指导　□ 缺乏主动性 |
| | 实践应用能力 | 运用所学知识分析各类飞行驾驶执照获取的优劣 | □ 能独立分析　□ 指导下完成<br>□ 理解有限　□ 无法独立分析 |
| | | 飞行员驾驶执照培训的方案设计 | □ 能独立分析　□ 指导下完成<br>□ 理解有限　□ 无法独立分析 |
| 素质达成 | 职业道德 | 法律法规遵守与责任意识 | □ 高度认同　□ 较为认同<br>□ 一般认同　□ 忽视 |
| | | 团队合作与沟通能力<br>（如小组讨论中的表现） | □ 优秀表现　□ 良好表现<br>□ 一般表现　□ 需加强 |
| | 安全意识 | 对飞行安全的重视程度 | □ 高度重视　□ 较为重视<br>□ 一般关注　□ 忽视 |
| | 专业精神 | 对驾机飞行的兴趣与热爱 | □ 非常愿意　□ 比较乐意<br>□ 感觉一般　□ 不愿意 |
| 总分 | | | 100分 |

## 2.他人评价（可由同学、助教或教师填写）

同学/助教/教师评价（针对知识掌握、能力提升、素质达成三方面）

优点：＿＿＿＿＿＿＿＿＿＿＿＿＿＿＿＿＿＿＿＿＿＿＿＿＿＿＿＿

建议改进之处：＿＿＿＿＿＿＿＿＿＿＿＿＿＿＿＿＿＿＿＿＿＿

## 3.自我总结与反思

在本项目学习中，我认为自己最大的收获是：＿＿＿＿＿＿＿＿＿＿＿＿＿＿＿＿

遇到的最大挑战及解决方法是：＿＿＿＿＿＿＿＿＿＿＿＿＿＿＿＿＿＿

对于后续学习通用航空相关知识，我希望加强的方面是：＿＿＿＿＿＿＿＿＿＿

附录1

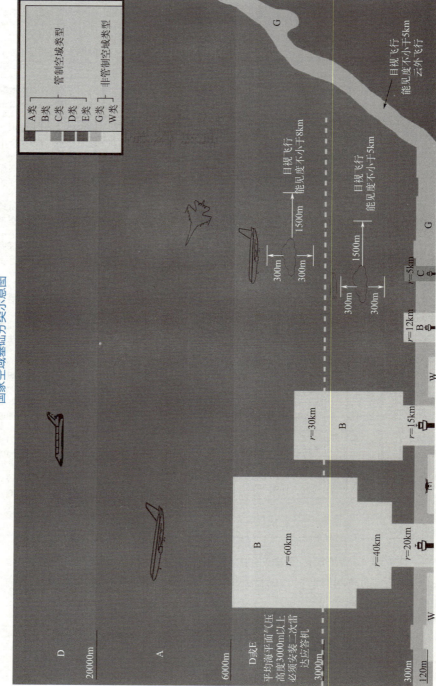

国家空域基础分类示意图

# 附录2

### 国家空域基础分类方法表

| 空域种类 | 飞行类别 | 提供的服务 | 速度限制 | 通信要求 | ATC许可 | 监视设备 |
|---|---|---|---|---|---|---|
| A | 仪表 | ATC服务，配备间隔 | 不适用 | 持续双向 | 是 | 二次雷达应答机（同等性能的监视设备） |
| B | 仪表 | ATC服务，配备间隔 | 不适用 | 持续双向 | 是 | 二次雷达应答机（同等性能的监视设备） |
| | 目视 | ATC服务，配备间隔 | 不适用 | 持续双向 | 是 | 二次雷达应答机（同等性能的监视设备） |
| C | 仪表 | ATC服务，为仪表和仪表、仪表和目视飞行之间配备间隔 | 不适用 | 持续双向 | 是 | 二次雷达应答机或可被监视的设备 |
| | 目视 | ATC服务，为目视和目视飞行之间提供交通信息，根据要求提供交通避让建议 | AMSL3000m以下，IAS不大于450km/h | 持续双向 | 是 | 二次雷达应答机或可被监视的设备 |
| D | 仪表 | ATC服务，为仪表和仪表飞行之间配备间隔，提供关于目视飞行的交通信息，根据要求提供交通避让建议 | AMSL3000m以下，IAS不大于450km/h | 持续双向 | 是 | AMSL3000m以上安装二次雷达应答机（同等性能的监视设备）；低于3000m安装可被监视的设备 |
| | 目视 | ATC服务，提供关于仪表和目视飞行的交通信息，根据要求提供交通避让建议 | AMSL3000m以下，IAS不大于450km/h | 持续双向 | 是 | AMSL3000m以上安装二次雷达应答机（同等性能的监视设备）；低于3000m安装可被监视的设备 |
| E | 仪表 | ATC服务，为仪表和仪表飞行之间配备间隔，尽可能提供关于目视飞行的交通信息 | AMSL3000m以下，IAS不大于450km/h | 持续双向 | 是 | AMSL3000m以上安装二次雷达应答机（同等性能的监视设备）；低于3000m安装可被监视的设备 |
| | 目视 | 尽可能提供关于仪表和目视飞行的交通信息 | AMSL3000m以下，IAS不大于450km/h | 保持守听 | 否，进入报告 | AMSL3000m以上安装二次雷达应答机（同等性能的监视设备）；低于3000m安装可被监视的设备 |
| G | 仪表 | 飞行信息服务 | AMSL3000m以下，IAS不大于450km/h | 持续双向 | 否 | 安装或携带可被监视的设备 |
| | 目视 | 飞行信息服务 | AMSL3000m以下，IAS不大于450km/h | 保持守听 | 否 | 安装或携带可被监视的设备 |
| W | | 无 | 机型设计速度 | 无 | 否 | 自动发送识别信息 |

注：1.ATC为空中交通管制；AMSL为平均海平面高度；IAS为指示空速的英文缩写。

2.当过渡高（高度）低于AMSL3000m时，应当采用飞行高度层3000m代替AMSL3000m。

# 附录3

通用机场（飞行区指标Ⅰ为1和2）场址报告内容

| 层级号 | 内容 |
|---|---|
| 1 | 选址工作概述 |
| 2 | 机场建设的目的及必要性 |
| 3 | 机场功能定位与建设规模 |
| 3.1 | 机场功能定位 |
| 3.2 | 拟使用机型和飞行区指标 |
| 3.3 | 跑道运行类别 |
| 3.4 | 空域需求 |
| 3.5 | 航空业务量预测 |
| 3.6 | 规划建设内容 |
| 3.7 | 平面布局方案 |
| 4 | 场址初选（如有） |
| 4.1 | 初选工作概况 |
| 4.2 | 初选场址范围 |
| 4.3 | 初选场址分析 |
| 4.3.1 | 场址1 |
| 4.3.2 | 场址2 |
| …… | …… |
| 4.4 | 确定推荐场址 |
| 5 | 推荐场址分析 |
| 5.1 | 场址基本情况 |
| 5.1.1 | 地理位置 |
| 5.1.2 | 飞行场地基本参数 |
| 5.1.3 | 与相关规划的符合性 |
| 5.2 | 技术分析 |
| 5.2.1 | 场地条件 |
| 5.2.2 | 净空条件 |
| 5.2.3 | 空域条件 |

续表

| 层级号 | 内容 |
|---|---|
| 5.2.4 | 气象条件 |
| 5.2.5 | 环境条件 |
| 5.2.6 | 交通条件 |
| 5.2.7 | 公用设施条件 |
| 5.2.8 | 供油条件 |
| 5.2.9 | 土地使用情况 |
| 5.2.10 | 征迁或改建情况 |
| 5.2.11 | 主要建筑材料来源情况 |
| 6 | 航行研究 |
| 6.1 | 净空条件 |
| 6.2 | 空域条件 |
| 6.3 | 飞机性能分析 |
| 6.4 | 飞行程序设计 |
| 7 | 工程投资匡算 |
| 8 | 结论和建议 |
| 9 | 附件 |
| 9.1 | 电磁环境测试报告 |
| 9.2 | 工程地质勘察资料 |
| 9.3 | 跑道型机场航空资料表（选址阶段） |
| 10 | 附图 |
| 10.1 | 初选/推荐场址位置图 |
| 10.2 | 邻近机场关系图 |
| 10.3 | 场址净空障碍物限制面图（障碍物一览表） |
| 10.4 | 机场总体方案布置图（进场路，场外水、电、气、通信等公用设施路由及距离） |
| 10.5 | 机场总平面图[近期、远期（如有）] |
| 10.6 | 本场使用空域和进离场航线图 |
| 10.7 | 飞行程序设计方案图（如涉及） |

注：如开展飞机性能分析和飞行程序设计，应包含航行研究章节，也可单独成册；结论一般须列出限制机场运行的不利因素。

# 附录4

**通用航空经营许可与运行许可联合审定对应关系表**

| 许可项目 | | 135部 运行合格审定 | 136部 运行合格审定 | 141部 运行合格审定 | 无须 运行合格审定 |
|---|---|---|---|---|---|
| 载客类 | 通用航空短途运输 | ✓ | | | |
| 载人类 | 通用航空包机飞行 | ✓ | | | |
| | 石油服务 | ✓ | | | |
| | 直升机引航 | ✓ | | | |
| | 航空医疗救护 | ✓ | | | |
| | 空中游览 | ✓ | | | |
| | 跳伞飞行服务 | | ✓ | | |
| | 航空护林 | | | | ✓ |
| | 个人娱乐飞行 | | | | ✓ |
| 其他类 | 城市消防 | | | | ✓ |
| | 直升机机外载荷飞行 | | ✓ | | |
| | 人工影响天气 | | | | ✓ |
| | 航空探矿 | | | | ✓ |
| | 航空摄影 | | | | ✓ |
| | 海洋监测 | | | | ✓ |
| | 渔业飞行 | | | | ✓ |
| | 空中巡查 | | | | ✓ |
| | 电力作业 | | | | ✓ |
| | 航空喷洒 | | ✓ | | |
| | 空中拍照 | | | | ✓ |
| | 空中广告 | | | | ✓ |
| | 科学实验 | | | | ✓ |
| | 气象探测 | | | | ✓ |
| | 表演飞行 | | | | ✓ |
| | 通用航空货运 | | | | ✓ |
| | 商用驾驶员执照培训 | | | ✓ | |
| | 私用驾驶员执照培训 | | | | ✓ |
| | 运动驾驶员执照培训 | | | | ✓ |

注：具体以实际运营和民航局规章要求为准。

# 附录5

## 通用航空企业经营许可与运行许可联合审定申请书

### 1.申请事项

| 首次申请 | □ | 首次申请经营许可和运行许可 |
|---|---|---|
| 变更信息 | □ | 新增涉及需要补充运行合格审定的经营项目 |

### 2.公司信息

| 拟申请单位名称 | | | | |
|---|---|---|---|---|
| 公司注册地址 | | | 邮政编码 | |
| | | | 传　真 | |
| 主运行基地 | | | | |
| 法定代表人 | 姓　名 | | 联系电话 | |
| | 身份证号 | | | |
| 联系人 | 姓　名 | | 联系电话 | |
| 拟从事的经营项目： | | | | |
| 载客类 | □通用航空短途运输　　□通用航空包机飞行 | | | |
| 载人类 | □石油服务　　□直升机引航　　□航空医疗救护　　□航空护林<br>□空中游览　　□跳伞飞行服务　　□个人娱乐飞行 | | | |
| 其他类 | □城市消防　　□直升机机外载荷飞行　　□人工影响天气　　□航空探矿<br>□航空摄影　　□海洋监测　　□渔业飞行　　□空中巡查　　□电力作业<br>□空中拍照　　□空中广告　　□科学实验　　□航空喷洒<br>□气象探测　　□表演飞行　　□通用航空货运<br>□商用驾驶员执照培训　　□私用驾驶员执照培训　　□运动驾驶员执照培训 | | | |
| 拟开展的运行种类 | | | | |

备注：申请开展航空护林、个人娱乐飞行、城市消防、人工影响天气、航空探矿、航空摄影、海洋监测、渔业飞行、空中巡查、电力作业、空中拍照、空中广告、科学实验、气象探测、表演飞行、私用驾驶员执照培训、运动驾驶员执照培训经营项目的不适用联合审定，但可一并申请经营许可项目。

### 3.申请人声明：

申请人或由申请人授权的填报人向民用航空主管部门声明并保证，申请书所填内容、所提交的文件、证照及其复印件以及其他有关的书面材料是真实、合法的，对因申请及其所提供的全部文件、材料的真实性、合法性所产生的一切后果，申请人承担法律责任。

申请人/被委托人签字：

申请日期（盖章）：

20XX年 XX月 XX日

# 参考文献

[1] 耿建华，王霞，等.通用航空概论[M].北京：航空工业出版社，2007.

[2] 覃睿，赵颖飞，等.现代通用航空基础与实务[M].北京：科学出版社,2014.

[3] 胡问鸣.通用飞机[M].北京：航空工业出版社，2008.

[4] 曲景文.世界通用飞机[M].北京：航空工业出版社，2014.

[5] 宗苏宁.中国通用航空产业发展现实与思考[M].北京：航空工业出版社，2014.

[6] 谢春生，郭莉，张洪.低空空域管理与通用航空空域规划[M].北京：航空工业出版社，2016.

[7] 欧阳杰.中国通用机场规划建设与运营管理[M].北京：航空工业出版社，2016.

[8] 史永胜，耿建华，王霞.通用航空运营与管理[M].北京：航空工业出版社，2007.

[9] 高远洋.航空应急救援应用基础培训[M].北京：北京航空航天大学出版社，2022.

[10] 丁邦昕.民航飞行员培训[M].北京：航空工业出版社，2016.

[11] 吕人力.中国通用航空蓝皮书（2015-2016）[M].北京：中国民航出版社，2016.

[12] 吕人力.中国通用航空蓝皮书（2017）[M].北京：中国民航出版社，2017.

[13] 韩建昌.我国通用航空文化建设研究[M].北京：航空工业出版社，2016.

[14] 2023年民航行业发展统计公报.

[15] 沈映春，赵雨涵.低空经济：中国经济发展新引擎[M].北京：中信出版集团，2024.